无人机数据通信中的
信息隐藏技术

主　编　杨森斌　　陶　荣
副主编　葛　琳　　杨育斌
参　编　葛广超　　石立农　　乐琴兰　　郑宏捷
　　　　江　斌　　熊世轩　　邵金剑　　强　博

西安电子科技大学出版社

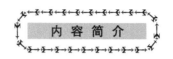

内 容 简 介

　　本书以日益增长的无人机数据通信信息安全威胁为背景，秉承技术与应用相结合的思想，以探究信息隐藏技术在无人机数据通信中的应用为目的，在介绍无人机系统组成与主要技术的基础上，详细阐述了无人机数据通信系统技术及信息安全威胁，重点讨论了音频、图像信息隐藏技术在无人机数据通信中的应用，设计了相应算法并进行了实验验证。

　　本书内容深入浅出，图文并茂，突出应用，前瞻性强，既可作为高等院校无人机应用技术、无人机工程等相关专业的教材，也可作为无人机相关领域人员的参考用书。

图书在版编目（CIP）数据

无人机数据通信中的信息隐藏技术/杨森斌，陶荣主编. —西安：西安电子科技大学出版社，2019.12
ISBN 978 - 7 - 5606 - 5475 - 1

Ⅰ. ①无…　Ⅱ. ①杨…　②陶…　Ⅲ. ①无人驾驶飞机－数据通信－保密通信－研究
Ⅳ. ①TN927

中国版本图书馆 CIP 数据核字（2019）第 195815 号

策划编辑　陈　婷
责任编辑　董柏娴　阎　彬
出版发行　西安电子科技大学出版社（西安市太白南路 2 号）
电　　话　(029)88242885　88201467　　邮　　编　710071
网　　址　www.xduph.com　　　　　电子邮箱　xdupfxb001@163.com
经　　销　新华书店
印刷单位　西安日报社印务中心
版　　次　2019 年 12 月第 1 版　2019 年 12 月第 1 次印刷
开　　本　787 毫米×1092 毫米　1/16　印　张 13
字　　数　304 千字
印　　数　1～1000 册
定　　价　32.00 元
ISBN 978 - 7 - 5606 - 5475 - 1/TN

XDUP 5777001 - 1

＊＊＊如有印装问题可调换＊＊＊

前　言

诞生于一个世纪前的无人机，是机械时代的产物，也是信息时代的主角。从1917年第一架无人遥控飞机问世起，经过100多年的发展，无人机已经形成了比较完整的体系，并在地质勘察、地形测绘、农作物病虫害防治、农作物产量评估、森林防火、汛情监视、交通管制等民用领域，以及侦察监视、定位校射、通信中继、电子战等军用领域得到了广泛应用。

与此同时，无人机数据通信信息安全问题也日益严峻，严重威胁无人机系统安全。信息隐藏技术是近年来信息安全和多媒体信号处理领域中提出的一种解决数字媒体信息安全的新方法。此方法不仅可以隐藏信息的内容，而且可以隐藏信息的存在，在隐蔽通信和数字水印领域体现出重要的应用价值。因此，深入研究信息隐藏技术在无人机数据通信中的应用，对提高无人机数据通信系统信息传输的隐蔽性及信息内容的安全性，具有重要的意义。

全书共分11章。第1章概述，对无人机的概念、系统组成、分类、性能指标、发展历程等进行了系统综述。第2章阐述无人机机体结构、飞行原理、动力装置和发射与回收装置及相关技术发展趋势。第3章阐述无人机测控技术、飞行控制技术和导航定位技术及其发展趋势。第4章阐述可见光成像技术、红外成像技术、雷达成像技术、通信中继技术和武器类设备技术及其发展趋势。第5章阐述无人机数据通信技术和典型无人机数据通信系统。第6章阐述无人机数据通信信息安全面临的威胁、内在的要求以及可行的技术。第7章阐述信息隐藏技术的基本理论、研究现状及其在无人机数据通信中的应用。第8章分析扩频算法的原理及性能，提出了一种改进的基于扩频技术的音频信息隐藏算法，并给出了算法应用实验。第9章分析量化索引调制算法的原理和性能，提出一种利用听觉掩蔽特性的自适应量化索引调制算法，并给出了算法应用实验。第10章提出了一种基于量化线谱对系数的语音信息隐藏算法，并给出了算法应用实验。第11章提出了一种基于自适应量化中高频小波系数的图像信息隐藏算法，并给出了算法应用实验。

　　本书由杨森斌、陶荣任主编，并负责全书编稿，葛琳、杨育斌任副主编，葛广超、石立农、乐琴兰、郑宏捷、江斌、熊世轩、邵金剑、强博参与了部分章节的编写工作。西安电子科技大学出版社的陈婷老师也提出了很多宝贵的建设性意见，在此深表感谢。

　　由于作者水平有限，书中疏漏与不妥之处在所难免，敬请专家和读者批评指正。

作　者

2019 年 9 月

目　录

第 1 章

概　述

从名噪一时的明星无人机求婚，到遍地开花的无人机灯光秀，从日益普遍的无人机航拍，到试点推进的无人机快递，无人机已成为时尚、高科技的代名词，应用触角正伸向国民经济的各个领域和行业。本章主要介绍无人机的概念、组成、分类、性能指标以及发展等基本理论。

1.1　基　本　概　念

1.1.1　飞行器

地球周围存在着一层厚厚的气体，通常称为大气层。大气层之外的空间称为太空。在大气层内或大气层外空间飞行的器械统称为飞行器。飞行器可分为航空器、航天器、火箭及导弹三类。

1. 航空器

在大气层内飞行的飞行器称为航空器。

航空器按其获取升力的原理可以分为重于空气的航空器和轻于空气的航空器。重于空气的航空器是指比其排开的空气重的航空器。这类航空器靠其自身与空气的相对运动所产生的升力升空飞行，如飞机、直升机等。轻于空气的航空器是指比其排开的空气轻的航空器，这类航空器靠其排开空气所获取的静浮力升空飞行，如气球、飞艇等。

重于空气的航空器按其与空气相对运动的方式不同又可以分为固定翼航空器、旋翼航空器和扑翼航空器。固定翼航空器是指由固定的机翼产生升力升空飞行的航空器，如飞机和滑翔机。其中，飞机是指自身有动力驱动重于空气的固定翼航空器，滑翔机是指自身无动力驱动重于空气的固定翼航空器。也就是说，它们的区别是：飞机自身有动力驱动，而滑翔机自身没有动力驱动。旋翼航空器是指由旋转的机翼产生升力升空飞行的航空器，如旋翼机和直升机。其中，旋翼的旋转主要靠发动机直接驱动的航空器称为直升机，靠旋翼和相对气流的运动而驱动的航空器称为旋翼机。扑翼航空器是指模拟鸟类飞行的航空器，这类航空飞行器航空界很早就在探索，但是目前还处于实验室阶段，在具体应用方面还没有取得突破性的进展。

2. 航天器

在大气层之外空间飞行的飞行器称为航天器，例如人造地球卫星、空间站和航天飞机、宇宙飞船等。航天器是在运载火箭的推动下获得必要的速度进入太空的，然后在引力的作用下完成与天体类似的轨迹运动。航天器可以通过其携带的发动机修正或改变其运行的轨道或姿态。

3. 火箭及导弹

靠火箭发动机提供推进动力的飞行器称为火箭。火箭可以在大气层内飞行，也可以在大气层外飞行。

导弹，是指具有战斗部，依靠自身动力推进，由制导系统导引并控制其飞行轨迹，最终导向目标的飞行器。导弹有主要在大气层外飞行的弹道导弹，也有在大气层内飞行的地空导弹、巡航导弹、空空导弹等。火箭和导弹通常只能使用一次。

虽然各种导弹也是无人飞行器，但并不属于无人机。美国2002版《国防部词典》对无人机的解释为："无人机是指不搭载操作人员的一种空中飞行器，采用空气动力为飞行器提供所需的升力，能够自动飞行或进行远程引导；既能一次性使用也能进行回收；能够携带致命性或非致命性有效载荷。弹道或半弹道飞行器、巡航导弹和炮弹不能看作是无人飞行器。"

航空器、航天器、火箭及导弹等各类飞行器示意图如图1.1所示。

图1.1　各类飞行器示意图

1.1.2　无人机

无人航空器又称无人驾驶航空器，广义上指不需要驾驶员登机驾驶的各式遥控或程控航空器。无人航空器的种类较多，最典型和应用最多的是无人机（Unmanned Aerial Vehicle，UAV）。

无人机，是无人驾驶飞机的简称，指采用无线电遥控或自备程序控制的不载人飞机。由无线电遥控设备控制的飞机称为遥控驾驶飞机（Remotely Piloted Vehicle，RPV）；自备程序控制的飞机称为自主控制（程控）飞机（Drone）。遥控驾驶飞机由地面操纵员通过遥控器操纵飞机飞行、起飞和着陆，而自主控制飞机则不需要地面操纵人员的参与，飞机完全靠自身的控制系统飞行。

目前大多数无人机同时具备遥控和程控两种控制方式。例如无人机近距离飞行或起飞及着陆时，可以采用遥控飞行；需要远距离飞行时，可以提前在地面预置程序（航线），也可以在飞行过程中修改机上预编程序，从而实现程控飞行。

由于无人机的发展以及相关技术的不断进步，非传统意义上的无人机——非固定翼无人航空器如雨后春笋般不断涌现。因此，本书将所讨论的无人机限定为一种有动力驱动、可程控飞行或遥控飞行、能携带任务设备执行特定任务、可一次性使用也可重复使用、重于空气的无人驾驶航空器。

1.2　无人机系统

1.2.1　无人机系统组成

无人机系统，是指构成无人机体系的各个部分的总和。不论哪一种型号的无人机系统，虽然在特性上可能千差万别，但在组成上是基本相同的，通常由飞行器分系统、测控与导航分系统、任务设备分系统、数据通信分系统以及保障设备等组成，如图 1.2 所示。

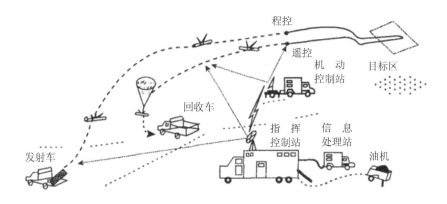

图 1.2　无人机系统组成示意图

飞行器分系统，是动力装置、机体和发射回收装置的总称。其作用主要有两个：一是装载各类机载设备；二是起飞时，在发射装置的辅助下，获取起飞所需的升力升空飞行，回收时，在回收装置的作用下安全降落。

测控与导航分系统，是飞行控制、任务管理和导航系统的简称，通常由机载航电设备和地面指挥控制站组成。其作用主要有两个：一是控制无人机按照指定的模式稳定飞行；二是控制机载设备的工作状态。

任务设备分系统，是指机载任务设备与地面任务处理设备的总称。机载任务设备是飞行器上搭载的用于执行特定任务的设备，决定了无人机系统的功能和用途。地面任务处理设备位于信息处理站。

数据通信分系统，是指无人机系统无线或有线数据传输的总称，也称为无人机数据链路，由机载数据通信设备和地面数据通信设备组成。其作用主要有两个：一是用于飞行器与地面控制站之间进行遥控、遥测、定位以及任务信息（如图像）的传输；二是用于地面控制站与其他用户之间进行任务指令、任务信息、协同信息的传输。

保障设备，是指为了保障无人机系统处于正常工作状态所需的附属设备，包括必备工具、地面检测设备和常用备件等，例如发射车、回收车、油机。其作用主要是满足无人机的架设组装、检查调试和维修等需要。

无人机各分系统之间是一个有机的整体，任何一个部分不工作或者工作不正常都会导致系统整体工作效能的丧失。因此，在无人机系统运行过程中，各系统均要保持正常工作，特别是关乎飞行安全的部件和系统。

1.2.2　无人机系统分类

近年来，由于进入门槛低、市场潜力巨大等原因，无人机市场迅猛发展。据保守估计，目前世界各国制造的无人机有近千种，已形成了高、中、低空，远、中、近程，大、中、小型，军用、民用等多层面、多梯次搭配的无人机家族体系。由于无人机种类繁杂，型号各异，从不同角度有不同的分类方式，因此尚无统一确定的分类标准。

1. 按使用领域分类

按使用领域，无人机可分为军用无人机、民用无人机。

自1917年第一架无人机诞生后，人类对无人机应用的探究就没有停止过。1933年无人机以靶机的身份开创了其在应用领域的先河。20世纪50年代以后，随着无人机在侦察等军事应用领域的不断拓展，其军事价值日益提升，发展也更为迅猛。

"火蜂"系列是世界上生产得最多的无人机，自1951年作为美国陆海空三军靶机使用以来，已使用上万次，如图1.3所示。

图1.3　"火蜂"无人靶机

在军事上，无人机除了用作靶机外，还广泛应用于战场侦察、炮兵校射、电子对抗、边境巡逻、目标激光指示、发射空地导弹、通信中继、战术气象观测、核爆取样、伪装检查以及战斗损伤评估等方面。在民用上，一般对无人机巡航速度、实用升限和活动半径等要求都较低，但对于人员操作培训、综合成本有较高的要求，目前主要用于政府公共服务，如警用、消防、气象、土地管理、城市规划等，另外在农业植保、货物运送、空中无线网络、数据获取、休闲娱乐等领域也拥有巨大市场潜力。

无人机应用如此广泛，是因为它与有人驾驶飞机相比具有显著的特点。第一，无人机成本低，效费比高。一架无人机的成本只需要有人驾驶飞机的几十分之一乃至几百分之一，即使坠落，损失也很小，而且无人机的使用和维护费用低。第二，无人机无驾驶员伤亡的危险。无人机能在不适合有人驾驶飞机的环境中使用，可用于执行"3D"(Dull 枯燥的、Dirty 肮脏的、Dangerous 危险的)任务，如重复监视输油管道、探测核生化和放射性物质、利用假目标引诱敌防空系统暴露其位置等。第三，无人机生存能力强。无人机广泛采用塑料、玻璃纤维和其他透波材料和模块式结构，不但大大减小了有效反射面，降低了雷达的发现概率和防空武器的毁伤率，而且可以快速修复。第四，无人机机动性好。小型无人机体积小，重量轻，不要求有专门设备的机场起降，便于执行突发事件任务。当然，无人机虽然具有上述优点，但也存在着一些不足，例如：活动范围有限，处理意外情况的灵活性较差，不宜执行复杂的飞行任务；采用遥控飞行时，无人机的无线数据通信链路易受电磁干扰。

2. 按大小和重量分类

按大小和重量，无人机分为大型、中型、小型及微型无人机。

大型无人机起飞重量一般在 1000 kg 以上，中型无人机起飞重量为 100～1000 kg，小型无人机起飞重量为 1～100 kg，微型无人机起飞重量一般小于 1 kg。对于微型无人机，美国国防高级研究计划局(DARPA)的定义是翼展在 15 cm 以下的无人机，而英国《飞行国际》杂志则将翼展或机体最大尺寸小于 0.5 m，使用距离约 2000 m 的无人机统称为微小型无人机。在战场上，微型无人机不易引起敌人的注意。即使在和平时期，微型无人机也是探测核生化污染、搜寻灾难幸存者、监视犯罪团伙的得力工具。同时，微型无人机的出现引发了一系列与尺寸因素相关的新问题，特别是雷诺数、边界层现象、有效载荷及动力装置等。

根据国务院、中央军委空中交通管制委员会办公室于 2018 年 1 月发布的我国首部国家级无人机飞行管理专项法规《无人驾驶航空器飞行管理暂行条例(征求意见稿)》，民用无人机分为微型、轻型、小型、中型、大型。其中，微型无人机是指空机重量小于 0.25 kg，设计性能同时满足飞行真高不超过 50 m、最大飞行速度不超过 40 km/h、无线电发射设备符合微功率短距离无线电发射设备技术要求的遥控驾驶航空器。轻型无人机是指同时满足空机重量不超过 4 kg，最大起飞重量不超过 7 kg，最大飞行速度不超过 100 km/h，具备符合空域管理要求的空域保持能力和可靠被监视能力的遥控驾驶航空器，但不包括微型无人机。小型无人机是指空机重量不超过 15 kg 或者最大起飞重量不超过 25 kg 的无人机，但不包括微型、轻型无人机。中型无人机是指最大起飞重量超过 25 kg 不超过 150 kg，且空机重量超过 15 kg 的无人机。大型无人机是指最大起飞重量超过 150 kg 的无人机。

3. 按活动半径和续航时间分类

按活动半径和续航时间，无人机可以分为超近程无人机、近程无人机、短程无人机、中程无人机和远程无人机。

超近程无人机是指活动半径在 15 km 以内，续航时间小于 1 h 的无人机。如美国 RQ - 11 "大乌鸦"无人机，该机活动半径 10 km，续航时间 1 h，实用升限 200 m。同时，该无人机起飞重量 2.7 kg，是一种小型战术无人机，采用手抛方式起飞。机体由凯芙拉材料制成，使用电池驱动，该机携带可更换的任务设备，可对地面目标实施日夜战术侦察。飞机采用模块化结构，机身分解后可放入背包中携带，十分小巧。

近程无人机是指活动半径为 15～50 km，续航时间为 1～6 h 的无人机。如法国的"玛尔特"(Mart)无人机，活动半径 30 km，续航时间 3.5 h，实用升限 3000 m。

短程无人机是指活动半径为 50～200 km，续航时间为 6～12 h 的无人机。由于短程无人机尺寸小、费用低、使用灵便，世界各国都比较青睐，发展很快，是无人侦察机中占比例最大的机种，也是实战中使用最多的无人机。例如有"陆军之眼"称号的 RQ-7"影子"无人机，该机活动半径 100 km，续航时间 6 h，实用升限 4700 m，是美国陆军装备的一种固定翼战术无人机，机载传感器可以对地面目标进行全天候图像侦察，为精确打击武器提供目标定位数据。

中程无人机是指活动半径为 200～800 km，续航时间为 12 h 以上的无人机。如美国 MQ-5B"猎人"无人机，活动半径为 300 km，续航时间 16 h，实用升限 5486 m。该机是现役 RQ-5A 无人机的一种增强、多用途改进型，增加了航程和武器能力。

远程无人机是指活动半径为 800 km 以上，续航时间为 36 h 以上的无人机。如美国的 MQ-1"捕食者"无人机，该机活动半径 3700 km，续航时间 60 h，实用升限 7600 m，是一种中空、长航时无人机，主要执行侦察任务，还可以携带 2 枚 AGM-114"地狱火"导弹执行对地攻击任务。

此外，续航时间大于 24 h 的无人机还称为长航时无人机。

4. 按机翼和升力方式分类

按机翼和升力方式，无人机可以分为固定翼、旋转翼和扑翼无人机。

固定翼无人机是指机翼固定无需旋转，依靠经过机翼的气流提供升力的无人机，如我国的"彩虹"系列无人机，美国的"捕食者"系列无人机。固定翼无人机具有续航时间长、飞行效率高、载荷大、飞行稳定性高等优点，缺点是起飞时必依靠跑道滑跑或借助器械弹射，降落时必须要滑行或利用降落伞降落。因此，固定翼无人机广泛应用于军用、民用等各个领域，如美军 RQ-4"全球鹰"无人机最大飞行速度达 740 km/h，巡航速度 635 km/h，航程 26000 km，飞行高度 20 km，可从美国本土起飞到达全球任何地点进行侦察。在民用领域，固定翼无人机广泛应用在测绘、巡逻、航拍等行业。

旋转翼无人机是指依靠机翼旋转提供升力的无人机，包括无人直升机和多旋翼无人机。无人直升机是由一个或者两个主旋翼提供升力的垂直起降型飞行器。常见的无人直升机只有一个主旋翼，同时由机尾的尾翼来抵消主旋翼产生的自旋力，如美国海军"火力侦察兵"、英国"斯普赖特"、加拿大 CL-227"哨兵"等。多旋翼无人机是一种具有三个及以上旋翼轴的特殊无人驾驶直升机，如我国"大疆"系列无人机。旋转翼无人机的特点是可垂直起降和悬停、无需跑道、能低空超低空飞行、地形适应能力强，缺点是续航、载重及速度都低于固定翼无人机。因此，旋转翼无人机主要应用于起飞着陆场地受限、飞行空间狭小、要求执行低空低速任务的场合，如航拍、农业植保以及电力巡线等。

扑翼无人机是指模拟鸟类或昆虫类，通过机翼主动运动产生升力和前行力的无人机，又称振翼无人机。扑翼无人机依靠机翼运动拍打空气的反力作为升力和前行力，通过改变机翼及尾翼的位置进行机动飞行。扑翼无人机的特点是无需跑道垂直起落、动力系统和控制系统合为一体、机械效率高于固定翼飞机，此外，相比传统螺旋桨式无人机，扑翼无人机最大的优势在于噪音较小、隐蔽性较强。缺点是难于高速化、大型化，而且要求材料质量轻、强度大。因此，扑翼无人机在军用侦察上有广阔应用前景，例如，我国的 ASN 211 微型扑翼无人机体积轻小，组装简便，便于单兵携带，具备自主飞行能力，可按照事先规划的航线进行巡航，适合各种条件下执行侦察任务，实施战场隐蔽侦察。

5. 按实用升限分类

按实用升限，无人机可以分为超低空无人机、低空无人机、中空无人机、高空无人机和超高空无人机。

超低空无人机实用升限一般在 0～100 m 之间，低空无人机实用升限一般在 100～1000 m 之间，中空无人机实用升限一般在 1000～7000 m 之间，高空无人机实用升限一般在 7000～18000 m 之间，超高空无人机实用升限一般大于 18000 m。

而北约则结合实用升限和续航时间将无人机分为 3 类：战术无人机(实用升限一般低于 4572 m，短航时)、中空长航时无人机(实用升限一般在 3048～15240 m 之间，长航时)和高空长航时无人机(实用升限一般在 13716 m 以上，长航时)。

1.2.3　无人机系统性能指标

无人机系统性能主要由飞行性能指标、数据通信性能指标和任务设备性能指标三类指标表示。

1. 飞行性能指标

无人机的飞行性能指标是指用于反映无人机飞行能力的各种参数。常用的飞行性能指标主要有以下几种：

(1) 活动半径。无人机的活动半径是指无人机在加满燃料的前提下，以常规动作飞行到任务区，在任务区上空滞留一定(设计规定)的任务时间，并在剩余一定的安全燃料的情况下，安全返回的最远距离。其单位是千米，符号用"km"表示。它是衡量无人机作战能力的重要指标之一。它与无人机的飞行状态、动力装置的调整情况、飞行气象条件等因素有关，也与控制链路的作用距离有关。

(2) 续航时间。无人机的续航时间是指无人机在加满燃料的状态下，以巡航速度，在剩余一定的安全燃料的前提下，能够持续飞行的时间。其单位是小时，符号用"h"表示。它是衡量无人机能飞多久的重要指标。它与动力装置的状态、飞行速度等因素有关。

(3) 实用升限。无人机的实用升限是指无人机能够保持平飞状态的最大飞行高度。其单位是米，符号用"m"表示。它与发动机的状态、无人机的飞行状态和无人机的重量等因素有关。

(4) 巡航速度。无人机的巡航速度是指无人机在每千米消耗燃料最小的情况下维持平飞的速度。其单位是千米/小时，符号用"km/h"表示。它是衡量无人机飞行常态的指标之一。通常是最大飞行速度的 70%～80%。

(5) 爬升率。无人机的爬升率是指无人机在一定质量和一定的发动机状态下爬升时，单位时间内上升的高度。其单位是米/秒，符号用"m/s"表示。它是衡量无人机飞行性能的重要指标之一。它与飞行高度有关。一般高度越高，爬升率越小。

(6) 最大任务载荷。无人机的最大任务载荷是指无人机能够承载任务载荷的最大重量。其单位是千克，符号用"kg"表示。它是衡量无人机承载能力的重要指标。

(7) 飞行定位精度。无人机的飞行定位精度是指定位系统测量的无人机位置与其实际位置的误差，通常取其均方根值。卫星定位系统定位时，飞行定位精度用与实际位置的相对距离来表示，其单位是米，符号用"m"表示；无线电定位系统定位时，飞行定位精度用距离误差和方位偏差来表示，其距离单位是米，符号用"m"表示，方位单位是毫弧度，符号用

"mrad"表示。

(8) 飞行平稳度。无人机的飞行平稳度是指无人机在平飞直飞状态下航向、俯仰和倾斜三个方向保持平稳飞行的能力。通常用偏差角来表示,单位是度,符号用"°"表示。它是衡量无人机飞行性能的重要指标。它与无人机的气动布局、速度等因素有关。

2. 数据通信性能指标

无人机数据通信性能是用来表示无人机数据通信分系统能力的重要指标。常用的性能指标主要有以下几种:

(1) 发射功率。发射功率是指无人机数据通信分系统发射机输出的有用功率。其单位是瓦,符号用"W"表示。它是衡量无人机数据通信传输距离的重要指标之一。在视距范围之内,发射功率越大,传输距离越远。

(2) 接收灵敏度。接收灵敏度是指数据通信分系统接收机能够感知电信号的最小功率。其单位是毫瓦,符号用"mW"表示。工程上常用相对于 1 mW 的分贝值表示,符号用"dbm"表示。

(3) 工作频点。工作频点是指无人机数据通信的不同工作频率。其单位是赫兹,符号用"Hz"表示。由于无人机数据通信终端种类及数量较多,同时为了确保数据通信的畅通安全,工作频点一般都不是一个,而是多个。

(4) 信道带宽。信道带宽是指构成无人机数据通信的信道所占用的频带宽度。其单位是赫兹,符号用"Hz"表示。

(5) 作用距离。作用距离是指在一般的地形上,无人机在任务高度上,与地面控制站之间能相互有效传递数据信息的距离。其单位是千米,符号用"km"表示。它是衡量数据通信能力的重要指标之一。它与发射机功率、地形地物以及无人机的飞行高度等因素有关。

(6) 传输速率。传输速率是指数据通信每秒钟传输信息量的大小。其单位是比特/秒,符号用"b/s"表示。传输速率高说明信息在数据通信中传输得快,数据通信的有效性好。

(7) 误码率。误码率又称为码元差错率,是指数据通信接收端错误接收的码元数与所接收的总码元数的比值。误码率的大小取决于数据通信质量的优劣。误码率越小,说明数据通信的可靠性越好。

(8) 调制方式。调制方式是指基带信号控制载波信号参数随其变化而变化所采用的具体方法。不同的调制方式,对无人机数据通信的传输性能有很大的影响。

3. 任务设备性能指标

无人机任务设备性能指标是指用来表示任务设备能力的各种参数。任务设备不同,其性能指标也不尽相同。下面仅以最常见的照相机为例介绍其主要性能指标。

(1) 分辨率。分辨率是指在正常情况下,无人机照相设备由任务高度上探测最小目标的能力。在数码照相设备中,分辨率通常用 CCD 长和宽方向上光电耦合器的数目表示。它是衡量无人机发现和识别目标的重要指标之一。分辨率越高,照相设备发现和识别目标的能力就越强。

(2) 视场角。视场角是指照相设备的最大收容范围。它通常用像场直径到镜头后焦点连线的夹角的对顶角表示。其单位是度,符号用"°"表示。它的大小表示照相设备拍照范围的大小。在像幅一定时,它与照相设备的焦距有关,焦距越大,视场角越小;焦距越小,视场角越大。

（3）焦距。焦距是指照相设备镜头的焦点到镜头中心的距离。其单位是毫米，符号用"mm"表示。它是表示无人机照相设备成像大小的物理量。当照相高度一定时，镜头的焦距越长，所成的影像也越大。

（4）相对孔径。相对孔径是指照相设备通过调节光圈装置产生的通光孔直径与焦距的比值。通常用分子是1的分式表示。它是反映镜头调节通光量能力的重要指标。相对孔径愈大，通过镜头的光束就愈多；相对孔径愈小，通过镜头的光束就愈少。

（5）最大畸变差。最大畸变差是指照相设备在其成像的边缘部分产生的最大几何失真。其单位是毫米，符号用"mm"表示。它是衡量无人机照相设备的镜头优劣的物理量之一。通常情况下，最大畸变差愈大，说明镜头性能愈差；最大畸变差愈小，说明镜头性能愈好。

（6）像移补偿。像移补偿是指为了弥补由于无人机运动造成的成像像移，而在照相设备内部采用技术装置对可能的像移进行的速度补偿，目的是提高成像的清晰度。其单位是米/秒，符号用"m/s"表示。

（7）曝光时间。曝光时间是指照相设备在工作时，光圈快门从开启到关闭的时间。其单位是秒，符号用"s"表示。它是衡量无人机照相设备底片曝光程度的物理量之一。在其他条件不变的情况下，曝光时间越长，说明底片受光的作用就越大；曝光时间越短，说明底片受光的作用就越小。

1.3　无人机发展

1.3.1　源于战争，军事需求牵引无人机发展

需求牵引，是战争形态、武器装备创新发展的基本规律。纵观世界军事发展史，每次战争形态、武器装备的革故鼎新，无不由新的战争需求所致。无人机发展是个动态的过程，它既产生于战争实践，并对战争实践的发展产生影响，又要继续经受战争实践的检验，并在检验中有所"扬弃"，得到升华，以便更好适应和满足战争实践的需要。战争是无人机发展的头号牵引力，并引发20世纪末三大发展浪潮。

毫无疑问，无人机发展的初期是为了纯粹的军事用途：一战时期，1914年英国军方秘密研究无人机，英德两国在1917年前后取得技术上的突破，英国研制的世界第一款无人机被定义为"会飞的炸弹"。1927年，无人机可用于载弹、空中投靶、投放鱼雷。二战时期德军已经开始大量应用无人驾驶轰炸机参战。二战后无人机研发的中心出现在美国和以色列，用途延伸至战地侦察和情报搜集，无人机被派往朝鲜、越南和海湾战场协助美军和以色列军队作战。20世纪60年代美国在越南战争中投入军事无人机，对越进行侦察、空中打击与目标摧毁。1973年第四次中东战争中，以色列利用无人机成功捣毁埃及部署的地空导弹防空网。正是由于无人机在军事方面低成本、控制灵活、持续时间长的天然优势，各国军队相继投入大量经费研发无人机系统。

20世纪90年代以来，相继爆发的海湾战争、科索沃战争、阿富汗战争以及后来的伊拉克战争等，为无人机提供了施展的舞台，牵引着无人机在20世纪末经历三次发展浪潮、真正进入了第一个"黄金时代"。

第一个浪潮是发展师级战术无人机系统：在海湾战争之后，性能各异、技术先进、用

途广泛的战术无人机新机种不断涌现，全世界共有 30 多个国家装备了师级战术无人机系统，代表机型有美国"猎人"、"先驱者"，以色列"侦察兵"、"先锋"等。

第二个浪潮是发展中高空长航时无人机系统：1993 年美国启动了"蒂尔"无人机发展计划，自从美国的"捕食者"（蒂尔Ⅱ）中空长航时无人机在波黑和科索沃战争中大放异彩后，开始形成了第二个发展浪潮。代表性机型有美国的"捕食者"（见图 1.4）、"全球鹰"（蒂尔Ⅱ＋）、"暗星"（蒂尔Ⅲ），以色列的"苍鹭"等无人机。

图 1.4 RQ-1"捕食者"无人机

第三个浪潮是发展旅/团级战术无人机系统：此类无人机与大型战术无人机相比，体积小、机动性好、价格低廉、使用较简便且容易与其他军事设备配套。该类无人机装备陆军、海军陆战队旅/团级部队和海军舰队，可执行多种军事任务，用途极为广泛，非常适合大量发展中国家的需求，采购量大大超过前两个高潮，标志着无人机进入大规模应用时代。代表性机型有美国的"影子"200、"火力侦察兵"和奥地利的"坎姆考普特"等。

1.3.2 不断创新，技术进步推动无人机普及

马克思曾指出："生产力中也包括科学。"并且说："固定资本的发展表明，一般社会知识，已经在多么大的程度上变成了直接的生产力。"科学技术一旦渗透和作用于生产过程中，便成为现实的、直接的生产力。科学技术特别是高技术，正以越来越快的速度向生产力诸要素全面渗透，同它们融合。同样地，科学技术作为第一生产力，技术进步是推动无人机普及的主要力量。

1913 年，世界上第一部由陀螺稳定器控制的飞机自动驾驶仪研制成功。这种能够代替飞行员控制飞机自主飞行的技术为研制无人驾驶飞机提供了一种最基本的技术基础，研制军用无人机的工作随之开始。

无线电遥控器的成功研制，使得人们可以在地面通过一个无线电装置对无人机发出遥控指令。1917 年 3 月，世界上第一架无人驾驶飞机在英国皇家飞行训练学校实现了第一次飞行实验。

早期的航空技术解决的是无人机能够飞行的问题，而 20 世纪 80 年代以来现代技术的发展为无人机实现更高的飞行性能、更好的可靠性提供了条件。例如，自主飞控技术、急剧攀升的计算机处理能力推动无人机向智能化发展，真正成为"会思考"的空中机器人；高速宽带网数据链实现无人机组网和互相连通，使无人机编组、空地装备联合成为可能；微米/纳米等新材料技术使无人机可以大量采用重量轻、韧性大的非金属复合材料，以减轻重量，提高结构强度、增加载荷重量；微机电技术进一步减轻无人机平台尺寸和重量、提高精确度；电池续航能力的大幅上升，以及新能源技术赋予无人机更长的飞行时间；随着

移动终端的兴起，芯片、电池、惯性传感器、通信芯片等产业链迅速成熟，成本下降，使智能化进程得以迅速向更加小型化、低功耗的设备迈进，给无人机整体硬件的迅速创新和成本下降创造了良好条件。

民用无人机在 20 世纪 80 年代开始尝试应用，而在近 10 余年时间便在各领域全面开花应用。例如，2003 年美国 NASA 成立世界级的无人机应用中心，专门研究装有高分辨率相机传感器无人机的商业应用。近年美国国家海洋和大气管理局利用无人机追踪热带风暴有关数据，借此完善飓风预警模型。2007 年森林大火肆虐时，美国宇航局使用"伊哈纳"无人机来评估大火的严重程度，估算灾害损失。2011 年墨西哥湾钻井平台爆炸后，艾伦实验室公司的无人机协助溢油监测和溢油处理等。

"苍鹭"无人机是军用无人机用于民用的典型例子。"苍鹭"无人机如图 1.5 所示，是以色列研发的大型高空长航时无人侦察机，可携带光电和合成孔径雷达执行侦察任务。该无人机机翼展为 16.6 m，机身长为 8.5 m，最大起飞重量为 1150 kg，其最大飞行速度达 220 km/h，最大升限超过 9200 m，作战半径约为 350 km，续航时间为 20～45 h，配备有两套相互独立的自动起降系统。以色列专门组建了一个民用无人机及其工作模式试验委员会，2008 年给予"苍鹭"无人机非军事任务执行证书，并与有关部门合作展开多种民用任务的试验飞行。

图 1.5 "苍鹭"无人机

1.3.3 自力更生，我国无人机发展成后起之秀

毛泽东在 1945 年 8 月 13 日延安干部会议上所作的《抗日战争胜利后的时局和我们的方针》演说中说道："我们的方针要放在什么基点上？放在自己力量的基点上，叫做自力更生……我们强调自力更生，我们能够依靠自己组织的力量，打败一切中外反动派。"从此，"自力更生"就成了中国共产党和中国人民相信自己，依靠自己，战胜一切艰难险阻的斗争口号。从 20 世纪 50 年代"赫鲁晓夫不给我们尖端技术"，到西方国家几十年技术封锁，我国自力更生，经过 60 多年的辛酸历程，无人机从无到有，从军用到民用，逐步成为我国经济发展的支柱。

20 世纪 50 年代末，苏联取消技术援助，我国在"拉-17"无人靶机基础上开始自主研制"长空一号"（CK-1）高速无人靶机。目前，国内无人机系统研发机构主要有：西北工业大学无人机研究所、北京航空航天大学无人机所、南京航空航天大学无人机研究院、中国航天科技集团公司、中国航天科工集团、中国航空工业集团、中国电子科技集团公司等，研制出的无人机尺寸从小到大，起飞重量从轻到重，在应用方面从各种形式的侦察监视到攻击等，形成了较为完备的体系。

随着无人机在中东战场上大放异彩，无人机成为世界各国重点关注的对象。对于地处局势动荡、战争频发地区的国家，无人机更是急需装备。我国无人机凭借优异的性能和较低的价格，迅速成为无人机市场的宠儿。根据美智库 IISS 发布数据显示，从 2008 年到 2017 年，美国共出口无人机 351 架、以色列出口无人机 186 架，我国出口排名第三。

我国军用无人机谱系完善，性价比高，尤其是以下几款无人机在全球无人机军贸市场具有重要影响力。

航天科技集团中国航天空气动力技术研究院研制的"彩虹"系列无人机，尺寸从小到大，起飞重量从轻到重，在应用方面从侦察监视到攻击等，形成了小型、中型及大型高端无人机的全覆盖。新一代"彩虹-5"无人机翼展达到 20 余米，起飞重量超过 3 吨，最大任务载荷超过 1 吨，具有重油动力、载重大、航时长、航程远等优势，是瞄准由美国主导的重型无人机市场的一款重磅产品。目前，"彩虹"系列无人机已出口中东和非洲地区多个国家，是我国在国际市场上极具竞争力的品牌。

中航工业成都飞机设计研究所研制的"翼龙"无人机是一种中低空、军民两用、长航时多用途无人机，如图 1.6 所示，不仅具备对敌目标进行精确打击的能力，还能够携带侦察设备对敌方目标进行远距离长航时侦察，总体性能已经达到了国际上同类型无人机的先进水平。

图 1.6 "翼龙"无人机

中航工业成都飞机设计研究所研制的另一款无人机："云影"无人机，是中国首款高空高速外贸型无人机，采用涡轮喷气发动机作为动力，可以在 14000 m 高空进行巡航，最大飞行速度达到每小时 620 公里，比美国 MQ-9"死神"无人机还快 200 km/h。"云影"无人机标志着中国产新型无人机已经进入世界无人机第一梯队。

民用无人机方面，我国是无人机设计、制造、应用大国。我国大疆 DJI 量产了全世界首款非玩具的一体化小型无人机，开拓了全世界无人机的消费级市场，扮演了开创者的角色。从 2014 年起，国际业界就公认大疆占据全世界小型无人机消费类市场 70% 的份额。据"民用无人机实名登记信息系统"统计，截止到 2018 年底，我国已登记约 28.5 万架无人机，无人机拥有者约 26.8 万个，各类无人机型号 3720 个，制造厂家和代理商注册数 1228 家。另外，2002 年至 2015 年 7 月，国内与无人机相关的专利申请有 15245 件，其中，新型专利占比 37.48%，发明型技术专利占比 57.39%，外观专利占比 5.13%。

总之，无人机被广泛用于物流货运、农林植保、航拍摄影、管线巡查、遥感探测等领域，无人机产业对我国国民经济、公众生活产生了广泛、深刻影响，成为中国制造的亮丽名片。

第 2 章

无人机飞行器技术

无人机飞行器，是实施无人机任务的空中平台，主要功能是搭载任务设备到目标区域上空执行相应任务。飞行器分系统主要由机体、动力装置、机载航电设备和发射与回收装置等部分组成。本章主要阐述无人机机体结构、无人机飞行原理、无人机动力装置和无人机发射与回收装置，并简要介绍相关技术发展趋势。

2.1　无人机机体结构

无人机机体结构，是无人机各受力部件及支撑构件的总称，用于承受指定的载荷（任务设备、控制系统和动力装置等），需满足一定的强度、刚度、寿命和可靠性要求，并具有良好的气动外形。机体的主要功用：一是安装动力装置和飞行所必需的其他装置；二是安装任务设备；三是在动力装置的作用下，获得飞行所必需的升力。

固定翼无人机和旋转翼无人机在机体构成、飞行原理等方面差别较大，由于固定翼无人机在当前和今后仍将是无人机的主流，因此本节重点介绍固定翼无人机的机体结构。

固定翼无人机机体一般由机身、机翼和尾翼等部件组成，如图 2.1 所示。

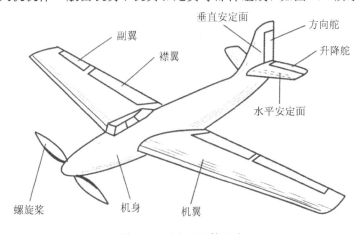

图 2.1　无人机机体组成

2.1.1　机身

机身是无人机的一个重要部件，主要功用是装载和传力，将机翼、尾翼、起落架及发动机等连接在一起，形成一架完整的无人机。

1. 组成

机身的受力构件由横向构件、纵向构件、蒙皮和接头等组成。隔框是横向构件，它与机翼中的翼肋大致相当，主要用作传力及维持机身形状。隔框分为普通隔框和加强框，普通隔框主要维持机身外形，支持蒙皮及桁条，承受局部气动力；加强框既承担普通框作用，更主要的是承受和传递集中载荷。

桁条和桁梁是纵向构件，它们是用来加强蒙皮，并与蒙皮一起承受轴向力和弯矩。桁条和桁梁在构造上没有严格的区别，只是桁梁的构造强一些、承受力要大些，所以安排在承受集中力和大开口的纵向周缘的部位。

蒙皮主要用来形成机身的气动外形，也可承受轴向力、弯矩、剪力及扭矩。

接头用来传递载荷，并与其他部件连接以及进行机身各舱段间的连接。

2. 结构

随着飞机飞行性能的不断提高，机身的构造形式也在不断变化。以蒙皮受力情况来区分机身的构造形式，一般可分为构架式、梁式和复合式三种机身。

早期的飞机机身是由构架和不参加受力的蒙皮构成，故称构架式机身。构架式机身的构架是由钢管焊接而成的，主要受力构造是桁梁，可承受弯矩引起的拉力和压力。整个构架可承受弯矩、扭矩和剪力。蒙皮的材料多数为棉布、亚麻布，只起维持外形的作用。

梁式(薄壁式)机身能充分利用和合理分布构件，特别是蒙皮要参加骨架受力，机身在受力时好似一根闭口截面的薄壁梁，因蒙皮用薄金属代替蒙布，故又称薄壁式机身。这类机身的桁梁和桁条是纵向骨架，隔框是横向骨架。按照蒙皮承受弯矩的大小，梁式机身分为硬壳式、衍条式和桁梁式(后两种合称半硬壳式)三种机身。

复合式机身是根据各舱段的不同要求，使用上述不同构造形式组合而成的。

2.1.2 机翼

机翼，是无人机的主要气动面，是承受气动载荷的主要部件。其主要功用是产生升力，并具有一定的稳定和操纵作用。

1. 分类

按平面形状可以将无人机的机翼大致分为平直翼、后掠翼、前掠翼、小展弦比机翼四大类。

(1)平直翼：这是低速无人机通常采用的一种机翼平面形状。平直机翼的特点是没有后掠角或者后掠角极小，其展弦比较大，相对厚度也较大，适合于低速飞行。高速飞机很少采用平直机翼，只有少数对速度要求不高的飞机采用平直机翼。平直翼还可以进一步细分为矩形机翼、椭圆形机翼、梯形机翼等。

(2)后掠翼：四分之一弦线处后掠角大于25°的机翼叫做后掠翼。由于这种机翼前缘后掠，因此可以延缓激波的生成，适合于高亚音速飞行。目前许多无人战斗机和大部分的民用无人飞机都采用后掠翼。一些飞机为了兼顾高速和低速情况下的机动性，还采用了后掠角可变的变后掠翼技术。

(3)前掠翼：前掠翼与后掠翼刚好相反，其机翼是向前掠的。前掠翼有利于提高机动性能，目前采用前掠翼的无人机较少。

（4）小展弦比机翼：这类机翼的展弦比小，适合超音速飞行。小展弦比机翼常见的有小展弦比的梯形翼、三角形翼等，目前许多无人战斗机都采用小展弦比机翼以提高飞行性能。

除了这四大类常规机翼平面形状以外，还有一些十分独特的机翼形状。如美国的斜翼机，其机翼可以绕中心旋转，变成不对称的斜翼情况。

2. 构造

在无人机飞行过程中，机翼受到空气动力载荷作用发生变形，它的构件必须抵抗这种变形，以保证机翼的空气动力外形，为此机翼应配置不同的受力构件。机翼结构的基本受力构件由纵向骨架、横向骨架、蒙皮和接头等组成。

受力构件以不同的方式配置，就形成了机翼的不同构造形式。按蒙皮参与受力程度的大小，机翼的构造形式分为：蒙皮只能承受空气动力载荷的机翼，称为构架式机翼，其曾在航空发展初期飞行速度较低时使用；蒙皮承受多种载荷的机翼则有薄壁构造机翼和厚壁构造机翼两种。

如图 2.2 所示为机翼可折叠的 X－47B 隐形无人机。

图 2.2　机翼可折叠的 X－47B 隐形无人机

2.1.3　尾翼

尾翼，是无人机机体的重要部件之一，主要作用是保持无人机的垂直向和水平方向平衡，并起必要的稳定及操纵作用。尾翼的几何外形及其参数和机翼的相似。尾翼一般包括水平尾翼（简称平尾）和垂直尾翼（简称垂尾）。平尾中的固定部分称为水平安定面，可偏转的部分称为升降舵，操纵升降舵可以控制无人机的升降；垂尾中的固定部分称为垂直安定面，可偏转的部分称为方向舵，操纵方向舵可以控制无人机飞行的方向。安定面的作用是保证无人机平稳飞行。有些无人机把水平尾翼设计在机翼的前面，称作鸭翼。有些无人机没有平尾，这种布局称为无尾式无人机。某些无人机升降舵与机翼后缘的副翼合二为一，称为升降副翼，当它分别上下偏转时起副翼作用，同时向上或下偏时则起升降舵作用。

V 形尾翼由左右两个翼面组成，成"V"形。V 形尾翼同时兼有垂尾和平尾的功能，能同时起俯仰和方向稳定作用，当两边舵面向相同方向偏转时，起升降舵的作用；相反的，向不同方向偏转时，则起方向舵作用，因此 V 形尾翼大仰角可控性很好，隐身性能得到提升。另外，V 形尾翼能以较少的部件总数来减小尾翼之间及尾翼与机身之间的干扰阻力，因此可以提高螺旋桨驱动的飞机的飞行速度，同时并具有尾翼加工量小的优点。V 形尾翼根据尾翼的朝向又分为上反角 V 形尾翼和下反角 V 形尾翼。如图 2.3 所示为 MQ - 9 "死神"无人机的上反角 V 形尾翼。

图 2.3　MQ - 9"死神"无人机的上反角 V 形尾翼

尾翼结构一般也是由梁、肋、桁条和蒙皮组成的，构成方法与机翼相似。尾翼承受的应力与机翼也相似。安定面的结构和机翼基本相同。一般采用双梁(多梁)、壁板、多肋的单块式结构。使用多梁是为了增大强度，提高防颤特性。舵面一般悬挂于后梁上，因此安定面通常将后梁设计成主梁，且在悬挂接头处布置有加强肋。

2.2　无人机飞行原理

无人机飞行时，依靠机翼与空气的相互作用产生升力。因此，无人机飞行与大气的性质、升力、阻力以及自身飞行平衡性、稳定性和操纵性关系极为密切。

2.2.1　飞行环境

1. 大气环境

无人机飞行的空间环境就是包围地球的大气层。大气由不同成分的气体分子组成，这些分子不停地作无规则运动，分子之间有着很大的自由距离。大气按体积计算，氮气约占 78%，氧气约占 21%，其余为二氧化碳、氢、氩、氖、氦等气体。

大气层是有厚度的，它的底界是地面，顶界则没有明显的界限。大气的特性沿铅垂方向上的差异非常显著。以大气中温度随高度的分布为主要依据，可将大气层划分为对流层、平流层、中间层、电离层和散逸层等五个层次。

对流层是大气中最低的一层，它的底界是地面，顶界则随纬度和季节变化，气温随高度的增加而降低。平流层位于对流层之上，顶界大约在 50～55 km 高度。在平流层内，随着高度的增加，起初气温几乎不变(190 K)，到 20～30 km 以上，气温升高很快。中间层位于平流层之上，顶界大约在 80～85 km 高度。随着高度的增加，气温下降，空气在铅垂方向有相当强烈的运动，这一层顶部的气温可低至 $160\sim190$ K。电离层位于中间层之上，顶界大约在 800 km 高度。电离层的空气密度极小，声波难以传播。散逸层又称外大气层，位于电离层之上，是地球大气的最外层。空气极其稀薄，远离地面，受地球引力较小，大气分子不断地向星际空间逃逸。无人机的飞行环境主要是对流层和平流层。

2. 空气特性

（1）可压缩性。在一定的温度条件下，具有一定质量的空气体积和密度随压力变化而改变的特性，叫做空气的可压缩性。空气具有很强的压缩性，在其他条件不变的情况下，压力愈大，体积愈小；压力愈小，体积愈大。

（2）黏性。空气在流动时，相邻流动层间由于存在着相对滑动而产生的摩擦现象，称为空气的黏性。空气的黏性虽然非常微弱，但当速度差很大时，作用在飞行器外表面上的黏性阻力对飞行的影响很大。

（3）传热性。当空气中沿某一方向存在着温度差时，热量就会由温度高的地方传向温度低的地方，这种特性称为空气的传热性。空气的传热性与密度有关，密度愈高，传热性愈强；反之愈弱。

3. 国际大气标准

飞行器的飞行性能与大气状态的主要参数——气温、气压和密度有着密切的关系，这些参数随着地理位置、季节、时间、高度和气象条件的不同而变化。随着大气状态的改变，飞行器的空气动力和飞行性能也会改变。为了比较飞行器的飞行性能，就必须有一个统一的大气状态作为衡量标准，这个标准称为国际大气标准。国际标准规定，以海平面的高度为零。在海平面，空气的标准状态为：气压：760 mmHg；气温：15°C；声速：341 m/s；空气密度：1.226 kg/m^3。

2.2.2　空气动力学相关原理

1. 相对运动原理

物体在静止的空气中运动或气流流过静止的物体时，如果两者相对速度相等，则物体上受到的空气动力完全相等，这个原理称为"相对运动原理"。无人机在受到发动机的拉力/推力进行飞行时，相对空气有一个速度，按照相对运动原理，也相当于有一股与无人机飞行速度相同的空气作用于机体，使其受到这一股气流的作用力，这股作用力可以分为升力和阻力。

2. 伯努利定理

伯努利定理是能量守恒定律在气体流动中的应用，是研究流体特性和飞机上产生气动力及其变化规律的基本原理。$P+\rho V_2/2 = P_0 =$ 常数，此式称为伯努利公式，表示静压 P 与动压 $Q=\rho V_2/2$ 之和不变，是个常数。这表明在同一流管中，流速大的地方静压小，流速小的地方静压大。动压的物理意义是单位体积气体流动的动能。当 $V_2=0$ 时，动压为零，此时静压达到最大值，以 P_0 表示并称为总压。

3. 连续性定理

连续性定理是质量守恒原理在流体力学中的应用。自然界中，河水在窄而浅的地方流得快，在宽而深的地方流得慢；山谷中的风要比平原的地方大。这些自然现象都是流体连续性定理的体现。$\rho_1 V_1 S_1 = \rho_2 V_2 S_2 =$ 常数。对于不可压缩流体，密度 ρ 为常数，则连续性定理可表示为 $V_1 S_1 = V_2 S_2 =$ 常数。它表明，在稳定不可压缩流场中，管道细处流体流速快，或者说流体的流速与管道截面积成反比，这就是连续性定理的基本内容，它用来描述管道截面积与流速的关系。风洞试验段速度最大，低速机翼上表面流体速度较大，其原因都在于此。

2.2.3　升力与阻力

当飞机以一定速度在大气中飞行时，飞机各部分都会受到空气动力的作用，这些空气动力构成了飞机的升力和阻力。

1. 升力

无人机必须获得足以克服自身重量的升力才能够升空飞行。就常规布局的无人机而言，机翼是产生升力的主要部件。机翼剖面通常都是如图 2.4 所示的流线型。

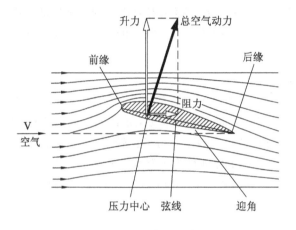

图 2.4　升力产生示意图

从图中可以看出，机翼的前部较厚，后部较薄，上面凸起，下面平直，上下不对称。翼剖面的最前点称为"前缘"，最后点称为"后缘"；连接前缘与后缘两点间的线段称为"翼弦"；翼弦与迎面而来的相对气流之间的夹角，称为"迎角"。当相对气流流到机翼前缘时，被分成上下两股，分别沿机翼上下表面流过，在机翼后缘重新汇合向后流出。由于机翼的上表面凸起，气流流过时，流管变窄，则流速变快，压力变小；而机翼的下表面比较平，气流流过时，流管和流速变化小，所以，压力变化不大。于是在机翼上、下表面就出现了一个垂直向上的压力差——升力。

经飞行试验和风洞试验表明，升力的大小可用公式表示为

$$Y = \frac{1}{2}\rho V^2 C_y S \tag{2.1}$$

式中，ρ 为空气密度，V 为相对飞行速度，C_y 为机翼的升力系数，S 为机翼的特性面积。

由上式可知：

（1）升力大小与空气密度有关。飞机在低空飞行时，空气密度大，产生的升力大；飞机在高空飞行时，空气密度小，产生的升力小。

（2）升力大小与相对飞行速度有关。相对飞行速度愈大，产生的升力愈大；相对飞行速度愈小，产生的升力就愈小。

（3）升力大小与机翼的剖面形状（翼型）和迎角有关，也就是与飞机的升力系数有关。图 2.5 所示为升力与迎角关系图。对某一机翼而言，当机翼的迎角由小逐渐增大时，升力也逐渐增大。但迎角增大到一定的限度时，机翼上表面的尾部出现了气流分离区，升力就达到最大值，再增大迎角，分离区向前扩展，升力反而减小，这种升力减小的现象称为"失速"。

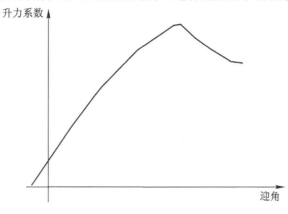

图 2.5　升力与迎角关系图

2. 阻力

阻力，是指空气与飞行方向相反的、妨碍无人机运动的作用力。无人机在空中飞行时，空气对它就有一个阻力。阻力按其产生的原因不同，可以分为摩擦阻力、压差阻力和诱导阻力等。

（1）摩擦阻力。摩擦阻力，是指气流流过无人机表面时，与无人机表面发生摩擦产生的阻碍无人机前进的力。摩擦阻力的大小与气体的相对速度、密度、无人机的表面积和无人机的表面光滑程度有关。其中，气体的相对速度越大，摩擦阻力越大；气体的密度越大，摩擦阻力越大；无人机的表面积越大，摩擦阻力越大；无人机的表现光滑程度越高，摩擦阻力越小。反之则相反。

（2）压差阻力。压差阻力，是指气流流过无人机时，在无人机前后由于压力差而产生的阻力。例如，相对气流流过机翼时，在机翼前缘的气流受阻，流速减慢，压力增大；而机翼后缘由于气流分离，形成涡流区，压力减小。这样，在机翼的前后就有一个与运动方向相反的压力差，形成压差阻力。压差阻力与无人机机体的形状有关。实践证明，机体的流线型越好，压差阻力越小；反之则相反。

（3）诱导阻力。诱导阻力，是指伴随升力的产生而产生的阻力。诱导阻力主要来自机翼。当机翼产生升力时，下表面的压力比上表面的压力大，下表面的空气会绕过翼尖向上表面流去，使翼尖气流发生扭转而形成翼尖涡流。翼尖气流扭转，产生下洗速度，气流方向向下倾斜，从而产生与飞行方向相反的阻力分量，即诱导阻力。诱导阻力与机翼的长度和翼尖的形状有关。

2.2.4　重心与平衡

1. 无人机重心

无人机重心，是指无人机各部分重力的合力作用点。重心所在的位置，叫重心位置。在重心位置无人机各个方向上所受力矩的大小是相等的。如果从这点上悬挂无人机，将没有上仰、下俯和向任何一方旋转的趋势。

2．无人机机体轴

机体轴，是指通过无人机重心的三条互相垂直、以机体为基准的坐标轴，如图 2.6 所示。

（1）纵轴：沿机身方向，通过无人机重心的轴线。无人机绕纵轴的转动，称为滚转运动。

（2）横轴：沿机翼方向通过无人机重心并垂直纵轴的轴线。无人机绕横轴的转动，称为俯仰运动。

（3）立轴：通过无人机重心并垂直于纵轴和横轴的轴线。无人机绕立轴的转动，称为偏航运动。

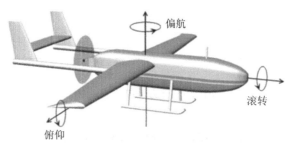

图 2.6　无人机机体轴

3．无人机平衡

当作用于无人机的各个力之和为零，且对于重心所构成的各个力矩之和也为零时，则无人机处于平衡状态。在平衡状态下，无人机的速度大小和方向都是不变的。

1）作用力平衡

当无人机处于平衡状态时，升力和重力是相等的，拉力（或推力）和阻力也是相等的。若无人机的升力和重力不等，则无人机的高度就会发生变化；若无人机的拉力（或推力）和阻力不等，则无人机的飞行速度就会发生变化。

2）力矩平衡

力矩平衡指作用于飞机的各力矩之和为零。它包括以下三个方面：

① 俯仰平衡：作用于无人机的各俯仰力矩之和为零时，无人机处于俯仰平衡状态。当无人机处于俯仰平衡时，它的迎角保持不变，不绕横轴转动。飞行时，相对速度的高低、升降舵偏转的大小等因素都会影响无人机的俯仰平衡。

② 方向平衡：作用于无人机的各偏转力矩之和为零时，无人机处于方向平衡状态。当无人机处于方向平衡时，它的航向保持不变，不绕立轴转动。飞行时，相对速度的高低、方向舵偏转的大小等因素都会影响无人机的方向平衡。

③ 横侧平衡：作用于无人机的各滚转力矩之和为零时，无人机处于横侧平衡状态。当无人机处于横侧平衡时，它的倾斜角保持不变，不绕纵轴转动。飞行时，相对速度的高低、副翼偏转的大小等因素都会影响无人机的横侧平衡。

4．重心对平衡的影响

无人机的重心位置，对其平衡状态影响很大。就常规布局无人机而言，其重心位置通常在距机翼前缘三分之一弦长的纵轴线上。如果重心位置偏离正常区域，则飞机的稳定性降低。重心位置太靠前飞机会产生俯冲的趋势；重心位置太靠后飞行速度会下降，发生失速较快。

5. 重心与焦点

当无人机的迎角发生变化时，无人机的气动力对该点的力矩始终不变，这一点称为焦点，它可以理解为无人机气动力增量的作用点。当无人机处于平衡状态时，作用在无人机上的所有气动力的作用点一定与飞机的重心重合。当无人机受到扰动或其他原因迎角改变时，作用在无人机上的气动力会发生变化，不仅是大小的变化，作用点也会发生变化。这时，通过力的合成原理，将气动力分解成两部分，一部分是飞机在原来的平衡位置受到的气动力，仍然作用于重心；另一部分是气动力的改变量，作用点就是飞机的焦点。无人机的焦点位于重心之后，那么附加的气动力会使无人机回到原来的平衡位置，如果焦点位于重心之前，则无人机处于一种不平衡的状态。

2.2.5　稳定性与操作性

1. 稳定性

无人机稳定性，是指因受外界扰动偏离原飞行状态，而当外界扰动停止后，又能自动恢复原状态的能力。它主要是通过无人机的机翼和尾翼等的作用而实现的，根据无人机偏离其原先飞行状态的方式不同，稳定性分下列三种：

1）俯仰稳定性

当无人机受外界扰动而抬头或低头时，具有能使其自动恢复原先状态的能力，称该无人机具有俯仰稳定性。俯仰稳定性通常由无人机的水平尾翼提供。当扰动使无人机抬头时，水平尾翼的迎角增大，因此，在水平尾翼上产生的升力增加，该增加的升力产生的力矩使无人机低头。当水平尾翼的迎角恢复初始平衡的值时，无人机又恢复了原来的飞行状态。如果无人机因受扰动而低头时，则水平尾翼产生向下的力，产生的力矩使无人机抬头，恢复原来飞行状态。

2）方向稳定性

当无人机受外界扰动而向左或向右偏转时，具有能使其自动恢复原先状态的能力，称该无人机具有方向稳定性。方向稳定性通常由无人机的垂直尾翼提供。当扰动使机头偏左时，垂直尾翼的迎角由原来的零值发生变化，因此，在垂直尾翼上产生了由右向左的横向力。在该力矩的作用下，使无人机机头向右偏转，直至垂直尾翼回到零位，无人机又恢复了原来的飞行状态。当扰动使无人机机头偏右时，垂直尾翼的迎角由原来的零值起了变化，因此，在垂直尾翼上产生了由左向右的横向力。在该力矩的作用下，使无人机机头向左偏转，直至垂直尾翼回到零位，无人机又恢复了原来的飞行状态。

3）横侧稳定性

当无人机受外界扰动而使机翼向左或向右倾斜时，具有能使其自动恢复原先状态的能力，称该无人机具有横侧稳定性。横侧稳定性通常由无人机机翼的上反角或后略角提供。如图 2.7 所示，以具有上反角的机翼为例，当扰动使无人机向左倾斜时，无人机向左侧滑，相当于有一股由左下方而来的相对气流作用在机翼上。相对气流与左机翼形成的迎角，比与右机翼形成的迎角大，从而使左翼得到较大的升力，产生向右的偏转力矩，使无人机恢复稳定状态；当扰动使无人机向右边倾斜时，无人机向右侧滑，相对气流与右机翼形成的迎角，比与左机翼形成的迎角大，从而使右翼得到较大的升力，产生向左的偏转力矩，使无人机恢复稳定状态。

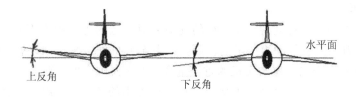

图 2.7　无人机机翼上反角与下反角

2. 操纵性

无人机在操纵时姿态改变的性能，称为无人机的操纵性。无人机的操纵通常通过三个操纵面——升降舵、方向舵和副翼来实现。通过这三个操纵面，可以操纵无人机绕其横轴、立轴和纵轴转动。

1）俯仰操纵性

无人机的俯仰操纵性是指其在控制舵面的作用下，绕横轴做俯仰运动的能力。无人机的俯仰操纵通常是通过控制其升降舵面来实现的。当升降舵面向上偏转时，水平尾翼的上表面迎角值增大，在水平尾翼上产生一个向下的附加力，这个力作用到无人机重心上便产生一个抬头力矩，使无人机抬头爬升；当升降舵面向下偏转时，水平尾翼下表面的迎角增大，在水平尾翼上产生一个方向向上的附加力，这个附加力产生低头力矩，使无人机低头俯冲飞行。

2）方向操纵性

无人机的方向操纵性是指其在控制舵面的作用下，绕立轴做偏转运动的能力。无人机的方向操纵通常是通过控制其方向舵面来实现的。当方向舵面向右偏转时，相对气流与垂直尾翼右侧形成的迎角增加，在垂直尾翼上产生一个由右向左的附加力，在这个力的作用下，产生一个使无人机向右偏转的力矩，无人机便绕立轴向右偏转飞行；当方向舵面向左偏转时，相对气流与垂直尾翼左侧形成的迎角增加，在垂直尾翼上产生一个由左向右的附加力，在这个力的作用下，产生一个使无人机向左偏转的力矩，无人机便绕立轴向左偏转飞行。

3）横侧操纵性

无人机的横侧操纵性是指其在控制舵面的作用下，绕纵轴做滚转运动的能力。无人机的横侧操纵通常是通过控制其副翼来实现的。当右副翼下偏、左副翼上偏时，向下偏的右副翼与相对气流形成的迎角增大，产生一个向上的附加力，向上偏的左副翼与相对气流形成的迎角增大，产生一个向下的附加力。两者相对于纵轴产生滚转力矩，使无人机向左倾斜；当右副翼上偏、左副翼下偏时，向上偏的右副翼与相对气流形成的迎角增大，产生一个向下的附加力，向下偏的左副翼与相对气流形成的迎角增大，产生一个向上的附加力。两者相对于纵轴产生滚转力矩，使无人机向右倾斜。

3. 稳定性与操纵性的关系

无人机作为在空中执行任务的飞行平台，一方面，需要其自身具有较好的稳定性，来排除各种干扰，保持其平稳地飞行；另一方面，又需要有较好的操作性，来灵活地控制其飞行姿态。就具体的无人机而言，稳定性和操作性是相互矛盾的。如果过分强调无人机的稳定性，就会牺牲无人机的操纵性；过分强调无人机的操纵性，反过来又会牺牲无人机的稳定性。因此，在具体应用中，应根据实际需要，把握好它们之间的关系。

2.3　无人机动力装置

动力装置为无人机系统飞行提供驱动，为各种机载设备提供能量，以保证无人机正常飞行。动力装置由发动机、燃料系统或推进剂以及保证发动机正常有效工作所需的附属设备组成。发动机是动力装置的核心，不同类型的发动机具有各自特点。无人机设计者会根据飞行器类型采用不同的发动机。飞机的飞行速度、高度、航程、机载重量和机动能力在很大程度上取决于发动机的性能水平。

2.3.1　无人机发动机分类及特点

航空发动机通常有活塞式发动机、喷气式发动机等类型，如图 2.8 所示。

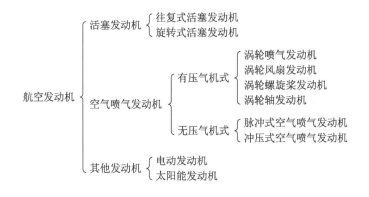

图 2.8　航空发动机的分类

活塞式发动机按活塞运动方式分为往复式和旋转式两种。空气喷气发动机分为无压气机式和有压气机式(燃气涡轮式)两种类型，其中，有压气机式分为涡轮喷气、涡轮螺旋桨、涡轮风扇、涡轮轴四种类型；无压气机式分为脉冲式和冲压式两种类型。另外还有电动发动机、太阳能电动发动机等其他形式。

应用在无人机上的航空发动机主要有活塞发动机、电动发动机和涡轮发动机。

活塞发动机是大多数无人机采用的动力装置，由于其具有体积小、重量轻、耗油低、工作可靠、结构简单、操作维护方便等特点，在常规侦察型无人机、靶机等中低速飞行的无人机中应用非常广泛。活塞发动机利用风门控制进气量，从而控制发动机的转速。

电动发动机是由蓄电池或其他电池供电的发动机，它将电能转化为机械能，驱动推进装置、风扇或旋翼。它具有体积小、重量轻、操作简便、震动小等优点。除此以外，由于电动机的输出功率不受含氧量影响，其高原性能优越，其电池可以重复使用，使用成本低。但同时因为受到电池容量制约，其功率较小、续航时间短、载重有限。电动发动机通常用于小型无人机的动力系统，利用电子调速器控制动力大小。

涡轮发动机是所有无人机发动机中可靠性最高的，具有马力大、转速高、震动小、起飞重量大等特点，高空飞行效率高，燃料不需要调配，不过造价比较高，体积较大。涡轮发动机主要应用于高空、高速、超长航时、大载荷型无人机和无人战斗机。

2.3.2 活塞式发动机

活塞式发动机是最早的航空发动机，也是无人机使用最早、目前使用最广泛的动力装置，其技术已经非常成熟。美军"捕食者"无人机、以色列"苍鹭"无人机均使用活塞式发动机。活塞式发动机有往复式和旋转式两种。

往复式活塞发动机，是指活塞在气缸内往复运动的发动机。根据做功周期分为二冲程活塞发动机和四冲程活塞发动机两种。往复式活塞发动机主要由气缸、移动活塞、连杆、曲轴、机匣及进排气门等构件组成。活塞式发动机的每一循环包括五个过程，即进气过程、压缩过程、燃烧过程、膨胀过程和排气过程。二冲程发动机每一循环的五个过程在两个冲程内完成，四冲程发动机每一循环的五个过程在四个冲程内完成。一些四冲程发动机带有增压器，使空气进入汽缸以前先由增压器增压，从而增加进入汽缸的空气量，达到增大功率的效果。

旋转式活塞发动机的活塞在缸体内作旋转运动，因此，发动机结构与往复式活塞发动机完全不同，主要包括齿轮机构、三角旋转活塞、气体密封机构、进排气口系统、缸体与端盖。旋转活塞发动机主要具有重量轻、体积小、功率大等优点。但也存在气密封线长、低速扭矩低、燃料排放还不理想等不足。

1. 二冲程活塞发动机工作原理

二冲程活塞发动机的工作原理如图 2.9 所示。

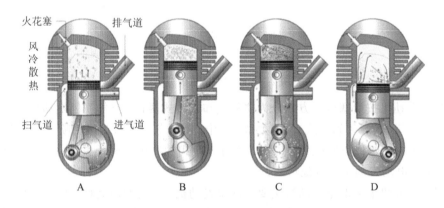

图 2.9 二冲程活塞发动机的工作原理

（1）辅助行程（A、B）。

曲轴旋转，活塞从下止点向上止点运动，当活塞上行，把扫气孔和排气孔关闭时，使已从扫气孔进入气缸的新鲜可燃混合气被压缩；由于活塞的上行，使活塞的下方的曲轴箱容积增大，产生真空吸力，把进气口的舌簧阀吸开，燃油与空气经化油器混合的可燃混合气被吸入曲轴箱，当活塞到上止点时，这一行程结束。

（2）作功行程（C、D）。

当活塞上行，将要接近上止点时，火花塞产生电火花，把已被压缩的可燃混合气点燃，燃烧的气体迅速膨胀，使气缸内的压力和温度急剧升高，在高压气体的推动下，迫使活塞从上止点向下止点运动，活塞通过连杆，将高压气体的推力传给曲轴使之旋转作功，使热能转变成机械能；由于活塞的下行，使曲轴箱的容积减小，压力增高，进气口的舌簧阀被关闭，进入曲轴箱的可燃混合气被预压缩；活塞继续下行时，排气孔打开，燃烧后的废气从排气孔排出；随着排气孔打开，扫气孔被打开，曲轴箱中被预压缩的可燃混合气经扫气孔进入气缸，并将废气进一步驱逐出气缸，这一过程称换气过程。

作功行程结束时，一个工作循环便完成了。从上述过程中可知，在辅助行程中，活塞上方在压缩，活塞下方在进气；在作功行程中，活塞上方在作功、排气和扫气，而活塞下方对进入曲轴箱的可燃混合气进行预压缩。只要曲轴连续旋转，工作循环便能连续不断地进行。

2. 四冲程活塞发动机工作原理

曲轴旋转两圈，活塞上下各两次，完成一个工作循环的发动机称四冲程发动机。四冲程发动机的汽缸体上设有进、排气门，由曲轴旋转驱动凸轮准时地打开和关闭，使可燃混合气进入汽缸，并使燃烧后的废气及时排出汽缸，如图 2.10 所示。

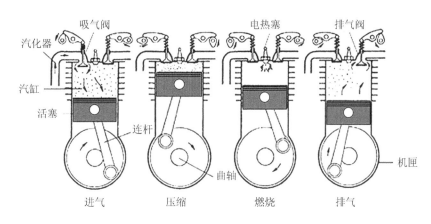

图 2.10　四冲程活塞发动机的工作原理

（1）进气冲程。

曲轴旋转，活塞从上止点向下止点移动，此时进气门打开。由于活塞的下行，活塞上方容积增大，产生真空吸力，燃油和空气经化油器雾化混合成可燃混合气，经进气门进入气缸。活塞到下止点，进气冲程结束。

（2）压缩冲程。

压缩冲程开始时，进排气门均关闭。活塞从下止点向上止点移动，使进入汽缸的可燃混合气被压缩，活塞将到上止点时，混合气的压力可达 1470 kPa 以上，温度可达 $250\sim300℃$，为混合气体的燃烧作功创造了良好的条件。这一冲程在活塞到上止点时结束。

（3）作功冲程。

当压缩冲程活塞接近上止点时，火花塞电极间产生电火花，将被压缩的可燃混合气点燃，燃烧的气体迅速膨胀，使气缸内的瞬时压力达 $2940\sim4410$ kPa，温度达 $1800\sim2000℃$，在高压气体的作用下，活塞被迫从上止点向下止点运动，通过连杆，将高压气体的推力传给曲轴使之旋转作功，实现热能转变为机械能。

（4）排气冲程。

在作功冲程末，活塞被推到接近下止点时，排气门打开，活塞由下止点向上止点运动，气缸内燃烧后的废气在活塞的推动下，经排气门排出汽缸，活塞到上止点后，排气门关闭，这一冲程结束。

排气冲程结束时，一个工作循环完成。只要曲轴连续转动，进气、压缩、作功、排气就能周而复始地循环进行。

四冲程发动机工作循环的四个活塞冲程中，只有一个冲程是作功的，其余三个冲程则是为作功准备的。因此，单缸发动机中，曲轴每转两周中只有半周是由于膨胀气体的作用使曲轴旋转，其余一周半则依靠飞轮惯性维持转动，显然，作功冲程时转速比其他三个冲程转速要大，所以曲轴转速是不均匀的，因而发动机工作就不平衡。为了解决这个问题，飞轮必须有足够大的转动惯量，而这样做将使整个发动机的重量和尺寸增加。此外，单缸发动机往复运动质量的惯性力很难得到平衡，输出功率亦受到限制。基于以上原因，一般很少采用单缸发动机。为满足功率的要求，往复式活塞发动机一般都是多汽缸组合构成的，依照汽缸排列方式的不同，可分为直立形、Y 形、对立形、X 形和星形等各类发动机，汽缸排列方式与汽缸冷却方法有关。图 2.11 为几种典型活塞发动机汽缸排列方式示意图。

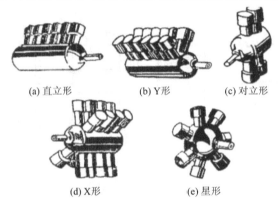

(a) 直立形　　　　(b) Y形　　　　(c) 对立形

(d) X形　　　　　　(e) 星形

图 2.11　典型活塞发动机汽缸排列方式示意图

现代航空用活塞式发动机普遍采用的是四缸、六缸发动机，其中四缸发动机应用最广泛。在多缸发动机的每一汽缸内所进行的工作过程与单缸发动机完全相同。但所有汽缸的作功冲程并不同时进行，而且尽量安排一定的间隔。例如，在四缸发动机中，曲轴每转半周便有一个汽缸作功；六缸发动机曲轴每转 120° 便有一个汽缸作功。显然，汽缸数量越多，每缸工作间隔越短，发动机工作越平稳。但发动机汽缸数的增加将导致结构的复杂化，尺寸和重量均会增加。

3. 旋转式活塞发动机工作原理

旋转活塞发动机在结构上与往复式活塞发动机有着根本的区别，但就工作原理而言，它与往复式活塞发动机是类似的。如图 2.12 所示，当活塞在汽缸内转过一周后，被活塞分割成的三个腔各自完成了吸气、压缩点火、燃烧膨胀、排气四个过程，即当活塞转过一周后发动机做功三次。为了使三个腔能正常地实现工作循环，这就要求活塞的三个端点与汽缸内壁处有严密的接触而互不沟通，同时又不能发生任何干涉。这样，活塞和缸体的形状必须有特殊的规定。

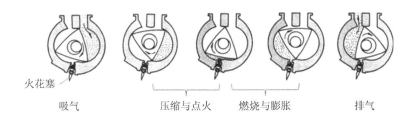

火花塞

吸气　　　　压缩与点火　　　燃烧与膨胀　　　排气

图 2.12　旋转式活塞发动机的工作原理

2.3.3　涡轮喷气发动机

涡轮喷气发动机简称涡喷发动机，通常由进气道、压气机、燃烧室、涡轮和喷管五大部件组成，如图 2.13 所示。涡喷发动机具有加速快、结构简单的特点，但是油耗较大。

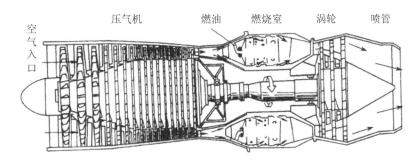

空气入口　　　压气机　　　　燃油　　　燃烧室　　　涡轮　　　喷管

图 2.13　涡喷发动机结构图

喷气推进的原理可以用牛顿第三定律解释。根据牛顿第三定律，作用在物体上的力都有大小相等方向相反的反作用力。喷气发动机在工作时，从前端吸入大量的空气，燃烧后高速喷出，在此过程中，发动机向气体施加力，使之向后加速，气体也给发动机一个反作用力，推动飞机前进。

当发动机工作时，从进气道吸入的空气进到发动机，气流速度降低，压力升高，经过压气机时，将气流的压力再度提高，随后进入燃烧室，与从燃烧室顶部喷嘴喷出的燃料混合燃烧，此时燃料的化学能转变为热能。燃烧生成的高温高压气体膨胀作功，驱动涡轮工作。高速旋转的涡轮带动压气机工作，经过涡轮后的燃气由喷管高速喷出，由反作用力原理，高速喷出的气流产生了推动飞机飞行的推力。

涡轮喷气发动机作为热机，它的工作过程也是热能转变的热力循环，但是涡轮喷气发动机排出的燃气不再参加下一个循环，所以是一个开口的循环。从空气进口到喷管出口可分为四个过程，即压缩过程、加热过程、膨胀过程和定压放热过程。这四个过程描述了涡轮喷气发动机的实际循环过程。

2.3.4　涡轮风扇发动机

涡轮风扇发动机由风扇、压气机、燃烧室、涡轮、喷管(喷口或混合器)等组成，若是加力涡轮风扇发动机还应有加力燃烧室等部件。风扇是涡轮风扇发动机的特有部件。

涡轮风扇发动机与涡轮喷气发动机相比，在带动压气机的涡轮后又装上一个涡轮来带动一个风扇（也称低压压气机）。风扇运转并压缩空气，经压缩的气流分为两股：一股气流进入内涵道，即与前面讲过的涡轮喷气发动机一样，这是发动机的核心质量流量，经高压压气机、燃烧室、涡轮和喷管排出；另一股流经外涵道，这股气流平行流动经喷口排出，这是附加的推进质量流量。如图 2.14 所示，这种内外两股气流的发动机也称作内外涵发动机。外股气体流量与内股气体流量之比称作流量比或叫涵道比。

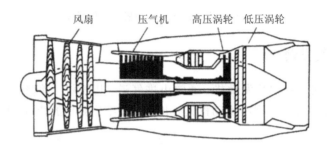

图 2.14　涡轮风扇发动机结构图

涡轮风扇发动机具有推进效率高的优点，主要是涡轮风扇发动机的风扇吸入的空气量大，使得进入发动机的空气量增加，虽然气流出口速度下降，但流量与速度之积要比原来的涡轮喷气发动机大得多，结果是推力增加而供油量却维持原样。

2.3.5　电动发动机

电动发动机是小型无人机常用的动力装置。如图 2.15 所示，电动式发动机系统主要由蓄电池、电子控制器、电动机等组成。电池为电动发动机提供需要的电能，产生满足电机需求的电流。电子控制器控制电动机的转速。电动机受到电流的驱动，在控制范围内转动驱动转轴，带动螺旋桨转动产生动力。

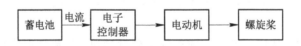

图 2.15　电动发动机的组成

电动机是应用电磁感应原理运行的旋转电磁机械，用于实现电能向机械能的转换。运行时从电系统吸收电功率，向转轴输出机械功率。电动机利用了电磁感应的物理原理，即通电导体在磁场中能够受到力的作用。根据这种将电力转化为力的现象，设计了巧妙的装置成为了各式各样的电动机。

2.4　无人机发射与回收装置

无人机从地面到空中所经过的离地、加速升空过程，称为起飞过程，由于大多数无人机要借助于助力装置给予的外力起飞，所以这一过程又称为发射过程，完成发射过程的装置称为发射装置。无人机从空中回到地面所经过的降高、减速、着陆过程，称为回收过程，完成回收过程所使用的装置称为回收装置。

2.4.1 发射装置

无人机发射装置的作用是使无人机达到一定的初速度，从而获得足够的升力来克服自身的重力起飞。发射装置是固定翼无人机升空飞行不可缺少的部分。无人机的发射通常应满足三个基本条件：一是要有一定的初速度；二是要有一定的发射角度；三是要有一定的发射方向。按获取初速度的方式不同，无人机常见的发射起飞方式有滑跑起飞、火箭助推发射起飞、人工抛射起飞、弹射起飞和母机投放起飞等。

1. 滑跑起飞

滑跑起飞一般包括轮式滑跑和助飞跑车滑跑两种起飞方式。轮式滑跑起飞是在无人机上装有类似有人飞机的起落架，通过在跑道上加速滑跑，达到一定的速度后起飞升空的方式。轮式滑跑起飞对起飞的场地要求较高，需要有满足一定要求的跑道，一般用于飞行距离远、体积较大的无人机发射起飞，主要依靠起落架装置实现滑跑起飞，例如美国"全球鹰"无人机，如图 2.16 所示。起落架通常由受力构件、减震器、机轮及收放机构组成。轮式滑跑起飞无人机的起飞过程分为地面滑跑、离地和上升三个阶段。助飞跑车滑跑起飞是利用特殊机构将无人机固定在车上，通过车的加速给无人机一定的初速度，当达到预定的速度要求后起飞升空。

图 2.16　滑跑起飞的"全球鹰"无人机

2. 火箭助推发射起飞

火箭助推发射起飞，是指在无人机上装有助推火箭，利用火箭的推力使无人机达到一定的高度，并获得飞行所需的初速度，进而升空起飞，例如美国"猎人"无人机，如图 2.17 所示。

图 2.17　火箭助推发射起飞的"猎人"无人机

由于火箭推力是突然加到无人机上的，所以要求应用这种发射方式的无人机要有一定的强度。另外，要保证火箭助推的推力线满足特殊的要求，防止推力线偏离造成发射失败。火箭助推发射起飞根据发射装置有无滑轨可分为有滑轨定向发射及无滑轨零长发射。火箭助推发射系统通常由发射架、释放装置、火箭助推发射单元、点火系统组成。

3. 人工抛射起飞

人工抛射起飞，是指无人机在手持状态下，通过操纵人员加速跑动或旋转使无人机获得一定初速度后抛出升空的起飞方式，例如美国"大乌鸦"无人机，如图 2.18 所示。人工抛射通常适用于微型无人机或重量相对较轻的无人机。

图 2.18 人工抛射起飞的"大乌鸦"无人机

4. 弹射起飞

弹射起飞，是指无人机在地面或运载车的发射架上用压缩气体、液体、弹簧或橡皮筋等构成的弹射器弹射起飞的发射方式。这种发射方式多用于小型低速无人机，如"扫描鹰"（如图 2.19 所示）、"天眼"、"不死鸟"、"天鹰座"、"牛郎星"和"米拉奇 26"等无人机。这种发射方式通常是有滑轨的定向发射。

图 2.19 弹射起飞的"扫描鹰"无人机

5. 母机投放起飞

母机投放起飞，是指利用某种飞行器携带无人机升空到预定高度发射的发射方式。

2.4.2　回收装置

回收阶段在无人机应用中非常重要。常见的回收方式有起落架回收、伞降回收、拦阻网回收、中空回收、气垫/气袋回收和火箭制动回收等。

1. 起落架回收

起落架回收，是一种主要的回收方式，多用于体积较大的无人机。它要求有较高的自动着陆的技术或技术熟练的引导人员，而且对跑道要求较高。起落架回收过程就是着陆的整个过程。可分为下滑、拉平、平飘、接地和滑跑五个阶段。下滑阶段是无人机降低飞行高度的过程，使无人机正对着陆跑道，飞向预定地点；拉平阶段，无人机下滑到规定高度时，增大迎角，增大升力，使下滑角减小，迎角增大，无人机阻力随之增大，无人机做减速运动，高度也逐渐降低；在平飘阶段，无人机的速度逐渐减小，外力也相应逐渐减小，为不使无人机下沉过快，应适当增大迎角，以增大升力，使无人机缓缓下沉。接地阶段，由于无人机接地前迎角增大及气流的地面效应影响，俯仰安定力矩使机头自动下俯，所以，需要随无人机下沉适当调整舵量，以保持无人机的接地姿势和保持无人机接地时有一定的升力，以较小的速度轻轻接地，减小机轮与地面的撞击力，并可缩短地面滑跑距离；滑跑阶段，无人机接地后，阻力和机轮与地面的摩擦力使无人机减速，随着速度减小，升力降低，机头自动下俯，前轮自动接地，着陆地面滑跑过程中，应使飞机保持好方向。

2. 伞降回收

伞降回收，是指利用相对空气运动的气流使伞从折叠状态充气展开，从而使无人机减速平稳下降，适用于中、小型无人机。降落伞折叠包装在伞包内，经连接装置连接在无人机上，当无人机降落时，先打开无人机的伞舱盖，利用开伞装置打开伞包（若有引导伞时，先打开引导伞，后开主伞），降落伞充气涨满，悬吊着无人机按一定速度和姿态下降。引导伞的作用是将回收主伞从伞舱内拉出，使主伞处于良好的工作状态。伞降回收的优点是：技术成熟，可靠性较好。伞降回收的缺点：一是伞降系统占用了无人机较多的重量和容积，对无人机的性能有一定的影响；二是在降落过程中，受气象条件（尤其是风）和地形的影响较大，不能保证精确的着陆。如图 2.20 所示伞降回收的无人机。

图 2.20　伞降回收的无人机

3. 拦阻网回收

拦阻网回收，是指利用网拦阻无人机，利用特殊的能量吸收装置来吸收无人机降落时的能量，从而使无人机安全回收，常用于小型无人机的回收。拦阻网回收系统一般由回收网、能量吸收装置和自动导引设备等组成。当无人机返航时，地面控制站控制无人机以小角度下滑。操纵人员通过自动导引设备中的电视监视无人机的飞行，并根据地面控制站接收的无人机信号，确定航路偏差，控制无人机对准回收网飞行。这种回收方法的精度高、回收率高，但对机体强度、网的材料强度要求高。另外，发动机和螺旋桨应安排在机身后部（即后推式）。拦阻网回收方式具有以下特点：一是不要求在无人机上加装任何设备，不会影响无人机的总体性能；二是只要有比较简单的引导设备或熟练的无人机着陆引导人员即可操纵；三是可以在气象条件比较差的环境下使用；四是可以在很短的距离内安全平稳地回收；五是网体对无人机的作用力柔和，过载较小，不易损坏无人机机体和机内设备；六是可以回收重量比较大的无人机。如图 2.21 所示拦阻网回收的"银狐"无人机。

图 2.21 拦阻网回收的"银狐"无人机

4. 中空回收

中空回收，是指利用直升机在空中钩住无人机的主伞或其他部分把无人机收回机上或拖到适当地方回收。通常，中空回收方式要与伞降回收系统配合使用。中空回收的特点是作业高度高、范围大，但可靠性不高、操作困难。美国空军在中空回收方面具有丰富的经验，他们已对靶机、巡航导弹等进行了上千次成功回收。

5. 气垫/气袋回收

气垫/气袋回收，是指将气袋、气囊充气装置装在无人机机身下部，以吸收无人机着地时的撞击能量。这种类型回收系统一般包括充气袋（囊）、充气嘴、释放阀等部分。整个气袋可分为几个小的舱室，以减小冲击时气袋的回弹。飞行时气袋呈折叠状态或收到机身内以减小阻力，也可紧贴在机身下表面。着陆和滑行时，通过充气系统给气袋充气以便支撑无人机吸收着陆时的撞击能量。气垫/气袋型回收装置的稳定性好，能吸收垂直方向冲击能量，采用双气袋还能吸收侧向的能量。

6. 火箭制动回收

火箭制动回收，是指接近地面时启动火箭制动装置，以减少无人机的前进速度和下降速度（理论上可把速度降至零），使滑行距离大大减小。制动火箭一般采用固体火箭。

此外，经过特殊减震设计的无人机（如美军"大乌鸦"无人机）可采用深失速回收方式，该方式能降低无人机对降落场地的要求，无需辅助降落设备，同时也降低了对飞控及传感器精度的要求，更适合于小型无人机在复杂地形环境中使用。

2.5　无人机飞行器技术发展趋势

2.5.1　性能进一步提升

未来新型无人机将采用先进的隐身技术。一是采用复合材料、雷达吸波材料和低噪声发动机；二是采用限制红外反射技术。在无人机表面涂上能吸收红外线的特制漆和在发动机燃料中注入防红外辐射的化学制剂，雷达和目视侦察均难以发现采用这种技术的无人机。另外，减少表面缝隙或采用充电表面涂层等方法也能增强其隐身性。

随着发动机技术的发展，无人机动力装置性能将得到提升。一方面无人机发动机的油耗率降低、功率增大，另一方面具备更大的功率重量比（SP）。这是因为同样功率的发动机，油耗越大、质量越重，则意味着可搭载的任务设备就越少。随着航空发动机技术的不断改进，无人机也将具备越来越高的飞行速度和机动性能。

2.5.2　尺寸两极化

目前世界军事强国均在积极开展新型高空长航时大型无人机的研究，这类无人机飞行高度将逐步接近临近空间，并可在空中停留数周甚至数月时间，非常适合于执行持久的情报收集和战场监视任务。预计到 2030 年前后，美国等国的战略战役空中侦察监视任务将主要由卫星和高空长航时无人机共同完成，而 U - 2 等传统有人驾驶侦察机将逐步退出历史舞台。

无人机还有朝着小型化发展的趋势，甚至会朝着轻型化和微型化的方向发展。运用复合材料技术使机身重量大大减小，强度和韧性不断提高。使用轻便、易修复的材料将成为小型无人机平台的发展方向。为了满足未来特种作战和城市作战的需要，无人机微型化的步伐进展迅速。由于微小型无人机具有重量轻、体积小、造价低、隐蔽性好、机动灵活等特点，能够监视普通侦察机探测不到的死角，非常适合城市、丛林、山地等复杂环境以及特殊条件下的特种部队和小分队作战，因而微小型化已成为无人机的另一重要发展趋势。

2.5.3　种类多样化

在未来可能产生的平台样式中，垂直起降无人飞行器和临近空间飞行器是两个重要的发展方向，传统的平台类型还将继续保持。

垂直起降平台是指采用垂直方式起降的飞行器平台，其特点是发射回收简便易行。现有固定翼无人机在舰上起降程序复杂，目标定位精度不高，事故率高，难以完成作战要求。而垂直起降无人机具有起降条件要求低，能从海上平台和陆上复杂地形、地物条件下起降，适合舰载和城市、山区条件下使用。

临近空间飞行器得到进一步发展。临近空间飞行器不仅在执行 ISR、通信中继、导航预警等任务时具有独特而明显的优势，同时还可作为今后进入太空的中转平台，甚至直接配备高能激光等先进武器。临近空间潜在军事价值已得到各国军方的广泛认可，其战略意义正日益凸现。目前以美国为代表的发达国家正大力发展空天飞机、无人飞艇等临近空间飞行器平台。

2.5.4　组件标准化及通用化

同型号、同类型无人机飞行器平台各部件、组件的生产和制造将进一步标准化和通用化。通过标准化的方法实现零部件的通用化，使其在尺寸上具有互换性，功能上具有一致性，使用上具备重复性，结构上具备先进性。同一系列的无人机平台能够通用的零部件尽量通用。新设计的零部件在性能满足要求的情况下，按照标准的程序和样式进行设计制造，使其成为通用的无人机平台组件。标准化和通用化后，无人机飞行器平台将更加具备通用性，进一步提高适应能力和维修性能。

2.5.5　提高发动机动力

涡轮增压是一种利用发动机运转产生的废气驱动空气压缩机的技术。通过涡轮增加装置能够利用提高发动机的进气量从而提高发动机效率。发动机排出的废气的冲力驱动涡轮，涡轮又带动同轴的叶轮，叶轮机将空气管道进入的空气进行压缩，使之增压进入气缸。当发动机转速增快，废气排出的速度与涡轮转速也会同步增快，叶轮就压缩更多的空气进去气缸，空气的压力和密度增大可以燃烧更多的燃料，相应增加的燃料量就可以增加发动机的输出功率。

第 3 章

无人机测控与导航技术

测控，是指对无人机飞行和工作状态进行跟踪、测量、控制和监视的过程，其中，飞行控制是指对无人机飞行姿态和系统参数进行控制。导航，是指将无人机从起始点引导到目的地的过程。测控与导航对无人机的功能和性能起决定性的作用。本章主要阐述无人机测控技术、飞行控制技术和导航定位技术，并简要介绍相关技术的发展趋势。

3.1　无人机测控技术

无人机测控系统的主要作用是指挥操纵飞机飞行，并将飞机的状态参数及任务信息数据传到地面控制站，包括跟踪测量设备、信息传输设备、数据中继设备等。测控系统的主要任务，一是对无人机进行跟踪测轨、姿态测量，进行航迹和姿态控制，确保其按照预定航迹和正常的姿态进行飞行和返航；二是对无人机的有效载荷、仪器设备进行控制，使其完成规定的操作和实现规定的功能；三是为应用系统提供有关数据，为地面指挥系统提供监视和显示作用。

3.1.1　地面控制站

地面控制站简称地面站，是无人机测控系统的重要组成部分，是地面上用于对无人机操控、飞行导航、飞行状态监控的设备或系统。它主要由计算机、显示设备、操控设备、网络设备、通信设备、数据存储设备、输入输出设备等部分组成。

1. 功能

地面控制站具有指挥调度、任务规划、操作控制、显示记录和任务信息处理及分发等功能，具体可以分为以下几个方面。

（1）航线规划。

无人机执行飞行任务前，地面人员为无人机的飞行和完成任务规划出合理的飞行航线；在飞行过程中根据具体情况更改和调整航线。依托地面站的数字地图，可以进行航点编辑、删除，航线发送及实时更新等操作。

（2）飞行状态监视和操控。

地面站内的无人机操控人员一方面要通过显示系统了解和监视无人机的飞行状态，掌握飞行情况；另一方面，要通过操控设备，包括操控杆、指令面板等，对无人机实施人工操控或指令操控，以确保无人机的飞行安全和任务的顺利实施。

（3）载荷操控。

载荷操控指对无人机任务设备工作状态进行控制。例如，对于照相功能的无人机，地面人员需要通过显示设备观察目标区域的情况及信息，了解无人机任务设备的工作状况，并能够根据任务需要，通过站内的载荷操控设备对无人机任务设备的工作状态，如相机的开关、光轴的调整、激光电源开关等进行操控，确保照相任务顺利完成。

（4）链路监视和操控。

数据链路是无人机空地传输信息的通道，包括地面站到无人机的上行遥控指令和无人机到地面站的下行遥测和图像数据。地面站的链路操控人员要实时掌握链路工作状态，并根据任务需要对链路的工作状态和参数进行调整。

2. 分类

地面站根据无人机系统规模的大小可以设计成车载式和手持式两种形式。

（1）手持式。

手持式是小型无人机通常使用的地面站形式，其主要特点是简单轻便、便于携带，手持式地面站也称为便携式地面站。手持式地面站的主体由一个加固型便携计算机组成，安装有用于实现飞行控制、航线编辑、载荷控制的软件。飞行时，与配备的便携式天线、测控组合等设备在野外随时组合使用。如图 3.1 所示为手持式地面控制站。

图 3.1　手持式地面控制站

（2）车载式。

车载式是大型无人机系统通常使用的地面站形式，其主要特点是功能齐全，机动方便。相比于手持式地面站，车载式地面站对无人机的控制距离相对较远，各类功能指标均强于手持式地面站。飞行时，设备架设展开和操作的流程相对复杂，对人员专业性和协调配合能力要求比较高。

3.1.2　测控系统分类

测控系统按地面控制站的数目分类，包括单站测控系统、多站测控系统和空中中继测控系统。

1. 单站测控系统

该系统只需一个地面控制站就可以单值地确定无人机的坐标。因为要保证一定的跟踪与测量精度，所以地面跟踪天线的主波束必须很窄，这就要求天线尺寸为很多个波长，即测量设备必须采用传播特性为准光学特性的频率，所以电波是视线传输。这种单站测控系统的测量值通常为斜距、方位角和高度信息。由于单站测控系统设备量小，机动性好，所以是最常用的无人机综合测控系统。

2. 多站测控系统

该系统主要指双站测控系统与三站测控系统。双站测控系统对无人机的测量可以采用双站方位角测量法或者双站斜距测量法，两站之间的距离（基线长）需事先确定。当采用双站斜距测量法时，可以不要求天线窄波束工作，允许采用较低的频率工作。三站测控系统可用三角测量法或三边测量法测量无人机的坐标位置，而不需要提供无人机的高度信息即可定位。当利用三边法测量时，由于不需要测量角度，所以也不需要窄波束天线，其工作频率可以较低。但应注意，由于几何形状对精度的影响，在低高度或低仰角时不可能对无人机进行精确的定位。三站系统及双站系统都要增加地面站及数据传输设备，所以主要应用于固定的试验场。

3. 空中中继测控系统

该系统是在单站测控系统的基础上发展的。当地面控制站与飞行的无人机之间有障碍（如高山）遮挡时，可设置机动站，以保证机动站与无人机间的通信，再利用地面站与机动站之间的双向数据转发，实现地面控制站对无人机的测控。但是，当无人机远离地面控制站并且飞行高度有限时，由于地球表面曲率影响，难以保证地面控制站与无人机之间的通信，较好的办法是将数据中继设备装载在空中飞行器上。飞行器的选择取决于系统的规模、性能、价格等多种因素，通常中继飞行器选择为无人机，并且与执行任务的无人机选择同一种型号，以便于管理。图 3.2 及图 3.3 分别示出了无中继测控及配置中继无人机测控的情况。带有空中中继的测控系统，如果能保证地面控制站与任务无人机之间的通信，中继无人机则不必起飞，与单站测控系统工作情况相同。

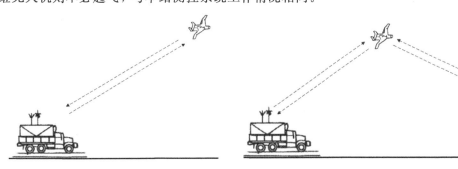

图 3.2　直接（无中继）测控的无人机系统　　　图 3.3　配置中继无人机测控的无人机系统

在空中中继测控系统中，由于增加了空中中继飞机及中继设备，必须对上、下行数据采用抗干扰扩频技术、图像数据压缩技术、升空跟踪技术及设备小型化等技术，从而使系统的设备规模、技术难度（与单站测控系统相比）大大增加。随着无人机事业的发展，中、远程无人机不断涌现，这些无人机一般都需要空中中继测控系统配合。所以空中中继测控系统是无人机测控系统中的重要分支，其技术水平往往代表了无人机测控技术发展的最高水平。

3.1.3　测控系统工作原理

无人机测控系统的基本功能包括遥控、遥测、测距与跟踪测角、任务信息传输四个部分。

1. 遥控

遥控，是利用无线电信号对无人机实施的控制，是由地面控制站向空中单元发射信号的过程。无人机的指令按内容区分可分为两类：一类是飞行控制指令，如控制无人机的起飞、爬升、俯冲、平飞、开伞、回收等动作；另一类是任务控制指令，如控制摄像机的开机、关机、调焦，控制照相机的拍照、光圈调整等。从指令信号性质上可分为开关指令和连续指令两类：开关指令是"有"或"无"的指令；连续指令是数据值连续变化的指令。在地面控制站，操作人员把代表各种指令的电信号送到指令编码器中，经过数模转换、编码等处理后，通过无线电传输设备送到无人机上。到达无人机的上行射频信号经机载接收天线进入接收机，再经过降频、指令解码等过程形成控制信号，送至自动驾驶仪或任务执行机构，控制无人机飞行或任务设备做相应动作。

2. 遥测

遥测，是无人机利用无线电信号下行传输信息的过程。遥测数据分三类：一是无人机自身的运动和变化参数，包括飞行高度、空速、航向角、倾斜角、俯仰角和发动机转速、缸温、油量、舱温等；二是任务设备的状态参数，如稳定平台的方位角、高低角，照相机开关状态、照相张数，摄像机光圈量、焦距、设备故障状态等；三是与机载测控设备有关的数据，如接收机 AGC 电平电压、发射机功率指示、设备"失控"状态指示、工作频道代码以及转发机动站的数据和指令回报码等。其中"指令回报"信息是很主要的信息，它使无人机测控系统具有了反馈校验指令的功能，可大大提高指令传输可靠性。地面控制站接收天线接收到下行遥测信号后送至遥测接收机，再经过解调后输出遥测数字信号。该信号可直接记录，也可以经过串行/并行转换、数/模转换，时分开关分路后显示与记录。遥测数据的处理可分为实时处理及事后处理。实时处理并显示供现场监视用，事后处理的目的是提高遥测精度或供进一步分析用。

3. 测距与跟踪测角

测距，是利用无线电信号测量无人机到地面控制站的距离。测角，是测量无人机相对于地面控制站的角度。伪随机码测距已经广泛地应用于无人机综合测控系统中。无人机测控常把伪随机码既做测距码，又做对遥控与遥测信号的扩频码，从而"一举两得"。由于无人机高度信息可以通过遥测传到地面站，所以典型的单站无人机综合测控系统只对无人机的方位进行自动跟踪与测量，再加上测得的斜距信息，就可以计算出无人机的坐标。现代的无人机测控系统通常都采用单脉冲测角原理，单脉冲测角分为比幅法和比相法，其中零点干涉仪测角法是典型的比相跟踪测角法。

4. 任务信息传输

任务信息是下行信号中唯一的宽带信号，是设计测控系统下行信道的主要依据，而且通信设备所处的电磁环境日益恶化，对抗干扰的性能要求越来越高，而机载设备的体积和重量又受到严格限制，因此任务信息的传输问题已经成了影响无人机测控系统作用距离的关键因素。任务信息的传输可分为模拟信号传输与数字信号传输两大类，虽然随着科学技术的发展，模拟信号传输方式必将被数字信号传输方式所替代。但是，由于它实现起来比较简单，所以仍然是各种无人机测控系统中所采用的重要方式之一，尤其是在技术要求相对较低的近程或短程无人机测控系统中。

在综合测控系统中,下行任务信息与遥测、测距信息是采用频分制方法加以区分的,即首先将遥测信号数字化并与测距信号合成后调制在一个副载波上,其副载波频率应大于任务信息中的最高频率成分;再将该遥测/测距副载波信号与任务信息信号线性相加,得到一个复合调制信号,用该信号对载波信号调频,再经过放大后通过机载发射设备将信号发射到地面站。地面控制站接收到的下行信号是包括任务信息、遥测、测距信息的复合调制的信号。在地面控制站接收机中,经锁相解调后的复合信号通过带通滤波器及低通滤波器后,将任务信息与遥测、测距信号分离开,其中低通滤波器输出的信号即是任务信息信号。

3.2　无人机飞行控制技术

飞行控制系统是无人机飞行时的控制核心,是无人机进行航迹控制与姿态控制的关键系统。飞行控制的目的是通过控制飞行器的姿态和轨迹,完成飞行器各种模态的控制任务。

3.2.1　自动控制原理

自动控制是指在没有人直接参与的情况下,利用外加的设备或装置(称控制装置或控制器),使机器、设备或生产过程(统称被控对象)的某个工作状态或参数(即被控量)自动地按照预定的规律运行。在现代科学技术的众多领域中,自动控制技术起着越来越重要的作用。无人机按照预定航迹自动升降和飞行等,这一切都是以应用高水平的自动控制技术为前提的。

自动控制系统是由各种结构不同的元部件组成的。从完成自动控制职能来看,一个系统必然包含被控对象和控制装置两大部分,而控制装置是由具有一定职能的各种基本元件组成的。自动控制系统的组成如图 3.4 所示。

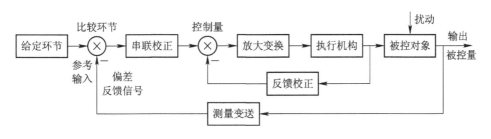

图 3.4　自动控制系统基本组成

1. 被控对象

被控对象通常是一个设备、物体或过程(一般称任何被控制的运行状态为过程),其作用是完成一种特定的操作,它是控制系统所控制和操纵的对象,它接收控制量并输出被控量。

2. 给定环节

给定环节给出与期望的输出相对应的系统输入量,是一类产生系统控制指令的装置。

3. 反馈环节

图中的反馈校正和测量变送都是反馈环节,只是具体作用不同。反馈环节用来检测被控量的实际值。反馈信号与参考输入经比较环节计算比较,两者相减即产生偏差信号,系统的职能就是减少偏差实现自动控制,此时的反馈信号称为负反馈信号,系统称为负反馈系统,通常所说的自动控制系统即指负反馈控制系统。若反馈信号与参考输入相加,则是正反馈系统,正反馈系统容易造成系统振动幅度加大,对系统不利,工程上较少采用。

4. 比较环节

比较环节职能是把测量元件检测到的实际输出值与给定环节给出的输入值进行比较,求出它们之间的偏差。常用的电量比较元件有差动放大器、电桥电路等,在计算机控制系统中通过编程可实现。

5. 放大变换环节

放大变换环节将比较微弱的偏差信号加以放大,以足够的功率来驱动执行机构或被控对象。放大倍数越大,系统的反应越敏感,一般情况下,应在保证系统稳定的前提下,适当增大放大倍数。

6. 执行环节

执行环节即图中的执行机构,其职能是直接驱动被控对象,使其被控量发生变化。常见的执行元件有阀门、伺服电动机等。

7. 校正环节

图 3.4 中的串联校正和反馈校正都是校正环节,其职能是为改善系统的动态和静态性能特性而附加的装置,其参数可灵活调整。工程上称为调节器或控制器。常用串联或反馈的方式连接在系统中。简单的校正元件可以是一个 RC 网络,复杂的校正元件可含有电子计算机。

3.2.2 飞行控制方式

无人机的飞行控制方式主要有自主控制、人工修正、指令控制和遥控控制等四种。

1. 自主控制

自主控制方式又称为程控方式,是指无人机从起飞、巡航、返航到着陆,包括飞行过程中的应急情况处理等都是由飞控程序自主完成,程序自动控制无人机按照装订的航线飞行,不需要人的参与。

2. 人工修正

人工修正是在自主控制不能达到满意的控制效果时,采用人工修正控制对自主控制进行微量的修正,修正量输入到飞控计算机,做相应的比例变换后进入控制律中,从而达到对飞行效果修正的目的。

3. 指令控制

指令控制模式是飞机在巡航过程中,根据当时的实际情况需要,通过指令控制改变无人机的飞行状态,它不改变自主控制模式下的控制律结构。例如某型自主起降无人机的指令控制类指令有"左盘旋""右盘旋""8 字飞"等。

4. 遥控控制

遥控控制又称为手动控制，是指由地面发送遥控指令控制飞机的工作模式，分为舵面遥控和姿态遥控两种模式。舵面遥控是将遥控操纵量进行合理的比例转换后直接控制舵面。姿态控制是将遥控操纵量转换为对应的给定姿态角，通过自主控制规律解算出相应的舵面控制指令控制舵面。

3.2.3　飞行控制与管理系统组成

无人机飞行控制与管理系统通常包括传感器子系统、飞行控制与管理计算机、伺服作动子系统和地面操控与显示终端等，如图 3.5 所示。

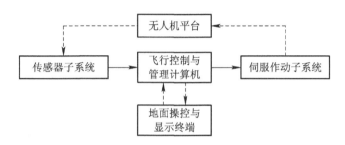

图 3.5　飞行控制与管理系统组成

1. 传感器子系统

传感器子系统包括位置/速度传感器，如 GPS 接收机、惯性导航设备或其组合；空速、高度传感器，如动/静压传感器等；姿态/航向传感器，如惯性导航设备、垂直陀螺仪和磁航向传感器等；角速率传感器，如角速率陀螺等。

（1）垂直陀螺仪。

垂直陀螺仪是无人机自动驾驶仪中的主要部件，它可以感受无人机倾斜角及俯仰角的变化，并把这种角度的变化变换成对应的电压信号。此信号经运算放大器放大之后送到执行机构以控制无人机水平飞行。

（2）动/静压传感器。

动压传感器用来测量飞机飞行过程中大气总压与大气静压之差，即动压，可为操纵手安全操纵飞机提供必要的空速信号，并和静压传感器一起进行真空速测量，为导航计算机提供空速信号。静压传感器可以进行飞机飞行高度的测量。

（3）磁航向传感器。

磁航向传感器用来测量飞机的磁航向角。其工作原理是沿飞机的纵轴、横轴和竖轴分别安装三个地磁敏感器元件，分别可测出地磁场沿飞机三个轴的分量，利用陀螺测出的飞机俯仰角和倾斜角，再通过飞控计算机相应的解算，即可测量出磁航向角。

（4）温度传感器。

气缸温度是反映活塞式发动机工作情况的一个重要参数。因此，在使用活塞式发动机的有人机上，通常都装有测量气缸温度的仪表。无人机上利用温度传感器采集气缸头温度，作为调整和操纵发动机的主要依据之一，亦是监测发动机工作状态的手段之一。在飞行中，应经常注意气缸温度的变化情况，以便采取适当措施保证飞行安全。传统的温度测量大多采用热电偶作为温度敏感元件,构成热电偶式测量仪表,但这种仪表在无人机上使用会有诸多不便之处。薄膜铂电阻是一种新型的感温元件,它的阻值与一定范围内的温度变化存在一定的关系,将其制作成感温头,通过后续电路处理可以获得反映温度变化的直流电压,再经过非线性处理,就可以得到温度值。

(5) 油量传感器。

油量传感器用来测量无人机油箱中燃油的存储量。及时了解燃油的储量,对保证飞行任务的完成极为重要。目前,飞机上的油量测量大多采用浮子式和电容式两种。由于飞机飞行的姿态、加速度等情况都可能影响油量测量的准确度,因此,通常都是在飞机处于水平、直线、等速飞行状态下才作测量,其他情况下,有可能出现很大误差。此外,通过测量燃油上下表面的压力差,然后进行换算也可以测出油箱中油量,但是仍然需要作大量工作来消除和减弱飞机姿态对测量准确度的影响。

2. 飞行控制与管理计算机

飞行控制与管理计算机(飞控计算机)在整个飞行控制与管理系统中处于核心位置,主要担负信息收集与处理、控制导航与解算、各种管理与监控和控制输出等工作。图3.6所示为某型无人机飞控计算机典型工作连接图。

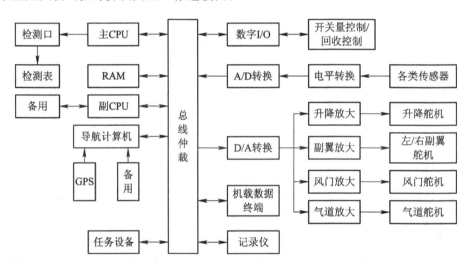

图 3.6 飞控计算机连接图

3. 伺服作动子系统

伺服作动子系统由控制副翼、升降舵、方向舵、发动机节风门和其他机构的舵机及其控制器等组成。它们是飞行控制系统的执行部件。其作用在于接收飞行控制指令,进行功率放大,并驱动舵面或发动机节风门偏转,从而达到控制无人机姿态、轨迹和速度的目的。伺服作动子系统是无人机飞行控制系统的重要组成环节,又是无人机机体的组成部分。它在自动控制系统中是一种直接对被控制对象(飞行器中的舵面或推力导向机构)作用的一种机构,是该系统的一个施力装置。

伺服机构一般由舵机和操纵元件等组成,通常都是一个伺服回路,因此又称舵回路或伺服回路。从控制指令开始到完成操纵过程的框图如图3.7所示。

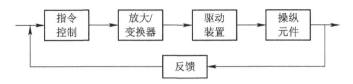

图 3.7　伺服机构工作原理图

控制指令经放大/变换器进行放大和转换，输入到驱动装置，由操纵元件执行。反馈部分用来提供操纵元件的偏转角大小或铰链力矩数值。放大/变换器可以是各种阀门，驱动装置可以是作动器，放大/变换器和驱动装置一般做成一个装置，称为舵机。操纵元件可以是曲柄(摇臂和转轴)、连杆和各种控制器件。

4. 地面操控与显示终端

地面操控与显示终端包括任务规划、综合遥测信息显示、遥控操纵和飞行状态监控等，一般配置在测控系统的地面控制站中。如图 3.8 所示为 MQ - 1"捕食者"无人机的地面操控与显示终端。

图 3.8　MQ - 1"捕食者"无人机的地面操控与显示终端

无人机飞行控制与管理系统的外部电气接口设备主要有动力系统、电气系统、测控系统和任务设备，如图 3.9 所示。

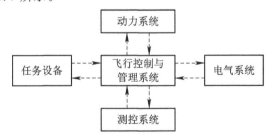

图 3.9　飞行控制与管理系统的外部电气接口

3.2.4　飞行控制与管理系统功能

无人机飞行控制与管理系统主要完成飞行控制、飞行性能管理、飞行功能管理和机载设备管理等任务。

1. 飞行控制

飞行控制是无人机飞行控制与管理系统的核心功能。飞行控制包括两个方面的含义：

一是在受干扰情况下保持无人机的姿态或空间位置，即在无人直接参与条件下，利用自动控制系统自动地控制无人机；二是通过遥控指令改变无人机的姿态或空间位置。无人机的飞行控制通常包括俯仰/滚转姿态的控制与稳定、高度控制与稳定、速度控制与稳定、侧向偏离控制和爬升/下降控制等。

2. 飞行性能管理

飞行性能管理是指通过控制无人机的空速、迎角、爬升率等改变无人机的飞行性能，使其处于最佳状态，如最佳爬升、最佳巡航和最佳下降控制等。最佳爬升是指控制无人机沿着预先制定的最佳爬升曲线爬升。最佳巡航控制的目的是在巡航过程中保证飞行安全的前提下燃油消耗最小。最佳下降控制是指控制无人机沿着预先制定的最佳曲线下降。

3. 飞行功能管理

（1）基本输入输出管理与任务调度：包括模拟量输入输出管理、数字量输入输出管理、开关量输入输出管理以及飞行控制、飞行管理的调度与管理。

（2）遥控指令接收与处理：包括遥控数据接收、指令有效性判断、指令处理、指令转发等。

（3）遥测参数收集与发送：包括任务设备的参数收集、动力子系统的参数收集、电气子系统的参数收集、导航参数收集、飞控子系统参数收集、遥测数据打包发送等。

（4）飞行参数收集与发送：飞行参数收集与发送功能是将所有重要的飞行参数收集并发送到飞行参数记录仪。

（5）起落架/刹车装置控制与管理：包括起落架收放控制、刹车控制和差动刹车纠偏控制等。

（6）飞行安全性管理：包括链路中断处理、自毁处理、系统故障处理、应急处理、关键数据的备份与恢复。

（7）导航管理：包括航线点装订与修改、导航解算、导航控制管理。导航解算主要功能是结合飞行任务管理为飞行控制提供无人机相对于目标航线的偏差、偏差变化率和待飞距离等数据。

（8）飞行控制管理：包括飞行控制模式的切换管理、飞行控制律解算等。

（9）飞行任务管理与规划：包括任务航线的规划、装订和调整，航点/航线的切换控制，巡航和返航的控制等。

4. 机载设备管理

机载设备管理是指机载设备故障判断与处理，通常针对飞控系统各设备、发动机和电气系统等关键设备进行。

（1）检测控制与管理：包括飞控子系统地面自检测与空中自检测、机载设备地面自检测管理、惯导地面初始化管理、地面检测指令接收与处理、地面检测数据收集与发送。

（2）余度管理：包括飞控计算机余度管理、传感器余度管理和控制盒余度管理等。

（3）电气系统状态监控与管理：包括电气系统状态检测、故障判别和故障处理。

（4）动力系统监控与管理：包括燃油、滑油状态监测、发动机状态监测、发动机节风门控制、浆距控制、空中启动控制等。

（5）任务设备管理：任务设备管理主要是指对任务设备的工作状态进行检测与管理。

（6）发射/回收装置管理：包括发射装置、回收装置的状态监控与管理。

从控制理论的角度来看，无人机是一个复杂的非线性动力学对象，通常控制系统的设计采用在工作点进行线性化的方法进行参数的初始设置。随着无人机设计与控制理论的发展，无人机结构和用途多样化以及机动性、操纵性、安全性要求的提高，一系列新的设计技术，如随控布局、多气动面结构、重心位置以及翼型改变、电传操纵、光传操纵、主动控制、飞行与推进综合控制等相继产生，使飞行控制系统的设计日趋复杂，要求越来越高。

3.2.5　自动飞行控制原理

自动飞行的基本原理就是自动控制理论中的反馈控制原理。自动飞行是用自动控制系统代替驾驶员控制飞机。有人机驾驶员控制飞机作水平直线飞行的控制过程如图 3.10 所示。

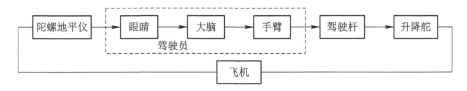

图 3.10　驾驶员控制飞机的方框图

飞机受干扰（如阵风）偏离原姿态（如飞机抬头），驾驶员用眼睛观察到仪表板上陀螺地平仪的变化，大脑作出决定，通过神经系统传递到手臂，推动驾驶杆使升降舵向下偏转，产生相应的下俯力矩，飞机趋于水平。驾驶员又从仪表上看到这一变化，逐渐把驾驶杆收回原位。当飞机回到原态（水平）时，驾驶杆和升降舵面也回到原位。这是一个闭环系统，图中虚线框表示驾驶员。

自动控制系统中必须包括与虚线框内三个部分相对应的装置，并与飞机组成一个闭环系统，如图 3.11 所示。

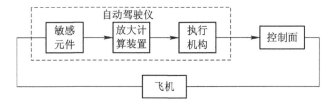

图 3.11　闭环控制回路

闭环控制回路的工作过程：飞机偏离原始状态，敏感元件感受到偏离方向和大小，并输出相应信号，经放大、计算处理，操纵执行机构（称为舵机），使控制面（例如升降舵面）相应偏转。由于整个系统是按负反馈的原则连接的，其结果是使飞机趋向原始状态。当飞机回到原始状态时，敏感元件输出信号为零，舵机舵面回到原位，飞机重新按原始状态飞行。由此可见，自动控制系统中的敏感元件、放大计算装置和执行机构可代替驾驶员的眼睛、大脑与手臂，自动地控制飞机的飞行。这三部分是飞行自动控制系统的核心，称为自动驾驶仪。

3.2.6　飞行控制过程

为了直观地理解无人机的飞行控制过程和原理，下面具体举一些例子。

1. 转弯控制

无人机转弯可以由地面人员通过操纵指令进行控制，也可以由无人机载计算机按照预先编好的程序进行控制。下面以地面站人工控制的方式为例，说明无人机转弯控制的过程。

无人机初始状态为水平直线飞行，为使无人机由原来的航向转弯到新的航向上飞行，地面站通过遥控指令向给定装置分别发出倾斜控制信号（如左盘）。倾斜控制信号通过副翼通道使无人机相应地向左或右倾斜。在侧力作用下使飞行方向也慢慢偏转。由于无人机的不断倾斜，水平陀螺仪也将感受到倾斜角的变化，分别将其反馈到副翼通道。随着倾斜角不断向给定航向的靠近，副翼的偏转逐渐小。当达到预定倾斜角后，副翼达到平衡，无人机保持这个倾斜角度进行转弯飞行。在此过程中，飞行控制系统不断测量飞机的姿态，通过调整副翼控制飞机姿态的稳定。当有新的操控指令后，无人机执行新的动作。

2. 发动机马力控制

无人机在飞行过程中需要进行马力调节，如起飞阶段调整为大马力，任务阶段一般切换为巡航态，降落时关发动机等。以地面人员对发动机由中马力调整为大马力的调节过程为例，地面站通过遥控发送"大马力"指令，机载遥控接收设备收到指令并传输给飞行控制计算机，飞行控制计算机解算、输出马力控制信号驱动风门控制舵机向大马力的位置摆动，舵机带动风门开启，发动机转速提高。该控制过程相对姿态控制来说比较简单。

3. 照相设备光轴控制

无人机照相设备光轴指向需要由地面任务操纵手操纵，以对准照相的目标或者区域。该过程指令发送和接收与其他控制基本相同，由飞控机输出俯仰和方位角控制指令驱动光电平台转动。光电稳定平台上的姿态敏感元件能够测量角度变化的情况，从而给控制提供一个反馈，形成稳定的回路。

3.3 无人机导航定位技术

导航，是指将无人机从起始点引导到目的地的过程。导航系统给出的基本参数包括无人机在空间的即时位置、速度、姿态和航向等。精准的无人机导航定位系统是完成各种任务的必要条件。按导航信息的来源，导航系统可分为自主式和非自主式导航系统两大类。自主式导航系统指运用无人机机载设备进行的导航，它与外部设备无关，具有抗干扰能力强的优点，如惯性导航、多普勒导航和天文导航等。非自主式导航系统是通过处理外部提供的无线电信息而进行导航的系统，如地面无线电导航等。目前，在无人机上常用的导航技术主要包括卫星导航、惯性导航、图像匹配导航以及组合导航等。

3.3.1 卫星导航系统

目前卫星导航系统主要有 GPS 全球卫星定位系统、北斗双星定位系统、GLONASS 卫星定位系统和伽利略导航系统等。

1. GPS 全球卫星定位系统

全球卫星定位系统（Global Positioning System，GPS）利用导航卫星进行测时和测距，具有在海、陆、空全方位实时三维导航与定位能力。全球卫星定位系统具有全天候、高精度、自动化、高效益、性能好、应用广等显著特点，是世界上最实用，也是应用最广泛的全球卫星定位系统。GPS 系统标志如图 3.12 所示。

图 3.12 GPS 系统标志

GPS 系统主要包含三个部分，即空间卫星星座部分、地面监控部分和用户设备部分。前期的 GPS 全球卫星导航定位系统使用的是(18+3)星座，其中 3 颗是备用星，18 颗星布置在 6 条近圆轨道上，轨道高度 20 183 km，倾角 55°，每条轨道上均匀分布 3 颗卫星，运行周期 11 小时 58 分钟。两条轨道上的卫星相隔 40°，每隔一条轨道配置一颗备用星。空间卫星的主要任务是接收和存储由地面监控站发来的导航信息，接收并执行监控站的控制指令；利用卫星上设有的微处理器，进行部分必要的数据处理工作；通过星载的高精度原子钟提供精密的时间标准；向用户发送导航与定位信息；在地面监控站的指令下，通过推进器调整卫星的姿态和位置。GPS 的地面监控部分主要有主控站、信息注入站和监测站。用户设备包括天线、接收机、微处理机、数据处理软件、控制显示设备等，有时也统称为 GPS 接收机。用户设备的主要任务是接收 GPS 卫星发射的信号，获得必要的导航和定位信息以及观测量，并经数据处理进行导航和定位工作。

2. 北斗双星定位系统

北斗卫星导航系统是中国正在实施的自主发展、独立运行的全球卫星导航系统。系统建设目标是：建成独立自主、开放兼容、技术先进、稳定可靠的覆盖全球的北斗卫星导航系统，促进卫星导航产业链形成，形成完善的国家卫星导航应用产业支撑、推广和保障体系，推动卫星导航在国民经济社会各行业的广泛应用。北斗系统标志如图 3.13 所示。

图 3.13 北斗系统标志

北斗卫星导航系统具有快速定位、定位报告和信息共享的优势，北斗系统的发展大致分为三个阶段。第一阶段：上世纪 80 年代开始，中国就开始了基于双星有源定位原理的北斗导航试验系统的论证。试验系统于 1994 年开始构建，2000 年开始提供服务。试验系统由三颗静止轨道卫星和相关地面系统构成，能够为中国及周边地区提供定位、短报文通信和授时服务。第二阶段：2004 年，我国开始建设无源定位的北斗导航卫星系统，2012 年前后，系统有 10 多颗卫星覆盖亚太地区，具备亚太大部分地区的服务能力。第三阶段：2020 年前后，北斗系统建成，将有 5 颗静止轨道卫星和 30 颗非静止轨道卫星覆盖全球，提供高质量的导航定位服务。

北斗双星导航定位系统由导航通信卫星、地面测控系统和用户设备组成，如图 3.14 所示。

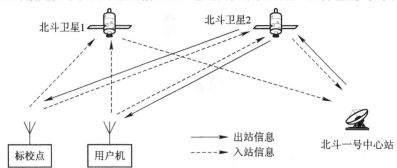

图 3.14　北斗双星导航定位系统工作原理图

导航通信卫星是系统中的空间导航站，是空间位置基准点，也是通信中继站，它是离地约 36 000 km 高的地球静止卫星。一共包括三颗北斗一号卫星，其中两颗卫星分别定点在东经 80°和东经 140°上空，另一颗在轨备份星在 110.5°上空。卫星波束覆盖我国领土和周围区域，主要满足国内导航通信的需求。

地面测控系统包括主控站、测轨站、气压测高站和校准站。主控站设在北京，控制整个系统工作。其主要任务是：接收卫星发射的遥测信号，向卫星发送遥控指令，控制卫星的运行、姿态和工作；控制各测轨站的工作，收集它们的测量数据，对卫星进行测轨、定位；结合卫星的动力学、运动学模型，制作卫星星历；实现中心与用户间的双向通信，并测量电波在中心、卫星、用户间往返的传播时间；收集来自测高站的海拔高度数据和校准站的系统误差校正数据；利用测得的主控站、卫星与用户间电波往返的传播时间、气压高度数据、误差校正数据和卫星星历数据，结合存储在计算中心的系统覆盖区数字地图，对用户进行精确定位；系统中各用户通过与计算中心的通信，间接地实现用户与用户之间的通信。由于主控站集中了系统中全部用户的位置、航迹等信息，可方便地实现对覆盖区内的用户进行识别、监视和控制。

测轨站设置在位置坐标准确已知的地点，三个测轨站分别设在佳木斯、喀什和湛江。其主要任务是：作为对卫星定位的位置基准点，测量卫星和测轨站之间电波传播时间，以多边定位方法确定卫星的空间位置；将测量数据通过卫星发送至主控站，由主控站进行卫星位置的解算。一般需设置三个或三个以上的测轨站，各测轨站之间应尽可能地拉开距离，以得到较好的几何精度系数。

测高站设置在系统覆盖区内，用气压式高度计测量测高站所在地区的海拔高度。通常一个测高站测得的数据粗略地代表其周围 100～200 km 地区的海拔高度。海拔高度与该地区大地水准面高度之代数和，即为该地区实际地形离基准椭球面的高度。各测高站将测量的数据通过卫星发送至主控站。

校准站也分布在系统覆盖区内，其位置坐标应准确已知。校准站的设备及其工作方式与用户的设备及工作方式完全相同。由主控站对其进行定位，将主控站解算出的校准站的位置与校准站的实际位置相减，求得差值，由此差值形成用户定位修正值。一个校准站的修正值一般可以为其周围 100～200 km 区域内用户提供定位修正值。

用户设备系统具有三大特点：

（1）开机快速定位，用户开机几秒钟就可以进行定位，而 GPS 等其他卫星导航系统需要几分钟。

（2）具有位置报告功能，用户与用户、用户管理部门，以及地面中心之间均可实行双向报文通信，传递位置及其他信息，这是目前其他导航系统所不具备的。

（3）双向授时功能，可以为用户提供双向授时服务。

3. GLONASS 卫星定位系统

全球导航卫星系统（GLONASS）是俄罗斯开发的无线电卫星导航系统，功能上类似于 GPS。GLONASS 也由三部分组成，即空间部分、地面监控部分和用户接收机部分。GLONASS 的空间部分由 24 颗周期约 12 小时的卫星组成，它们不断发送测距和导航信息。控制部分由一个系统控制中心以及一系列在俄罗斯境内分布的跟踪站和注入站组成。与 GPS 相似，控制部分除对卫星工作状态进行监测并于必要时通过指令调整其工作状态外，还对各卫星进行测量以确定其轨道和卫星钟差，最后以导航电文的形式通过卫星存储、转发给用户。用户接收机也采用伪随机码测距技术取得伪距观测量，接收并解调导航电文，最后进行导航解算。与 GPS 不同的是，GLONASS 采用频分多址而不是码分多址，卫星的识别是靠卫星发播的载波频率存在的差异实现的。GLONASS 系统标志如图 3.15 所示。

图 3.15　GLONASS 系统标志

4. 伽利略卫星定位系统

伽利略（GALILEO）卫星导航定位系统能为用户提供误差不超过 1 m、授时精确的定位服务。伽利略卫星定位系统卫星数多，轨道位置高，轨道面少。系统更多用于民用，可为地面用户提供 3 种信号：免费使用的信号、加密且需交费使用的信号、加密且需满足更高要求的信号，其精度依次提高，最高精度比 GPS 高 10 倍，即使是免费使用的信号精度也达到 6 m。如果说 GPS 只能找到街道，伽利略系统则可找到车库门。伽利略卫星定位系统由 30 颗卫星组成，倾角为 56°，分布在 3 个轨道面上，高度为 23 616 km。每个轨道面部署 9 颗工作星和一颗在轨备份星，卫星寿命为 20 年。卫星约 14 小时 22 分钟绕地球 1 周。这样的分布可以满足全球无缝隙导航定位。伽利略系统标志如图 3.16 所示。

图 3.16　伽利略系统标志

3.3.2 惯性导航系统

惯性导航系统是一种推算式的导航定位系统，其作用是保证无人机按预定航线飞行，准确抵达目的地。惯性导航系统优点是自主性强，飞行过程中不必依靠外部提供信息，导航系统能独立进行工作，工作环境不受限制，不需任何地面设备参与，不发射任何信号，抗干扰能力强，隐蔽性好，可在任何地点、任何气象条件和高度下使用。其主要缺点是受陀螺仪和加速度计精度的影响，定位误差随时间积累，导航精度随无人机飞行时间的增加而降低。因此，对工作时间较长的惯性导航系统，常使用其他辅助导航方式（如 GPS）来修正陀螺仪的积累误差，从而构成组合导航系统。

从结构上来说，惯性导航系统有两大类：平台式惯导和捷联式惯导。平台式惯导把加速度计放在实体导航平台上，导航平台由陀螺仪保持稳定，用平台坐标系精确地模拟某一选定的导航坐标系。捷联式惯导是把加速度计和陀螺仪直接固连在无人机上，导航平台的功能由计算机来完成，也称作"数学平台"。平台式惯导和捷联式惯导主要区别在于是否有实体的导航平台，其他导航计算基本相同。捷联式惯导与平台式惯导系统相比，主要有以下特点：一是捷联式惯性导航系统的可靠性比平台式惯性导航系统高；二是捷联式惯性导航系统的初始对准时间比平台式惯性导航系统短；三是捷联式惯性导航系统的维护比较简单、故障率较低，使用维护费用较低；四是捷联式惯性导航系统对惯性器件的要求较高，没有平台式惯性导航系统自动标定惯性器件的方便条件；五是平台式惯性导航系统的陀螺仪安装在实体平台上，可以相对重力加速度和地球自转角速度任意定向来进行测试，便于误差标定。

惯性导航系统是通过测量加速度，自动地推算无人机速度和位置数据的自主式导航设备，原理图如图 3.17 所示。

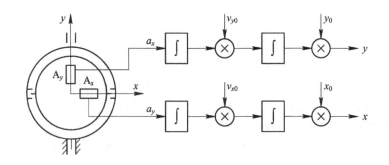

图 3.17 惯性导航原理图

惯性导航系统以牛顿力学定律为基础，利用一组加速度计进行连续测量，而后从中提取无人机相对某一选定的导航坐标系的加速度信息；通过一次积分运算（无人机的初始速度已知）便得到无人机相对导航坐标系的即时速度信息；再通过一次积分运算（无人机初始位置已知）便又得到无人机相对导航坐标系的即时位置信息。对于地表附近运动的无人机，如果选取当地地理坐标系为导航坐标系，则上述速度信息的水平分量就是无人机的地速，上述位置信息将换算为无人机所在处的经度、纬度和高度。此外，借助于已知的导航坐标系，通过测量或者计算，还可得到无人机相对于当地地平坐标系的姿态信息，即航向角、俯仰角和横滚角。于是，通过惯性导航系统的工作，可及时提供出全部导航参数。

3.3.3 图像匹配导航系统

地球表面的山川、平原、森林、河流、海湾、建筑物等构成了地表特征形状，这些信息一般不随时间和气候的变化而改变，也难以伪装和隐藏。利用这些地表特征信息进行的导航方式称为图像匹配导航。图像匹配导航分为地形匹配和景象匹配两种。

1. 地形匹配导航

地形匹配导航以地形高度轮廓为匹配特征，通常用无线电高度表测量沿航迹的高度数据，与预先获得的航道上的区域地形数据比较，若不一致，表明偏离了预定的飞行航迹。这种方式是一维匹配导航，适合于山丘地形的飞行。

地形匹配导航系统由机载导航计算机、雷达高度表（或称无线电高度表）、气压高度表等组成。雷达高度表用来测量无人机到地面的垂直高度，气压高度表用来测量无人机相对于海平面的基准高度，两者之差是同一地点、同一时间实际测量的地形高度。

利用地形匹配导航可以使无人机进行地形跟踪，保持一定的真实高度，如图 3.18 所示。

图 3.18 地形跟踪飞行

地形匹配导航也可以利用数字地图中相同地形高度进行地形回避飞行，绕过高山，在山谷中穿行，如图 3.19 所示。

图 3.19 地形回避飞行

地形跟踪和地形回避是无人机低空突防的隐蔽飞行方式，并可保证低空飞行的安全高度。

2. 景象匹配导航

景象匹配导航采用摄像等图像成像装置，录取飞行轨迹周围或目标附近地区地貌，与存储在飞行器上的原图比较，进行匹配导航。景象匹配属于二维匹配导航，可以确定飞行器两个坐标的偏差，适合于平坦地区导航。

3.3.4 组合导航系统

组合导航系统将具有不同特点的导航系统组合在一起，取长补短，从而提高导航系统的精度。当前研制的无人机多数都采用组合导航系统。通常，理想的导航系统应满足如下要求：全球覆盖，较高的相对精度和绝对精度，对高动态载体具有良好的动态适应能力，能够提供三维位置、三维速度和姿态数据，工作不受外部环境影响，具有抗人为和非人为干扰的能力，不被敌方利用，能随时、自主地进行故障检测和故障排除，有较高的可靠性，能与现行设备规范的要求相符，价格适中为广大用户所接受等。

1. 惯性导航与 GPS 组合导航

惯性导航的优点是无人机在飞行过程中不必依靠外部提供信息，导航系统能独立进行工作，不受气象条件的影响，而且系统抗干扰能力强和隐蔽性好，具有非常好的短期精度和稳定性。其主要缺点是导航定位误差随时间增长，导航误差积累的速度主要由初始对准的精度、导航系统使用的惯性传感器的误差以及无人机运动轨迹的动态特性决定。因而长时间独立工作后误差会增加。解决这一问题的途径有两个，一是提高惯导系统本身的精度，主要依靠采用新材料、新工艺、新技术提高惯性器件的精度，或研制新型高精度的惯性器件，这需要花费很大的人力和财力，且惯性器件精度的提高是有限的。另一个途径是采用组合导航技术改善惯性导航系统的精度。GPS 导航系统具有高精度的测速、定位及授时能力，但在高动态环境常会导致 GPS 接收机不易捕获和跟踪信号；另外采用 GPS 的姿态测量技术较复杂。用 GPS 连续提供的高精度位置和速度信息来估计和校正惯导系统的积累位置误差和速度误差，从而显著提高惯导系统的导航精度；借助惯导系统的姿态和角速度信息，可改善 GPS 接收机的动态性能，使 GPS 接收机在高动态环境能够快速捕获和重新捕获上卫星信号。

因此惯导与 GPS 组合导航系统既具有惯导系统较高的相对精度，又具有 GPS 较高的绝对精度，并容易提供无人机的姿态信息。因此，GPS 和惯性导航的组合可以真正实现较理想的导航系统。

2. 惯性导航与地形匹配组合导航

地形匹配导航的主要优点是精度高，不易受气象条件的影响。其主要缺点是只能在地形起伏比较明显的路线上才能起作用，对长时间在平坦地区或水面上空执行任务的无人机则不能使用。另外，对于远程飞行来说，若全程均采用地形匹配导航也是不可取的，因为需要存储的数据量和相关处理的工作量非常大，导航计算机的容量难以满足要求。所以，地形匹配导航也通常与惯性制导相结合，即全程飞行用惯性制导，在预定的若干个飞行段采用地形匹配导航以修正惯性导航的积累误差。

3. 惯性导航与主动雷达寻的组合导航

这种组合导航方式主要应用在攻击型无人机上。无人机发射后，主要靠惯性导航飞向任务区，当快接近目标时，无人机爬升，机载主动寻的雷达开机并向目标区发射电磁波，边飞行边扫描搜索。雷达发现目标后，自动锁定目标，直至直接命中目标为止。这种导航方式最大的优点是无人机的自主性好，直接命中目标的概率高。其主要缺点是机载雷达开机时易受敌方有源（电子压制、欺骗）或无源（锡箔条、角反射器等）的电子干扰，目前解决的主要途径是开辟新的雷达频段，如使用毫米波雷达、激光雷达等，以提高抗干扰能力和导航精度并避免遭受反辐射导弹的攻击。

实践证明，组合导航是一种有效的导航方法，组合导航技术是目前导航技术发展的重要方向。

3.4　无人机测控与导航技术发展趋势

1. 设备通用化、模块化

随着无人机系统的大量应用，为了实现多机多系统兼容与协同工作，实现互通互联互操作和资源共享，提高无人机测控系统使用效率，对无人机测控系统通用化和标准化的要求越来越迫切。因此，要研究通用地面控制站技术，制定合理的无人机测控系统标准，进一步提高无人机测控系统通用化、系列化和模块化的程度。

无人机测控系统互操作性标准方面，主要有北约的无人机控制系统接口标准（STANAG 4586）和机动车工程师协会无人机系统工作组 SAE AS‐4 发布的联合无人系统体系结构（JAUS）系列标准。例如，JAUS 标准定义了一种模块化、松耦合、可扩展的体系结构，以及一组与具体应用无关、可重用的构件和服务，同时规定了进行内部和外部通信的标准接口消息，从而使符合 JAUS 标准的无人机系统具备互操作能力。

2. 研制新型惯导系统，提高组合导航系统精度

目前已经研制出光纤惯导、激光惯导、微固态惯性仪表等多种惯导系统。随着现代微机电系统的飞速发展，硅微陀螺和硅加速度计的研制进展迅速，其成本低、功耗低、体积小及质量轻的特点很适于无人机应用。随着先进的精密加工工艺的提升和关键理论、技术的突破，会有多种类型的高精度惯导装置出现，组合制导的精度也会随之提高。

3. 增加组合因子，提高导航稳定性能

未来无人机导航将对组合导航的稳定性和可靠性提出更高的要求，组合导航因子将会有足够的冗余，不再依赖于组合导航系统中的某一项或者某几项技术，当其中的一项或者几项因子因为突发状况不能正常工作时，不会影响到无人机的正常导航需求。

4. 研发数据融合新技术，进一步提高组合导航系统性能

组合导航系统的关键器件是卡尔曼滤波器，它是各导航系统之间的接口，并进行着数据融合处理。目前研究人员正在研究新的数据融合技术，例如采用自适应滤波技术，在进行滤波的同时，利用观测数据带来的信息，不断地在线估计和修正模型参数、噪声统计特性和状态增益矩阵，以提高滤波精度，从而得到对象状态的最优估计值。

5. 飞行控制自主性和智能化程度将逐步提高，向全自主控制发展

控制水平是无人系统区别于有人装备，实现无人操控和执行各种任务的关键。目前，无人机的智能化水平还比较低，平台控制方式主要以简单遥控和预编程控制为主。但随着计算机运算速度和存储容量的飞跃式发展，以及相关的软件、容错、模式识别和自适应推理等技术的巨大进步，无人机智能化水平正不断提高，人机智能融合的交互控制方式将逐渐占据主导地位，今后将进一步向全自主控制方向发展。

美国空军实验室从 2000 年开始研究无人机自主控制技术，将其自主控制能力划分为 10 个等级，从低到高依次为遥控引导、实时故障诊断、故障自修复及环境自适应、机载航线重规划、多机协调、多机战术重规划、多机战术目标、分布式控制、机群战略目标和全自主集群，如表 3.1 所示。

表 3.1 美军无人机自主控制等级划分

级别	名 称	含 义
10	全自主集群	人对无人机集群的工作几乎不做指导
9	机群战略目标	多架无人机在没有人的监督帮助下完成战略目标
8	分布式控制	多架无人机中没有指挥者，而且有多个机群在作战，在最少的监督帮助下多架无人机完成战略目标
7	多机战术目标	多架无人机执行任务时，听从机群中某一架无人机的战术指挥
6	多机战术重规划	多架无人机在执行任务过程中，对突然出现的威胁目标，多机进行规避，并对该目标和已有的威胁目标进行排序，进行各无人机和目标之间的配对，各无人机分别完成自己的任务
5	多机协调	无人机具备初步的多机合作功能，多架无人机在执行任务过程中，可以根据各机的情况和任务，进行协商，对各机任务进行分解，使之最优
4	机载航线重规划	当无人机任务变化或受到地面威胁时，可以实时对飞行航线进行修改
3	故障自修复及环境自适应	无人机可以适应自身一定程度的故障，并可在外界飞行条件有变化时，完成既定的任务
2	实时故障诊断	无人机可以完成预编程任务，可以对自身状态进行故障诊断，并把状态报告给地面控制站
1	遥控引导	无人机本身不能对内部和外部的变化自动做出反应，无人机的各种活动完全依靠控制站操纵人员进行遥控

可以将美军制定的 10 个自主控制等级(Autonomous Control Level，ACL)划分为三个层次：

(1) 单机自主控制层次，包括 1～4 级。

(2) 多机自主控制层次，包括 5～7 级。

(3) 机群自主层次，包括 8～10 级。自主控制等级越高，无人机的智能性和适应性越强。

第 4 章

无人机任务设备技术

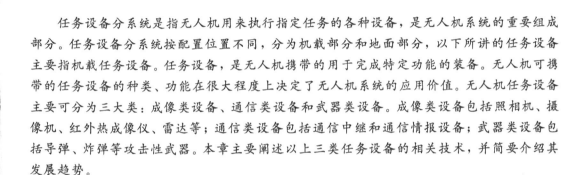

任务设备分系统是指无人机用来执行指定任务的各种设备，是无人机系统的重要组成部分。任务设备分系统按配置位置不同，分为机载部分和地面部分，以下所讲的任务设备主要指机载任务设备。任务设备，是无人机携带的用于完成特定功能的装备。无人机可携带的任务设备的种类、功能在很大程度上决定了无人机系统的应用价值。无人机任务设备主要可分为三大类：成像类设备、通信类设备和武器类设备。成像类设备包括照相机、摄像机、红外热成像仪、雷达等；通信类设备包括通信中继和通信情报设备；武器类设备包括导弹、炸弹等攻击性武器。本章主要阐述以上三类任务设备的相关技术，并简要介绍其发展趋势。

4.1　目标成像的物理基础

无人机目标成像的基础是遥感技术。遥感技术是一种远距离、非接触的目标探测技术，它利用传感器在远离目标的地方收集目标和背景辐射或反射能量，而后通过一系列处理技术来感知目标的存在，例如目标图像、目标的反射光谱特性曲线、目标的运动特性等。

4.1.1　电磁波

自然界中的各种物体都是由物质组成的，物质会以各种状态存在于自然界中。人类认识和发现各种物质是基于物质具有某种能量，能量要以某种形式向外传播，而各种形式的能量都可以转换成电磁辐射形式，因此，电磁波是传递物质信息的基本媒介。无人机各种成像设备都是靠侦收目标辐射或反射的电磁波能量来获取目标的各种信息的。

一个简单的偶极振子的电路，电流在导线中往复震荡，两端出现正负交替的等量异种电荷，类似电视台的天线，不断向外辐射能量，同时在电路中不断的补充能量，以维持偶极振子的稳定振荡。当电磁振荡进入空间，变化的磁场激发了涡旋电场，变化的电场又激发了涡旋磁场，使电磁振荡在空间传播，这就是电磁波。

4.1.2　电磁辐射

任何物体都是由分子组成，分子是由原子构成，原子是由带正电的原子核以及许多围绕原子核运动、带负电的电子所构成。同电子一样，分子和原子也在不停地运动、振动和转动。它们都处于特定的能量状态。如果让这种运动发生变化，必须吸收或辐射电磁能量。物体吸收能量的方式很多，如加热、通电、光照和化学反应等。物体自身一般以电磁辐射形式放射出能量。分子的整体具有不同的转动能级。如果采用某种方法激发分子，使其转动能级从低能态跃迁到高能态，在激发能量撤销后物体便以电磁辐射形式放射出能量，转动能级恢复到原来状态。利用这种方法可以产生微波辐射。这种利用物体内部原子能量转换电磁辐射的方法，还可以产生更高频率的辐射，如红外辐射、可见光、紫外光或波长更短的 X 射线等。这就是著名的激光辐射源的基本原理。固体内两原子之间的振动运动、原子绕原子旋转运动以及电子围绕原子核运动等，都具有各自特定的能量状态。利用上述的激发方式都可以让它们发射出特定波长的辐射。原子的振动运动对应短、中波红外辐射，电子轨道的改变对应于近红外、可见光及紫外等电磁辐射。

4.1.3　电磁波谱

　　γ 射线、X 射线、紫外线、可见光、红外线和无线电波(微波、短波、中波、长波和超长波等)在真空中按照波长或频率递增或递减顺序排列，构成了电磁波谱，如图 4.1 所示。目前遥感技术中通常采用的电磁波位于可见光、红外和微波波谱区间。可见光区间辐射源于原子、分子中的外层电子跃迁。红外辐射则产生于分子的振动和转动能级跃迁。无线电波是由电容、电感组成的振荡回路产生电磁辐射，通过偶极子天线向空间发射。微波由于振荡频率较高，用谐振腔及波导管激励与传输，通过微波天线向空间发射。由于它们的波长或频率不同，不同电磁波又表现出各自的特性和特点。可见光、红外和微波遥感原理都是利用不同电磁波的特性成像。电磁波与地物相互作用特点与过程，是遥感成像机理探讨的主要内容。

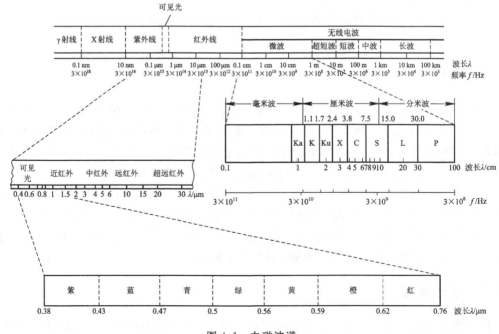

图 4.1　电磁波谱

4.1.4　大气窗口

由于大气层的反射、散射和吸收作用，使得太阳辐射的各波段受到衰减的作用轻重不同，因而各波段的透射率也各不相同。对遥感传感器而言，只能选择透射率高的波段，才对遥感观测有意义。因此，把受到大气衰减作用较轻、透射率较高的波段叫大气窗口。

4.1.5　地球辐射

在大自然中，地球除了反射来自于太阳的能量外，本身也会向外辐射能量。太阳辐射主要集中于波长较短的部分，从紫外、可见光到近红外区域，即 $0.3 \sim 2.5\ \mu m$，在这一波段地球的辐射主要是反射太阳的辐射。地球自身发出的辐射主要集中在波长较长的部分，即 $6\ \mu m$ 以上的热红外区段。地表各种物体都具有发射电磁波的能力。由地表物体发射的电磁波一般称为地表热辐射。

4.1.6　地物反射波谱特征

地物的电磁波响应特性随电磁波波长改变而变化的规律，称为地物波谱。地物波谱是电磁辐射与地物相互作用的结果。不同的物质反射、透射、吸收、散射和发射电磁波的能量是不同的，它们都具有本身特有的变化规律，表现为地物波谱随波长而变的特性，这些特性叫做地物波谱特征。地物的波谱特征是遥感识别地物的基础。在可见光与近红外波段，地表物体自身的辐射几乎等于零。地物发出的波谱主要以反射太阳辐射为主，太阳辐射到达地面之后，物体除了反射作用外，还有对电磁辐射的吸收作用。电磁辐射未被吸收和反射的其余部分则是透过的部分，即：到达地面的太阳辐射能量＝反射能量＋吸收能量＋透射能量。

4.1.7　反射形式

反射形式主要有两种，即镜面反射和漫反射。当入射波和反射波在同一平面内，且入射角与反射角相等时，称为镜面反射。当反射波方向与入射波方向无关，且从任何角度观察反射面，其反射辐射亮度为一常数时，称为漫反射。

4.2　可见光成像技术

可见光成像技术，是指在可见光波范围内将景物反射光的空间变化的光强信息经光电、电光转换，产生适合人眼观察图像的技术。它利用目标和背景对光的反射特性的差异产生图像。可见光成像设备主要有光学照相机、夜视仪、昼光摄像机、微光摄像机等。

4.2.1　可见光成像原理

可见光是波长在 $0.45 \sim 0.9\ \mu m$ 的电磁波，可见光成像设备接收来自目标、地物的电磁波能量，主要是反射太阳入射到目标和地物的电磁波。来自太阳的可见光能量穿过大气层，射向目标物，目标物对其反射，光能再穿过大气到达遥感器，由光学成像遥感器接收成像。遥感器将接收的光辐射信号转换成电信号，或直接记录在感光元件上，再经过信号处理、几何校正、辐射校正以及增强等各种数据处理过程，得到目标地物的图像。

4.2.2 可见光成像系统组成

可见光成像是指无人机搭载可见光成像设备从空中接收地面目标反射的光能，直到图像数据传回地面并恢复目标图像的过程，其中涉及的各个分系统统称为可见光成像系统，其基本组成如图 4.2 所示。

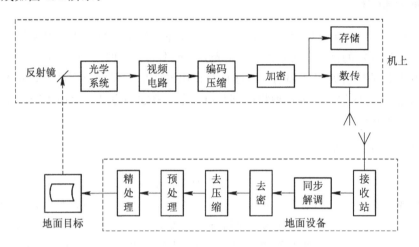

图 4.2　可见光成像系统组成

可见光成像系统中最关键的设备是光学系统里的感光元件，主要包括 CCD 和 CMOS 两种图像传感器。

1. CCD 图像传感器

1969 年，美国贝尔实验室 W. S. Bnylce 和 G. E. Smith 提出了 CCD(Charge Coupled Device)的概念。CCD 是在 MOS 晶体管电荷存储器的基础上发展起来的，所以有人说，CCD 是"一个多栅 MOS 晶体管，即在源与漏之间密布着许多栅极而沟道极长的 MOS 晶体管"。

CCD 主要由三部分组成，即信号输入部分、信号电荷转移部分和信号输出部分。

（1）信号输入部分。

信号输入部分的作用是将信号电荷引入到 CCD 的第一个转移栅下的势阱中。在摄像应用中是依靠光注入的方式引入。这时输入二极管由两种基本光敏元组成。摄像时光照射到光敏面上，光子被光敏元吸收，产生电子-空穴对，多数载流子进入耗尽区以外的衬底，然后通过接地消失，少数载流子便被收集到势阱中成为信号电荷。当输入栅开启后，第一个转移栅上加以时钟电压时，这些代表光信号的少数载流子就会进入到转移栅下的势阱中，完成光注入过程。

（2）信号电荷转移部分。

信号电荷转移部分的作用是存储和转移信号电荷。转移部分由一串紧密排列的 MOS 电容器构成，根据电荷总是要向最小位能方向移动的原理工作。转移时，只要转移前方电极上的电压高，电极下的势阱深，电荷就会不断地向前运动。通常是将重复频率相同、波形相同并且彼此之间有固定相位关系的多相时钟脉冲（数字脉冲）分组依次加在 CCD 转移部分的电极上，使电极上的电压按一定规律变化，从而在半导体表面形成一系列分布不对称的势阱。

（3）信号输出部分。

信号输出部分由一个输出二极管、输出栅和一个输出耦合电路组成，其作用是将 CCD 最后一个转移栅下势阱中的信号电荷引出，并检测出电荷包所输出的信息。CCD 输出电路的设计和制造，和输入电路一样是极为重要的，它们决定了整个 CCD 器件的噪声幅值。由于 CCD 是低噪声器件，因此选择和设计好 CCD 输入和输出电路，对于提高器件的信噪比、增大动态范围有着决定性的影响。

CCD 集光电转换、电荷存储、电荷转移和自扫描等功能于一体，具有体积小、重量轻、耐冲击、寿命长、工作电压低、启动快、无失真、拖影小、灵敏度高、噪声低、动态范围大以及可在电磁场中工作等一系列优点，因此在无人机可见光成像设备中得到广泛应用。

2. CMOS 图像传感器

CMOS 图像传感器像元电路可分为无源像素传感器（PPS）和有源像素传感器（APS）两大类。CMOS 图像传感器基本结构由像元阵列、行选通逻辑、列选通逻辑、定时、控制电路和模拟信号处理器（ASP）等部分组成。更高级的 CMOS 图像传感器还在芯片上集成有模/数转换器（ADC）等辅助电路。ADC 与列并行，即每一列像元有一个 ADC。行、列选通逻辑可以是移位寄存器或译码器。由行选通逻辑在某一时刻选择一行像元，被选择的这行像元连接到垂直总线并由列选择逻辑选择至 ASP 模拟输出或 ADC 数字输出。ASP 执行电荷积分、增益、取样保持、相关双取样和压缩固定图案等功能。定时和控制电路用于限制信号读出模式，设定积分时间和控制数据输出率等。

4.3　红外成像技术

红外成像技术是继可见光之后发展起来的又一种光学遥感手段，它可通过探测目标的红外辐射能量获取目标有关的信息，在能见度较差或夜间时比可见光具有明显的优势。

4.3.1　红外成像原理

理论上，自然界中的一切物体，只要它的温度高于绝对零度（−273.15℃），就存在分子和原子无规则的运动，其表面就会不断地辐射红外线。任何存在有温度的物体，除可以发出波长在 380～770 nm 的可见光外，还可以发射不为人眼所见的波长为 770～1000 nm 范围的红外线。因此，红外线的最大特点就是普遍存在于自然界中，也就是说，任何"热"物体虽然不发光但都能辐射红外线，因此红外线又称为热辐射线，简称为热辐射。物体的温度越高，其辐射红外线的强度越大。

红外成像设备的特殊之处就是能探测物体表面所辐射的不为人眼所见的红外线，它所反映的是物体表面的红外辐射场，即温度场，帮助人们看到肉眼观察不到的事物，即从另一种角度来观察熟悉的事物。只要有温度存在，就有红外线成像的可能，通常情况下的红外线成像可以感应的红外线波长范围为 770～1000 nm。

根据各类目标和背景辐射特性的差异，就可以利用红外技术在白天和黑夜对目标进行探测、跟踪和识别，以获取目标信息。红外成像设备是专门探测景物红外辐射的仪器，如果目标与周围环境的温度和反射率之间有差别,就会产生热图像,这是红外探测的基础。通常按红外探测器的响应范围把红外波段划分为五段,近红外:$0.75\sim1~\mu m$;短波红外:$1\sim3~\mu m$;中波红外:$3\sim5~\mu m$;长波红外:$5\sim25~\mu m$ 米;远红外:$25~\mu m$ 至几百微米。其中 $8\sim14~\mu m$ 是地表面(其平均温度约为288K)热辐射的主要波段,通常称为热红外波段。地面物体的热辐射主要集中于长波红外波段,因而从空间进行红外成像的技术能够提供地面景物和目标的热图像。高分辨率红外成像可以显示目标和背景的细节特征,对目标的发现与识别有重大作用。

与可见光相比,红外成像设备有透过烟尘能力强、可昼夜工作等特点;与雷达相比,红外成像设备具有结构简单、体积小、分辨力高、隐蔽性好、抗干扰能力强等优点。

4.3.2 红外探测器

在红外成像系统中将入射的红外辐射转变为电信号输出的器件叫做红外探测器,红外探测器是红外成像系统的核心部件,是探测、识别和分析物体红外信息的关键。红外探测器技术已从单元探测器、线阵探测器、小面阵探测器发展到了第二代的焦平面阵列探测器,并正在向第三代焦平面阵列探测器发展。焦平面阵列探测器技术是当前西方发达国家研究和应用的重点。

1. 原理

焦平面阵列是通过面阵探测器与相关的信号处理电路共置于光学系统的焦平面上形成的。在这种结构下大量的红外探测器单元被集成到对红外辐射敏感的同一材料芯片上,同时相应的信号预处理电路,如前放、时间延迟积分、多路转换、CCD存储器等也集成到同一芯片,然后利用为数极少的几根引线,把每个芯片上成千上万探测器的信号读出到信号处理器中。探测器芯片和前信号处理芯片均被置于杜瓦瓶中。

2. 分类

焦平面阵列探测器可分为制冷型红外焦平面阵列探测器和非制冷红外焦平面阵列探测器。制冷型红外焦平面阵列探测器的优势在于灵敏度高,能够分辨更细微的温度差别,探测距离较远,主要应用于高端军事装备;非制冷红外焦平面阵列探测器无需制冷装置,能够工作在室温状态下,具有体积小、质量轻、功耗小、寿命长、成本低、启动快等优点。

虽然在灵敏度上不如制冷型红外焦平面阵列探测器,但非制冷红外焦平面阵列探测器的性能已可满足部分军事装备及绝大多数民用领域的技术需要。近年来,随着非制冷红外焦平面阵列探测器技术的不断进步和制造成本的逐渐下降,其性价比快速提升,为推动非制冷红外焦平面阵列探测器的大规模市场应用创造了良好条件。

3. 优点

与单元及线阵探测器相比,焦平面阵列的优点主要体现在以下几个方面:

(1) 单位面积内的红外探测器单元的数量提高了几个数量级。

(2) 信号处理电路与探测器阵列直接集成,提高了信号读出与处理速度,可以实现对目标信号的连续提取与处理,大幅提高了图像清晰度。

(3) 引线少,系统结构更简化、紧凑。

(4) 响应均匀性好、效率高、像素尺寸小、信噪比高,大幅提高了探测概率,极大地提高了红外热成像设备的性能。

4.3.3　影响红外成像性能的因素

1. 探测器灵敏度

红外光子探测器的噪声包括光敏元的热噪声和辐射噪声，其中辐射噪声是指入射的目标辐射和背景辐射引起的量子起伏。当光敏元的辐射噪声大于热噪声时，由于目标辐射往往比背景辐射弱得多，红外光子探测器的性能就受到了背景辐射噪声的限制而达到了一个理论极限，称为背景辐射限性能。设法降低背景辐射可以提高红外光子探测器的性能。

2. 大气因素

与可见光一样，红外成像对云、雨、雪、尘等大气障碍也是无能为力的。由于红外的波长比可见光略长，对部分小微粒引起的散射不像可见光那样敏感，具有微弱的穿透薄雾和稀薄尘埃的能力，但终究不能像微波那样可以穿云透雾。此外，大气中的水汽和 CO_2 的含量变化也会使红外辐射的大气透过率产生较大变化。因此，大气对红外成像的影响较大。

3. 太阳照射的干扰

白天，地面上的物体受到太阳光的照射，对于中波红外来说，地面上许多物体自身辐射与对太阳光的反射混淆在一起，不易区分，使物体真实性质被掩盖了或不能突显。所以，红外成像在夜间会有更好的效果。

由于太阳的照射，类似装甲车、飞机这样具有金属外壳热容量较小的目标升温很快，到了夜间又会随空气流动而降温。周围地物背景的热容量较大，其温度变化是十分缓慢的。因此，在一天之中的某两个时刻内，金属目标的温度会与其周围背景的平均温度完全相同，若此时采用红外成像，就不容易发现这些目标。

4.4　雷达成像技术

在电磁波谱中，波长在 $1\,mm\sim1\,m$ 的波段范围称为微波。微波遥感是研究微波与地物相互作用机理以及利用微波遥感器获取来自目标地物发射或反射的微波辐射，并进行处理分析与应用的技术。微波遥感具有穿云透雾、可以全天候工作、对地表面的穿透能力较强、具有某些独特的探测能力(海洋参数、土壤水分、地下测量)等显著特点。微波成像系统主要以成像雷达为代表。雷达成像方法有多种，实孔径成像、多普勒锐化(DRS)和合成孔径雷达(SAR)成像是主要的方法，而 SAR 可以取得高成像分辨率。

4.4.1　微波的特性

相干性和多普勒效应是微波的两个重要特性。

相干性是两个同频、同极化的波在空间叠加的结果，它不仅与每个波的幅度有关，还与各波在空间各点的相位有关。因此，在叠加区某些地方场的幅度加强，某些地方场的幅度减弱，甚至完全抵消，这种现象称为干涉。同一个微波源产生的波会形成干涉，具有相干性。相干性是微波成像的基础，也是雷达图像上产生相干斑噪声的原因。微波反射信号中含有目标的极化特征，通过极化合成处理，可大大提高目标分类和识别能力。利用微波信号中的相位信息,通过干涉处理,可提取目标的高度信息(即干涉 SAR),实现高精度三维成像。

微波的另一个重要特性是多普勒效应。多普勒效应是为纪念克里斯琴·多普勒·约翰而命名的,他于 1842 年首先提出了这一理论。其主要内容为:物体辐射的波长因为波源和观测者的相对运动而产生变化。在运动的波源前面,波被压缩,波长变得较短,频率变得较高(蓝移)。当运动在波源后面时,会产生相反的效应,波长变得较长,频率变得较低(红移)。利用微波信号中的多普勒信息,可提取目标的运动参数,实现对运动目标的检测。

4.4.2 合成孔径雷达工作原理

雷达(Radar)是英文 Radio Detection And Ranging 的缩写,其含义是无线电探测与测距。雷达发射机产生高功率脉冲信号,由天线产生定向辐射波束,对空域进行扫描搜索。波束遇到目标产生反射回波,由天线接收,经雷达接收机放大、计算后,送显示器显示出目标的方位和距离。目标的方位是由天线波束指向决定的。目标的距离则由雷达接收到目标回波的时刻与脉冲发射时刻延迟的时间决定。

SAR 工作在微波波段,是一种主动式微波成像遥感器,它利用自身发射的微波照射地面,然后接收地面的反射波进行成像。合成孔径雷达获得的雷达图像反映了目标区不同地物对雷达信号反射能量的强弱值。为获得高分辨率二维图像,合成孔径雷达在距离向采用脉冲压缩技术,在方位向采用合成孔径技术。

脉冲压缩技术,是发射宽频带的宽脉冲信号,而将回波信号压缩处理成窄脉冲信号的技术。雷达工作时,为了增大雷达探测距离,在发射机峰值功率受到限制的情况下,通常采用增加发射脉冲宽度,提高平均功率的方法;而要得到高的距离分辨率,却要求回波脉冲越窄越好,二者是相互矛盾的。脉冲压缩技术,是利用一个延迟线来实现脉冲压缩,使接收的脉冲压缩成一个窄脉冲,从而解决发射脉冲频带宽与要求分辨率高的矛盾。该技术的应用,在厘米波成像雷达中可提高距离向分辨率。

合成孔径技术,是对雷达天线存储的所有回波信号经过信号处理器同相相加进行合成,从而得到合成孔径天线信号的技术。根据雷达天线原理,当雷达波长固定时,天线孔径越大,则天线的波束宽度越窄,雷达的角分辨力越高。但由于受无人机平台限制,天线孔径不可能过大。通过对回波信号进行处理,则可在不增加天线孔径的情况下,提高方向分辨力。根据合成孔径天线理论,实际天线孔径越小,方向分辨力越高,而且与波长和距离无关。

可见,合成孔径雷达就是利用雷达与目标的相对运动把尺寸较小的真实天线孔径用数据处理的方法合成一个较大的等效天线孔径的雷达。利用合成孔径替代真实孔径,可提高雷达的方位向分辨率。

4.4.3 合成孔径雷达特点

由于 SAR 成像不依赖光照,而且微波可穿透云雨和烟雾,因此具有全天时、全天候成像能力。此外,由于微波具有一定的穿透植被和非导电物体的能力,对金属目标以及对表面纹理特征具有灵敏的探测能力,使得微波成像设备在伪装检测,对飞机、军舰等军事目标的探测,以及地形测绘和海洋环境监测等方面发挥显著作用,具有独特优点。

（1）探测距离远。在各种频率电磁波的传播特性中，微波的传播损耗很小，故工作在微波频段的雷达探测距离相对更远。如机载远程雷达对地面目标的探测距离可达到 200 km 以上，战略预警雷达的作用距离可达 4000 km。天基雷达在上千千米的轨道上空，随卫星的飞行可以进行全球范围成像。

（2）可全天候、全天时工作。如图 4.3 所示，SAR 雷达由于工作频段等因素，不受白天黑夜的影响，可全天时工作；受气象和烟雾等影响极小，可全天候工作。

图 4.3　SAR 雷达在夜晚及云雨天气条件下工作

（3）能精确测定目标的方位、距离和高度等位置坐标参数。

（4）能判别目标类别。SAR 能利用运动目标的多普勒信息，测量目标的速度，结合目标幅度、图像或极化等信息可以进行目标分类识别，估计目标的数量并建立目标运动轨迹。

4.5　通信中继技术

地面通信终端利用微波和超短波传输信号时，若两个终端站的距离超过视距，信号衰减很快，无法保证通信质量。如果利用空中无人机作为中继平台，将前站送来的信号经过放大、整形和载频转换以后，再转发到下一站去，可以延长通信距离并保持较好的通信质量。因此，通信中继设备是无人机搭载的主要任务设备之一。

4.5.1　无人机通信中继原理

空中平台通信中继是国际上解决应急通信和特殊地形通信的主要手段，利用空中平台搭载通信设备升空可以很好地解决复杂地形条件下的电波覆盖问题。在美国，利用无人机、系留气球、直升机、预警机、飞艇等空中平台进行的空中中继转发通信，已经实现了超视距传输，可满足指挥、控制和信息交流等多种需求。

常见的空中通信中继平台中，系留气球升空高度通常比较低，但滞空时间长，滞空区域稳定。此外，由于采用地面供电方式，故可持续工作时间较长，但地面保障设施复杂，机动性能较差。直升机机动性好，滞空区域也较大，但地面保障比无人机要复杂得多。飞艇载重大，飞行高度较高，留空时间长，飞行姿态稳定，但地面保障性和机动性较差。无人机载荷和续航能力较强，灵活机动、便于部署、对地面保障要求较低，是快速应急通信平台的最佳选择。

受无人机最大任务载荷、续航时间等性能制约，通信中继设备必须满足小型化、轻量化、低功耗的要求。缩小体积、减轻质量可以提高平台的机动性和安全性，降低功耗则可以增加空中平台的留空工作时间。同时，为满足应急通信的网络需求，中继设备还要求支持多节点接入，实现远距离、高速率传输，具备较为完善的 Qos 保障机制。为此，可采用基于时分多址（TDMA）的通信中继方案，如图 4.4 所示。

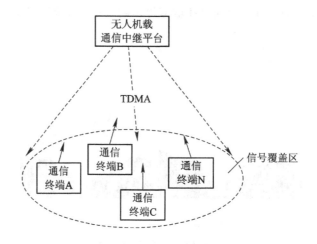

图 4.4　无人机通信中继原理示意图

TDMA 系统把时间分成周期性的帧，每一帧再分割成若干时隙，每个时隙就是一个通信信道。根据一定的时隙分配原则，使各个用户终端在每帧内只能在指定的时隙向接入点发射信号，接入点发向各个用户终端的信号也都按顺序安排在预定的时隙中传输，各用户终端只要在指定的时隙内接收，就能在合路的信号中把发给它的信号区分出来。这样将时隙分配到各个站点，从而防止多个节点同时发送，即使在用户过载的情况下，也能确保各节点通信的公平。同时，由于 TDMA 系统使用 TDD 方式实现发射和接收，因此，硬件设备复杂度较小，射频部分大大简化，可以彻底摒弃双工器等笨拙的器件，而使用一部收发信机，也能够有效减小互调干扰。另外，TDMA 系统还具备抗干扰能力强、频率利用率高、系统容量大等优点。再配合先进的跳频和 QoS 保障等技术，完全能满足应急通信系统对抗干扰、保密性和优先级控制的需求。

无人机通信中继分为模拟中继和数字中继两大类。前者受沿途噪声积累的影响，通信总距离和中继站个数都受到限制。后者因数字信号有较强的抗干扰能力，信号传输质量几乎不受中继站个数的影响，通信总距离可以大得多。

4.5.2　无人机通信中继应用

1. 军事应用

战场环境中，由于地面视距无线电信号经常受到地形地貌的阻碍，通信中继的重要性不断增长。如图 4.5 所示，无人机升空中继通信系统为军事通信提供了新的方式，减轻了有限卫星资源的负担，具备将通信中继天线带到任一战场上空并持续数小时甚至数天的能力。

图 4.5　无人机升空中继通信系统军事应用

集群通信系统是一种高级移动调度系统，代表着专用移动通信网的发展方向。CCIR称之为 Trunking System（中继系统），为与无线中继的中继系统区别，自 1987 年以来，更多译者将其翻译成集群系统。追溯到它的产生，集群的概念确实是从有线电话通信中的"中继"概念演变而来的。1908 年 E. C. Molina 发表的"中继"曲线概念等级，证明了一群用户的若干中继线路的概率可以大大提高中继线的利用率。"集群"这一概念应用于无线电通信系统，把信道视为中继。"集群"的概念，还可从另一角度来认识，即与机电式（纵横制式）交换机类比，把有线的中继视为无线信道，把交换机的标志器视为集群系统的控制器，当中继为全利用度时，就可认为是集群的信道。集群系统控制器能把有限的信道动态地、自动地最佳分配给系统的所有用户，这实际上就是信道全利用度或我们经常使用的术语"信道共用"。

综上所述，所谓集群通信系统，即系统所具有的可用信道可为系统的全体用户共用，具有自动选择信道功能，它是共享资源、共用信道设备及服务的多用途、高效能的无线调度通信系统。

集群通信系统通信覆盖范围与基站高度密切相关，如果利用无人机装载集群通信基站升空飞行，构成空中通信中继平台，建立集群通信系统的大区域覆盖网，就可为无线移动用户提供远距离（几十公里，甚至上百公里）的无线指挥调度通信。此时，系统可用于扩展地面或海上视距无线电通信距离，提高远程机动通信保障能力；为地面用户提供大面积通信覆盖和全过程实时通信保障；为应付"反恐"和突发事件指挥提供应急通信保障。

为满足视距通信无法实现地区的通信需求，2011 年波音公司在"扫描鹰"和"美洲狮"无人机上成功演示了窄带通信中继设备，将无线电的通信距离扩展了十倍。验证试验中，无人机在不同高度飞行，将分布在不同山地的手持式军用无线电链接在一起。试验证实了通信中继设备的性能和多功能性，可满足小型无人机对质量、空间和动力的限制，还可以用于受到电磁干扰的环境中。

此外，美陆军"影子"无人机两侧机翼上装配了无线电设备进行通信中继，美空军在"全球鹰"无人机上安装战场机载通信节点，"火力侦察兵"无人侦察直升机也具有通信中继功能。

2. 民事应用

面对突如其来的大型自然灾害和公共突发事件，常规通信手段往往无法满足语音视频等宽带网络通信的需求。特别是在城市高楼林立的街区，或是在通信基础设施匮乏的边远山区，在短时间内建立起稳定可靠的应急通信网将是一个极大的挑战。应急通信保障对信息传输的要求，已经大大超出了点对点语音通信的传统模式，多节点、高速率、大容量的多媒体数据流成为迫切需求。

我国是一个自然灾害频发的国家，在灾区核心区域内的公共通信网服务在几天内一般会全面中断且难以恢复；而应急卫星通信系统因抢险现场的抢险单位和人员通信过多而负荷过重不能保证实时通信。如何将灾害现场采集的信息，以数字、文本、图片、语音和视频等方式第一时间传回指挥中心，供抢险救灾指挥部做出决策显得尤为重要。地面原有的有线、无线通信系统遭到破坏后，无人机通信中继作为应急手段，可以搭载中继台紧急升空，悬停在特定高度，担任指挥平台，增大通信距离，扩展覆盖范围。

利用无人机作为空中平台搭载通信中继设备升空，实现宽带无线网络覆盖，既可以作为卫星通信等常规宽带无线通信手段的有效补充，又可以单独组网，成为应急通信保障的有效手段。在应对大型自然灾害和公共突发事件时，利用其部署快速、稳定可靠的实时数据传输能力，能够实现现地态势的视频回传，完成指挥命令、请示报告、信息交流等一系列工作。同时，满足应急通信高机动性、高灵活性、高时限性的要求。

4.6　其他任务设备技术

除了上面介绍的成像设备和通信中继设备，无人机还可以搭载靶标、电子干扰设备、气象探测设备甚至导弹等任务设备。下面简要介绍在地形勘探、测绘领域广泛应用的激光测距仪，以及世界各强国争相研制的攻击武器。

4.6.1　激光测距仪

无人机载激光测距仪的作用是测量地面目标与无人机的距离，为目标定位、地形三维建模提供数据。

激光测距仪一般由激光发射机、激光接收机和电源三大部分组成。激光发射机由脉冲激光器、发射光学系统、取样器以及瞄准光学系统组成，其作用是将高峰值功率的激光脉冲射向目标。激光接收机由接收光学系统、光电探测器和放大器、接收电路和计数显示器组成，其作用是接收从目标漫反射回来的激光脉冲回波并计算和显示目标距离。激光电源由高压电源和低压电源组成，其作用是提供电能。

激光测距仪的工作原理是利用脉冲激光器向目标发射单次激光脉冲或激光脉冲串，计数器测量激光脉冲到达目标并由目标返回到接收机的往返时间，由此运算目标的距离。其工作过程是：首先瞄准目标，然后接通激光电源，启动激光器，通过发射光学系统，向瞄准的目标发射激光脉冲信号。同时，采样器采集发射信号，作为计数器开门的脉冲信号，启动计数器，钟频振荡器向计数器有效地输入钟频脉冲，由目标反射回来的激光回波经过大气传输，进入接收光学系统，作用在光电探测器上，转变为电脉冲信号，经过放大器放大，进入计数器,作为计算器的关门信号,计数器停止计数。计数器从开门到关门期间,所进入的钟频脉冲个数,经过运算得到目标距离。

激光测距是一种快速、精确的距离量算方法。无人机载激光测距仪与其他测距仪相比,具有测程远、体积小、速度快、精度高、轻小灵活、操作简单等特点。

4.6.2　攻击武器

21 世纪初,美国"捕食者"无人机在阿富汗战场发射了两枚"海尔法"导弹,开创了无人机执行对地攻击任务的先河。无人机攻击武器主要有空地导弹(反坦克导弹、多用途导弹、巡航导弹)、空空导弹、制导炸弹(含制导布撒器)、火箭弹(制导型,少量非制导型)、制导迫击炮弹、灵巧子弹药、小型战术制导弹药(重 10 kg 以内的制导弹药)、新概念武器(含激光武器)等类别,可实现对地面、海面以及空中目标的有效打击。图 4.6 所示为航展中"彩虹 5"无人机携带的机载武器。

图 4.6　航展中"彩虹 5"无人机携带的机载武器

无人机攻击武器由机载弹药以及机载武器发射系统组成,机载武器发射系统是飞行器系统与武器弹药之间的桥梁,通过接收无人机平台发出的发射指令,执行发射功能,将机载武器分离出去执行毁伤功能。攻击武器的工作原理如图 4.7 所示。

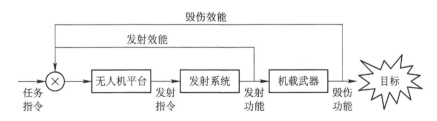

图 4.7　无人机攻击武器的工作原理

导弹是最主要的无人机攻击武器,机载导弹在截获目标并满足其他发射条件后被发射,脱离载机,火箭发动机工作一定时间后停止,导弹进入惯性飞行段。在飞行过程中,制导系统不断测量、计算目标与导弹的相对位置,由偏差形成控制信号,使舵机工作,操纵舵面偏转,控制导弹飞向目标。当导弹接近目标符合引信工作条件时,引信引爆战斗部,毁伤目标。导弹的制导方式不同,控制信号的形成方式也有所不同。

激光目标指示器是利用激光方向性强的特点研制的一种装备,通常用于辅助攻击武器对地面目标进行精确打击。激光目标指示器对目标进行持续照射,由目标反射的激光脉冲向各个方向散射,被安装在攻击武器头部的目标搜索器捕捉到,通过解算判定目标位置坐标,确定武器瞄准目标的误差,然后向引导头下达必要的校正指令,直到击中目标。为防敌干扰,激光束一般应当进行编码,只有目标搜索器才能识码。光束编码的另一个优点是可以同时识别或指示同一区域的几个不同目标,它们各自具有不同的编码,以防干扰和影响。

4.6.3 新概念武器

新概念武器是指运用声、光、电和化学制剂等技术直接使有生力量或作战设备暂时或永久丧失作战功能的武器。定向能武器作为新概念武器的典型代表,研制和应用已得到迅速发展。无人机上可使用的定向能武器主要是激光武器、高功率微波武器和电磁脉冲武器。

激光武器是使用激光直接照射目标而将其杀伤的定向能武器。激光武器对目标的杀伤程度取决于激光的波长、光束强度、照射时间的长短、目标的通频带以及与目标的距离。美国国防部曾于2002年8月明确表示,随着激光武器研制的快速进展,美国空军和其他军兵种有可能将其装备在包括无人作战飞机在内的多种平台上。

高功率微波武器是把高功率微波源产生的微波经过高增益天线定向发射出去,将微波能量聚集在狭窄的波束内,以极高的强度照射目标,从而产生杀伤和破坏效果。高功率微波武器具有以下特点:一是其波束较激光波束宽,而且是光速武器,所以对跟踪和目标的精度要求较低,便于控制;二是可有效对付隐身目标;三是具有远距离干扰、近距离摧毁等多种杀伤效应,随着距离的变化,可连续对目标产生不同性质的杀伤效果。

电磁脉冲武器是利用强电磁脉冲摧毁导弹或破坏雷达、通信系统和武器系统中电子设备或扰乱人的大脑神经系统而使人暂时失去知觉的武器,也称为射频武器,主要包括电磁脉冲弹、微波炸弹和电磁脉冲产生器等。2002年8月,美国和英国的研究人员宣布已经成功设计了可用于无人作战飞机的电磁脉冲武器。

4.7　无人机任务设备技术发展趋势

4.7.1 增强任务设备探测能力

为增强无人机探测能力,任务设备将向高分辨率、远距离、实时化、小型化、综合化方向发展。由于雷达技术、光电技术和数字技术的飞速发展,无人机机载任务设备的性能将有质的飞跃,探测距离大幅度增加、灵敏度更高、分辨率更高、质量更小、体积更加小型化。数码相机用CCD芯片的像素分辨率将更高。采用芯片内运动补偿和步进式光学扫描技术的数码相机将在无人机上使用。高分辨率、高灵敏度,不用扫描成像的第三代前视红外仪将在无人机上普遍应用。在无人机上将广泛使用真正具有全天候成像能力的合成孔径雷达,采用多模式合成孔径雷达可大大增加作用距离。雷达的体积、质量、功耗将大幅度缩小。

4.7.2　任务设备功能综合化

随着无人机搭载能力的提升,任务设备将朝着功能综合化的方向发展,一架无人机可以根据需要同时搭载各类任务设备,例如察打一体的无人机同时搭载成像设备、攻击武器,实现一机多能、一机多用。无人机通过合理配置功能互补的任务设备,可扩大信息获取空间,延长信息获取时间,增加获取信息的种类,提高获取信息的有效性,实现在各种环境中全天候、全天时工作。

4.7.3　发展多光谱和超光谱成像技术

多光谱成像技术可以探测不同的红外带宽、光谱甚至混合光和射频以及激光测距的频谱,将提供更多的信息并减轻信号处理负荷。未来的机载成像光谱仪可以在几十个甚至几百个波段成像。采用中、低光谱分辨率的超光谱成像系统并结合适当的探测算法,可进行大面积搜索,能够迅速发现目标,而且得到的数据量大大少于普通光电成像器件,从而降低了数据处理负担。

4.7.4　任务设备安装与使用更加灵活

无人机系统的结构日趋复杂,全寿命使用成本也在不断增高,使用者越来越希望无人机具有执行多种不同任务的能力。受无人机任务设备搭载能力的限制,目前只有大型无人机具备执行多种任务的能力。如果各种设备使用公用的信号和图像数据处理设备,即数据的处理、各模块的控制等任务由机载公用处理设备完成,就可以减轻探测器的总量。这种方法同时也存在着一些需要解决的问题,如降低了整个无人机系统的可靠性,提高了对设备接口、输出数据格式的要求,要求协调执行多种任务时的公共资源分配等。随着广泛应用模块化观念设计无人机搭载设备,现在的无人机已可以根据不同任务需要灵活地更换载荷设备。模块式任务设备的概念正在受到越来越多的关注,因为它可使无人机中的一个传感器或一些传感器改变到适合每一项任务或一系列任务的需要。

第 5 章

无人机数据通信技术

　　无人机数据通信分系统是无人机飞行器与地面控制站之间遥控、遥测信息的传输通道，也是连接地面控制站与其他用户的信息桥梁。从信息传输角度看，数据通信分系统是飞行器、测控与导航、任务设备等其他分系统正常工作的基础。本章主要阐述数据通信的基本原理、无人机数据通信分系统、典型无人机数据通信系统，并简要介绍相关技术的发展趋势。

5.1　数据通信基本原理

5.1.1　数据与数据通信

　　数据是指预先约定的具有某种含义的数字、字母或符号的组合。用数据表示信息的内容是十分广泛的，如图片、视频、音频、电子邮件、各种文本文件、电子表格、数据库文件和二进制可执行程序等。因此，数据是适合人类或自动方法进行通信、解释或处理的规范化方式所构成的事实、概念或指令的表征，可以被识别、描述、显示或被记录（如记录在纸张、磁带、磁盘、胶卷上）。

　　随着社会的进步，传统的电话、电报通信方式已远远不能满足大信息量的需要，以数据作为信息载体的通信手段已成为人们的迫切要求。数据通信是指依照通信协议，利用数据传输技术在两个功能单元之间传递数据信息。它可实现计算机与计算机、计算机与终端或终端与终端之间的数据信息传递。

　　数据通信可以将数据信号加到数据传输信道上进行传输，到达接收地点后，再正确地恢复出原始发送的数据信息，包括两方面的内容：数据传输和数据传输前后的数据处理。数据传输指的是通过某种方式建立一个数据传输通道并将数据信号在其中传输，它是数据通信的基础；数据处理的目的是为了使数据更有效可靠地传输，它包括数据集中、数据交换、差错控制、传输规程等。

5.1.2　数据通信系统模型

　　数据通信系统的作用就是将信息从信源发送到一个或多个目的地，它首先要把消息转变成电信号，然后经过发送设备，将信号送入信道，在接收端利用接收设备对接收信号作相应处理后，送给信宿转换为原来的消息，这个过程可用图 5.1 表示。

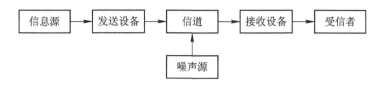

图 5.1　数据通信系统基本模型

信息源(简称信源)的作用是把各种消息(如语言、文字、图像等)转换成原始电信号,它可以是提供消息、产生需要传输信息的人或装置。

发送设备的作用是产生适合于在信道中传输的信号,即使发送信号的特征和信道特性相匹配,具有抗信道干扰的能力,并且具有足够大的功率以满足远距离传输的需要。

通信信道一般包括导线、对称电缆、同轴电缆、光纤等有线链路以及波导、大气层或真空等射频链路和地面微波接力与卫星中继等。其中,传输连续的模拟信号的信道称为模拟信道,传输离散的数字信号的信道则称为数字信道。

接收设备的作用是将信号放大和反变换(如译码、解调等),其目的是从受到减损的接收信号中正确恢复出原始电信号。

受信者(简称信宿)是传送消息的目的地,是指接收消息的人或装置,其功能与信源相反,即把原始信号还原成相应的消息。

5.1.3　数据传输信道

数据传输是实现数据通信的基础,为了在两个终端间传输数据信号,就必须有传输信道,或称作传输通路。数据通信网中使用着两种不同的通信方式,即模拟通信与数字通信,也就是说,存在两种不同的传输信道,即模拟信道与数字信道。

1. 模拟信道

模拟信道传输连续的模拟信号(例如经声/电转换后形成的电话信号),而且不考虑被传信号的内容,该信号可以表示模拟数据(如话音)或数字数据(如经过编码译码器的二进制数据)。

对于任何模拟信道其传输频带都存在一定的限制。例如,对于一条模拟载波电话信道,其有效传输频带一般为 $300\sim3400$ Hz。因此,在发送前必须先经过调制过程,将数据信号搬移到载波机提供的模拟信道的频带范围之内,才能进行有效的传输。在接收时,必须进行相反的转换,称之为解调。实现调制与解调的设备分别叫调制器与解调器,统称为调制解调器。

利用模拟信道虽然传输距离较远,但也会受噪声干扰或媒质衰减,因此需要中继放大器提高信号能量,与此同时也增大了噪声,所以传输误码率较高。

2. 数字信道

数字信道传输数字信号(由 0 与 1 二进制码构成的数字序列),而且考虑信号的内容。模拟数据信号利用数字信道传输时,应先将模拟数据数字化(例如将话音数字化),即先将模拟信号经量化编码或 A/D 转换变为数字信号。

利用数字信道传输数据时,传输距离近。采用转发器接收数字信号,经整形恢复其 0 和 1 的组合形式再重新发送的方法,可克服衰减,增加传输距离,同时噪声不累加,传输质量高。

数字信道是未来数据通信的发展方向,主要包括以下优点:

(1)随着数字技术的高速发展,数字电路的成本和尺寸不断下降。

（2）便于维持数据的完整性，采用转发器代替放大器，使噪声和信号衰减效果不会累加。因此，采用数字方法可使数据信号沿质量较差的线路传输较远的距离。

（3）安全与保密性好，加密技术可以现成地应用于数字数据或已经数字化了的模拟数据。

（4）便于多种数据综合处理，采用模拟数据和数字数据信号同样的数字处理方式，方便经济。

3. 传输信道的通信方式

根据数据传输方向和信道使用方式进行分类，有三种不同的通信方式。

1）单工通信

单工通信是指数据只能在一个指定的方向上单向传输的工作方式（即通信双方中的一方固定为信源，另一方则固定为信宿），例如广播等。

2）半双工通信

半双工通信是指通信双方可以在两个方向上交替传输消息，但二者不能同时进行收和发的工作方式（即通信双方中的每一方既可作为数据源，又可作为数据宿，但不能同时作为信源与信宿），例如使用同一载频工作的对讲机、电台等。

3）全双工通信

全双工通信是指通信双方在两个方向上同时传输消息的工作方式（即通信双方中的每一方可同时作为信源与信宿），例如手机、互联网等。

5.1.4 数据传输媒介

数据传输信道建立在一定的传输媒质的基础上，媒质的质量好坏将直接影响数据传输和通信的质量。通常把传输媒质分为硬传输媒质和软传输媒质两类。硬传输媒质包括用于有线通信和光纤通信的双绞线、同轴电缆和光缆等；软传输媒质包括用于无线通信和卫星通信的空气、真空和海水等。

1. 有线通信传输媒介

有线通信传输媒介主要包括双绞线、同轴电缆和光缆等。

1）双绞线

双绞线由两条相互绝缘的铜导线扭绞起来构成，一对线作为一条通信线路。通常一定数量这样的导线对捆成一个电缆，外边包上硬护套。由于电磁耦合和集肤效应，线对的传输衰减随着频率的增加而增大，其传输特性呈低通型特性。

由于成本低廉且性能较好，双绞线是用于模拟和数字信号的最普遍的传输媒质。对于模拟信号，每5~6 km要用放大器；对于数字信号，每隔2~3 km要用转发器。与别的传输媒质比较，双绞线的距离、带宽和数据率有限。为减少衰减拟耗，一般用金属编织或铠装屏蔽线减少干扰，线的绞扭减少低频干扰，相邻的"线对"使用不同的绞扭长度可减少串音。

2）同轴电缆

同轴电缆由一对导体按同轴的形式构成线对，最里层是内导体芯线，外包一层绝缘材料，外面再套一个空心的圆柱形外导体，最外层是起保护作用的塑料外皮。内导体和外导体构成一组线对。应用时，外导体是接地的，故同轴电缆具有很好的抗干扰性。

同轴电缆可用于传输模拟和数字信号。与双绞线信道特性相同，同轴电缆信道特性也是低通型特性，但它的低通频带要比双绞线的频带宽，因而可以用于较高的频率和数据率。由于其屏蔽的同轴心结构,比起双绞线来,同轴电缆对于干扰和串音就不那么敏感。对效能的主要限制是衰减、热噪声及交调噪声。

3）光缆

光缆是为了满足光学、机械或环境的性能规范而制造的,是利用置于包覆护套中的一根或多根光纤作为传输媒质并可以单独或成组使用的通信线缆组件。光缆是由一定数量的光纤按照一定方式组成缆心,外包保护套管及塑料外皮,用以实现光信号传输的一种通信线路。

光缆具有带宽大、尺寸较小、重量较轻、衰减低、电磁隔离等优点,已成为当前的主要传输媒质之一。

2. 无线通信传输媒介

无线通信传输媒介主要指声波和无线电波两种电磁波。

1）声波

声波是指发声体产生的振动在空气或其他物质中的传播,是声音的传播形式。声波是一种机械波,由声源振动产生,声波的传播空间称为声场。在空气中,声波是一种纵波,媒质质点的振动方向与声波的传播方向一致。

声波通信系统中,可以用扬声器替换无线电通信中的发射机和发射天线达到发射信号的目的,用麦克风替换无线电通信中的接收机和接收天线达到接收信号的目的。

2）无线电波

无线电波一般是指不通过导线、电缆或人工波导等媒质而在空间辐射的电磁波。1979年,根据不同频率无线电波的传播特点,世界无线电行政大会最后法案将无线电频率划分为 12 个频段,见表 5.1。

表 5.1 无线电频段(波段)的命名

段号	频段名称	频率范围	波长名称		波长范围	典型应用
1	极低频 ELF	3～30 Hz	极长波		100～10 Mm	—
2	超低频 SLF	30～300 Hz	超长波		10～1 Mm	海底通信、电报
3	特低频 ULF	300～3000 Hz	特长波		1000～100 km	数据终端、电话
4	甚低频 VLF	3～30 kHz	甚长波		100～10 km	导航、载波电报和电话、频率标准
5	低频 LF	30～300 kHz	长波		10～1 km	导航、电力通信、地下通信
6	中频 MF	300～3000 kHz	中波		1000～100 m	广播、业务、移动通信
7	高频 HF	3～30 MHz	短波		100～10 m	广播、军用、国际通信
8	甚高频 VHF	30～300 MHz	米波		10～1 m	电视、调频广播、模拟移动通信
9	特高频 UHF	300～3000 MHz	分米波	微波	1～0.1 m	电视、雷达、移动通信
10	超高频 SHF	3～30 GHz	厘米波		0.1～0.01 m	卫星通信、微波通信
11	极高频 EHF	30～300 GHz	毫米波		0.01～0.001m	射电天文、科学研究
12	至高频	300～3000 GHz	丝米波		1～0.1 mm	—

表 5.2 给出了 UHF~EHF 的具体划分，其中 C 波段和 Ku 波段是目前无人机应用较多的波段，其中 Ku 波段主要用于卫星中继型无人机。

表 5.2　UHF~EHF 的具体划分

频段	频率/GHz	波长/cm
L	1~2	30~15
S	2~4	15~7.5
C	4~8	7.5~3.75
X	8~12.5	3.75~2.4
K_u	12.5~18	2.4~1.67
K	18~26.5	1.67~1.132
R	26.5~40	1.132~0.75
F	40~60	0.75~0.5
E	60~90	0.5~0.33
V	90~140	0.33~0.214

按传输距离、频率和位置的不同，无线电波的传播主要分为地波、天波（或称电离层反射波）和视距传播三种。

（1）地波传播。地波传播是指频率较低（约 2 MHz 以下）的无线电波沿着地球表面的传播。在低频和甚低频段，地波能够传播超过数百千米或数千千米。它的主要特点是传输损耗小，作用距离远；受电离层扰动小，传播稳定；有较强的穿透海水和土壤的能力；大气噪声电平高，工作频带窄。地波传播示意图如图 5.2 所示。

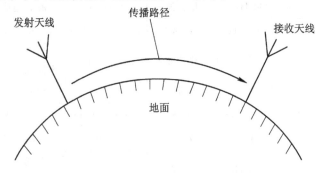

图 5.2　地波传播

（2）天波传播。天波传播是经由电离层反射的一种传播方式。频率较高（2~30 MHz）的电磁波称为高频电磁波，它能够被电离层反射。长波、中波和短波都可以利用天波传播。它的主要特点是传输损耗小，可以利用较小的功率进行远距离通信。但由于电离层的特殊性，电波在其中传播时会产生各种效应，如多径传输、衰落、极化面旋转等，有时还会因电离层暴变等异常情况造成短波通信中断。天波传播示意图如图 5.3 所示。

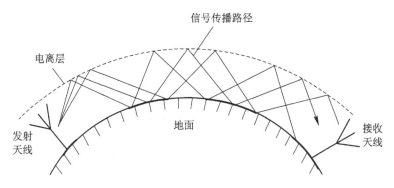

图 5.3　天波传播

（3）视距传播。视距传播是指在发射天线和接收天线间能互相"看见"的距离内，电波直接从发射点传到接收点的一种传播方式，又称为直接波或空间波传播。频率高于 30 MHz 的电磁波将穿透电离层，不能被反射回来。此外，它沿地面绕射的能力也很弱。所以，它只能类似光波那样作视线传播。为了能增大在地面上的传播距离，最简单的办法就是提升天线的高度从而增大视线距离。视距传播的主要特点是传输容量大、发射功率小、通信可靠稳定，一般可以视为恒参信道，但传播距离较短。视距传播示意图如图 5.4 所示。

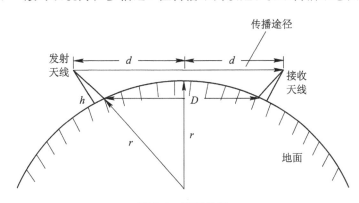

图 5.4　视距传播

3. 无线信道传输影响

无线电波在媒质空间中传播时，由于各种不同媒质的电磁特性不同，会产生扩散、吸收、折射、反射、散射等现象，从而使得无线电波的传播方向及场强的大小发生各种不同的变化，同时由于各种因素的影响信号有可能产生失真。

空间媒质对数据通信质量的影响是多方面的，主要包括多径传播引起的接收信号衰落、信道引入的噪声和各种干扰，由于无人机常常是在高速移动状态下进行通信的，因此还存在着多普勒频移问题。

1）传输损耗

传输损耗是指无线电波在媒质空间中传播时电磁场强度变小的情况。造成这种现象的原因一方面是能量的分散，另一方面是能量的损耗。能量的扩散、电波的反射、折射及散射等因素是造成能量分散的原因。能量的损耗是指无线电波在传播过程中能量被转化成其他形式的能量，使得电波的能量被减小。

2）多径传输

多径传输是指无线电波通过不同的传输途径到达接收点的现象。如在视距传播中无线电波是通过直接波和反射波这两条途径到达接收点的；天波传播存在多种传播模式，接收点的信号可能是不同途径信号的合成。

多径信道接收端的信号由来自不同路径的信号矢量叠加而成，由于各条路径长度不一，各信号的传输延时也就不同。它们在接收端叠加时，各信号分量的相位可能是同相相加，得到加强的接收信号；也可能是反相抵消，使合成的接收信号减弱。由于信道特性随时间是随机变化的，因此，路径长度及传输延时也是随机变化的，接收点的合成场强相应的在信号电平和信号相位上表现为随时间随机变化，这种现象称为衰落现象。多径效应引起的接收信号衰落通常是瑞利型衰落和频率选择性衰落。

3）多普勒频移

当无线通信的收/发信机以恒定的速率沿某一方向移动时，由于传播路程差的原因，会造成相位和频率的变化，也就是接收信号的频率将有别于发送信号的频率。

5.1.5　基带传输与频带传输

从传输数据的系统构成角度出发，可以将数据传输分为基带传输和频带传输。

由消息直接转换成的（例如电传打字机、信源编码调制器或其他数字设备产生的）、未经频率变换（通常指调制）的各种数字代码称为基带信号。基带数据信号的主要特征是：信号的主要能量集中于从 0 开始至某一频率的低通型频带。这种基带数据信号所占的低通型频带即称为基带。基带传输则是指把由消息直接转换成的，未经频率变换的基带数据信号，直接在信道上传输。

频带传输又称载波传输，主要用于远距离数据传输，通常是先将数据经调制器调制在较高的载频上，然后利用给定线路中的一段频带作为传输信道进行数据传输。实际上，一切适用于基带传输的信道都可以使用频带传输，反之则不行。从数据传输系统的构成来看，两者最突出的差别是频带传输系统相比基带传输系统增加了起频率变化作用的调制解调器，简称 Modem。

调制所采用的方法有很多种，最常用的就是利用信道内的某一个频率作为载体，将所要传送的基带信号信息完全携带于该载体的某一参量之中传送出去。这个作为载体的频率信号称为载波，携带了基带信号的载波信号称为已调信号。例如，作为基带信号的语音，频率一般取在 0.3～3.4 kHz 频带内，如果要采用第四代数字蜂窝移动通信系统（TD - LTE）传输语音信号，首先必须对语音信号进行调制处理，使其频谱变换到 1880～1900 MHz、2320～2370 MHz 或 2575～2635 MHz 频段范围之内。

5.2　无人机数据通信系统原理

5.2.1　组成与功能

飞行器在空中飞行时，地面控制站通过下行无线电通道实时获取飞行器的位置、机头指向、飞行姿态、飞行方向、飞行速度等信息以及任务设备的工作状态，通过上行无线电通道控制飞行器的飞行以及任务设备的工作，从而达到在远距离控制、监测飞行器和任务设备工作的目的。同时，机载任务设备获取的任务数据也通过下行无线电通道实时传输到地面控制站和其他用户。另外，任务数据也可经过地面控制站处理后再通过有线或无线通信方式转发给其他用户。可见，无人机数据通信分系统就是无人机系统上通下联的神经。

链路表示一套完整的通信设施，包括所使用的设备、信息及协议和信息标准等。根据传输信息的类型、在无人机系统中所处的位置，可以将无人机数据通信分系统划分为遥控链路、遥测链路、任务链路和分发/联络链路，如图 5.5 所示。

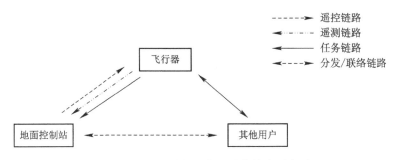

图 5.5　无人机数据通信分系统构成示意图

1. 遥控链路

遥控链路用于从地面控制站向飞行器发送控制指令和注入数据。遥控链路采用无线方式单向传输，地面控制站发射信号，飞行器接收信号。为了提高指令可靠性，需要飞行器对接收到的指令进行确认，此时可以由遥测信道把飞行器收到的指令信息发回地面控制站进行确认。

2. 遥测链路

遥测链路用于从飞行器向地面控制站发送采集到的重要参数，包括空速、气压高度、磁航向角、姿态角、汽缸温度等信息。遥测链路采用无线方式单向传输，飞行器发射信号，地面控制站接收信号。

3. 任务链路

任务链路用于把飞行器机载任务设备获取的数据信息发送到地面控制站和其他用户。这些信息的共同点是要求较宽的带宽，尤其是采用数字方式传输时对带宽要求较高。实际应用中可以采用模拟传输，也可以在机上进行压缩后再采用数字传输。数字方式比模拟方式具有加密方便、传输质量高等优势，而模拟方式则具有设备简单的优点。

通常情况下，任务链路采用无线方式单向传输，飞行器发射信号，地面控制站和其他用户接收信号。但是，当飞行器搭载通信中继设备时，任务链路变为双向传输，先通过上行任务链路将地面发送端用户的通信信息传输到通信中继设备，再通过下行任务链路将通信信息传输到地面接收端用户。

4. 分发/联络链路

分发链路用于地面控制站将从任务设备获得的原始数据或经过处理后的数据，传输给其他需要任务数据的用户，如上级机构、友邻单位等。联络链路用于实现地面控制站操作员和其他用户之间的双向信息交流，如指挥机关下达任务指令。

军事上，作为连接无人机地面控制站与其他作战单元的纽带，分发/联络链路一方面要接收和应答来自上级控制单元的作战命令，包括战备等级、起降控制、请求支援以及交战等，另一方面还要协同其他同级作战单元传递和分配作战指令，将上级的作战命令及时传输给地面、海面和空中武器系统，再向上级控制单元反馈实时战场态势和作战需求。

无人机遥控、遥测和任务链路一般采用综合信道传输体制，通过同一套设备、统一载波把承担不同功能的链路综合在一起，不同链路的区分仅在于基带信号。其优点是集成度高，通信资源利用率高。

分发/联络链路尚缺乏统一的技术体制，通常采用网线、电台、电话网、移动通信网等多种传输方式。

5.2.2　工作原理

下面以遥控、遥测/任务链路为例，说明无人机数据通信分系统的工作原理。

地面数据终端、地面天线系统、机载数据终端、机载天线系统以及无线电信道组成了遥控、遥测/任务链路。其中，遥控链路的工作原理如图 5.6 所示。

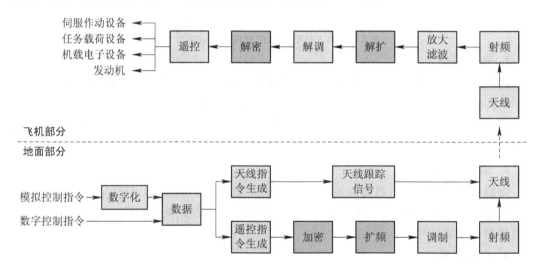

图 5.6　遥控链路的工作原理图

（1）遥控指令生成。遥控指令的生成一般有两种方式，一种是利用模拟方式生成，如用摇杆控制无人机的舵面，用旋钮控制无人机的油门，用按键控制刹车等，用这种方式发出的指令需要先进行数字化处理，使其变为适于计算机处理的数字信号；另一种是用软件方法生成，如用鼠标在计算机屏幕上点击要发送的指令，直接形成数字信号。

（2）计算机信号处理。计算机接收到遥控指令后，对指令进行编码处理和差错控制措施，形成比特流形式的控制数据帧。这些数据中有一部分是遥控指令，一部分是天线控制指令。

（3）地面数据终端处理。对遥控数据进行一系列的加密、扩频和调制处理，使其具备较高的抗截获、抗干扰能力，然后变成射频信号通过天线辐射出去。对于天线控制指令数据一般不需要经过处理，用线缆传输至地面天线伺服机构控制其工作状态。

（4）机载设备处理。机载天线接收到地面发送的微弱遥控信号以后，进行射频放大、滤波等前期处理后，对信号进行解扩、解调和解密处理，恢复信源信号，经过遥控译码分别形成对机载电子设备、伺服作动设备、任务设备和发动机等的控制信号。

遥测/任务链路的工作原理如图 5.7 所示。

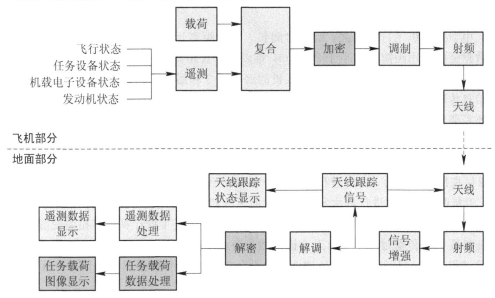

图 5.7　遥测/任务链路的工作原理图

（1）机载设备处理。无人机飞行状态、任务设备状态、机载电子设备状态和发动机状态等进行遥测编码处理后，与经过处理的任务数据信息一起打包，形成复合遥测帧，经过加密、调制后，形成射频信号发送。由于遥测/任务数据信息码率高，数据量大一般不进行扩频处理。

（2）地面设备处理。地面天线接收到微弱的遥测/任务设备信号后，经过信号增强，再经过解调、解密等过程，以比特流的形式将数据传输给地面计算机。计算机对其进行遥测数据和任务设备信息的分离。遥测数据经过译码和信号处理，显示在相关的屏幕上；任务数据经过处理，显示在监视器屏幕上。对于具有自跟踪功能的地面天线，遥测信号还要用于反馈控制天线的自跟踪状态。

5.2.3　分类

1. 按传输距离分类

根据传输距离不同，无人机数据通信分系统可分为视距数据链路和卫通数据链路。

1）视距数据链路

无人机数据链路多工作在微波的 L、S、C 和 Ku 波段。微波数据链路有更高的可用带宽，可以传输大数据量的视频画面，数据传输速率高。同时，微波设备体积小，重量轻，利于设备小型化，减小无人机任务设备重量。但是，由于受到地球曲率的影响，微波链路只能采用无线电视距传播方式。

视距距离与无人机的飞行高度有直接的关系，可以表示为

$$R = 3570 \times (\sqrt{h} + \sqrt{H}) \text{（米）}$$

其中，h 表示地面天线高度，H 表示无人机飞行高度，R 表示视距距离。按此计算，假设地面天线高 3 米，如果要使视距距离达到 200 公里，则无人机的飞行高度必须在 3000 米以上。

2）卫通数据链路

大中型无人机飞行能力强，留空时间长，飞行距离远，然而由于无线电视距的限制，视距数据链的作用距离一般小于 200 km，难以满足长距离飞行的测控需求。因此，大中型无人机都需要一个中继平台来转发无人机的遥控指令和遥测信息，实现无人机的超视距测控和信息传输。目前有利用中继机转发和利用卫星转发两种中继方式。利用中继机转发的方式还需要额外起飞一架中继无人机，效费比不高，因此国内外的大中型无人机系统基本都采用地球同步通信卫星作为中继平台的方式搭建中继数据链路。

卫通数据链路上行遥控指令的传输过程是：由地面控制站发送的遥控指令进行扩频处理，以提高抗干扰能力，之后进行调制、变频和功率放大等操作，再由地面卫星天线发向卫星。卫星收到后，再进行放大和变频，发向无人机机载天线。机载设备接收到信号后再进行放大、变频、解扩、解调等，恢复成遥控数据流，送至飞控计算机等相关设备。下行遥测和任务数据的传输过程是：由无人机机载设备经卫星发向地面站，其传输过程与遥控信息传输过程类似，只是方向相反。地面卫通设备恢复出遥测数据和图像信息，通过有线设备传输给地面控制站。

卫通数据链路主要利用了地球同步轨道的通信卫星进行信息传输，只要在卫星天线的波束范围内，通信不受到距离和地理条件的限制。同时，因为通信卫星的轨道高度较高，波束的地面覆盖范围很大，就我国而言可以覆盖整个中国大陆及周边地区。利用卫星中继实现地面控制站和无人机之间的双向信息传输足以覆盖大中型无人机的飞行距离要求。例如，美军"捕食者"无人机系统采用 Ku 波段卫星中继数据链，作用距离 900～3700 km；"全球鹰"无人机系统也采用 Ku 波段卫星中继数据链，其机载天线尺寸和功率都较大，作用距离可达 5500 km。

2. 按传输内容分类

根据传输内容不同，无人机数据通信分系统可分为代码数据通信和多媒体数据通信，代码数据通信主要传输遥控指令、遥测信息；多媒体数据通信主要传输音频、语音、图像和视频等。

1）音频/语音数据通信

音频是指人耳可以听到的频率在 20 Hz～20 kHz 之间的声波，包括音乐、语音等各种形式。语音是指人类通过发音器官发出来的、具有一定意义的声音，频率范围集中在 80 Hz～12 kHz 之间。音频/语音数据通信是最直接、最便捷的交流方式，广泛应用于社会的各个领域，在无人机数据通信中应用也极为普遍，主要包括以下场合：

（1）中继音频/语音数据。无人机搭载移动网络基站、集群基站、电台等通信中继设备时，地面用户通过手机、对讲机、电台等音频/语音通信设备，可以实现音频/语音数据的中继通信。例如，系留多旋翼无人机通信中继系统搭载移动通信基站，可以快速构建一个应急局域无线通信网，满足用户话音数据通信需求。

（2）发送音频/语音数据。无人机搭载广播台、播音机等音频/语音发射设备时，可在空中以无线方式发送音频/语音数据。例如，警用无人机系统中的无线喊话器由地面手持端和机载喊话喇叭构成，两者之间采用数字语音技术进行无线通信，具有实时喊话和语音播报功能，在嘈杂环境中使用不影响喊话声音清晰度，适合复杂的现场指挥。

（3）传输地面用户音频/语音数据。地面用户主要包括地面控制站以及上级部门、友邻单位等其他用户，这些地面用户之间可通过音频/语音数据传输联络及指挥信息等。例如，可通过有线或无线传输方式，在地面控制站和上级之间利用音频/语音进行沟通联络、指令下达、情况汇报等。

2）图像/视频数据通信

图像/视频是人类视觉的基础，是自然景物的客观反映，是人类认识世界和人类本身的重要源泉。图像/视频数据通信在无人机数据通信中的主要应用包括：

（1）传输成像类设备任务信息。无人机作为搭载各种光电传感器的空中平台，需要通过任务链路实时传输图像/视频信息。例如，在无人机飞行过程中，通过高清摄像头进行航拍，并及时将画面传回地面，以便操作员进行观察并决定下一步飞行计划。

在传输图像/视频数据时，可以将每一帧图像打上时间标记（时标），以便在地面接收后进行信息处理时找到对应时刻无人机的有关参数，如光轴稳定平台的倾角、摄像机的焦距等，以便利用这些数据进行图像粗校正、精校正和判读定位等工作。

（2）传输地面用户图像/视频数据。通过分发/联络链路，利用有线或无线方式，地面控制站可将从成像设备接收到的图像/视频数据，经融合处理后转发给其他地面用户。不同地面用户间也可通过视频会议进行沟通联系。

5.2.4　关键技术

无人机数据通信分系统的关键技术主要包括调制解调技术、信道编码技术、抗干扰传输技术和压缩编码技术等。

1. 调制解调技术

调制就是按调制信号的变化规律去改变载波某些参数的过程，从频域上看，调制是在发送端把基带信号频谱搬移到给定信道通带内。经过调制后的已调波应该具有两个基本特性：一是仍然携带有消息，二是适合于信道传输。调制按被调制信号的形式可分为连续波调制和脉冲调制；按调制信号的形式可分为模拟调制和数字调制。

解调是调制的逆过程，是在通信系统的接收端从已调信号中恢复基带信号的过程，从频域上看，解调就是将调制时搬移到载频附近的调制信号频谱搬回到原来的基带范围内的过程。常用的解调方法有相干解调法、非相干解调法（包络解调法）、鉴频法、过零检测法和差分检波法。

调制和解调在一个通信系统中总是同时出现的，因此往往把调制和解调统称为调制解调模块。调制解调模块在无人机数据通信分系统中是一个极为重要的组成部分，很大程度上决定了系统的性能。

2. 信道编码技术

在数字信号传输时，由于各种干扰、噪声、衰落的影响，使得在接收数据中不可避免地会产生差错。当信道的差错率超过了用户对信息要求的准确度时，就必须采取适当的措施来减少这种差错。在某些情况下，通过改进整个信道的性能，如增大系统增益，选择抗干扰、抗衰落性能好的调制解调方式、采用信道均衡、分集接收技术等就可能使信息达到要求的准确度。但在大部分情况下，这种改进信道性能的方式是不经济的，所以通常要采用信道编码来解决。

信道编码是指为提高通信性能而把消息变换为适合于信道传输的信号的处理过程，以便使所传输的信号更好地抵抗噪声、干扰及衰落等各种信道损伤的影响。信道编码的实质就是增加监督码元，即增加冗余度，提高信息传输的可靠性。对于无人机来讲，特别是对于遥控信道和遥测信道，通信的可靠性尤为重要。可靠性的要求有两个方面：首先，要保证当接收机信噪比较小时不能中断通信；其次，如果接收数据中存在错误，接收端要至少能识别出这些差错，甚至要能够进行纠正。

3. 抗干扰传输技术

无人机多数工作在复杂电磁环境下，需要具备较强的抗干扰能力，以保障无人机运作的畅通。目前常使用的抗干扰技术主要有：扩频抗干扰技术、自适应干扰抑制技术、信源与信道编码技术。

扩频抗干扰技术采用高速率的扩频码以达到扩展待传输信息带宽的目的，具有功率谱密度低、隐蔽性好、抗干扰能力强等优点；自适应干扰抑制技术又可分为自适应天线技术、自适应跳频与自适应信道选择技术、自适应功率控制技术，采用自适应干扰抑制技术能够有效对抗不同形式的干扰，克服干扰带来的影响并及时采取相应的措施保证正常通信；信源与信道编码技术分别针对信源和信道进行编码，信源编码把信源输出符号序列变换为最短的码字序列，使后者的各码元所载荷的平均信息量最大；信道编码是在信息码中增加一定数量的多余码元，使码字具有一定的抗干扰能力。信源与信道编码易于实现数字加密，有较好的抗干扰和抗截获能力。

4. 压缩编码技术

由于图像/视频数据带宽较宽，如果不进行处理直接传送数字信息，要求的数据率会非常高。例如，640×480 视频画面，按照每秒 25 帧，每像素 16 比特表示，要求的数据率将达到 122.88 Mb/s。

虽然表示图像需要大量的数据，但图像数据是高度相关的。一幅图像内部以及视频序列中相邻图像之间有大量的冗余信息。在一般的图像数据中，通常有空间冗余、时间冗余、信息熵冗余、结构冗余、知识冗余和心理视觉冗余等各种冗余信息。因此，图像的压缩有很大的潜力，但是图像的压缩并不是无极限的，当压缩比到一定的极限时，图像的还原性就比较差。信息论给出了图像压缩的理论极限：当平均码长大于信源的熵时，译码错误概率将可能任意地小；当平均码长小于信源的熵时，译码错误概率将趋于 100%。

图像压缩编码有各种分类方法，从压缩的本质区别可以分为有损压缩和无损压缩两类。有损压缩又叫有失真压缩，即解码后无法不失真地恢复原图像。它的目标是在给定数码率下使图像获得最逼真的效果，或者在给定的逼真度下使数码率达到最小。有损压缩的算法可以达到较高的压缩比。无损压缩又叫无失真压缩，即解码后可以无失真地恢复原图像。它的目标是在图像没有任何失真的前提下使数码率最小，它可精确地恢复出原图像，其压缩限度就是信源的信息熵。

数字压缩编码一般原理如图 5.8 所示。

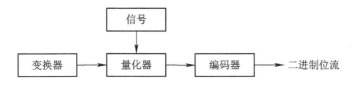

图 5.8　压缩编码的基本原理图

变换器对信号进行一对一变换，经过变换后所形成的数据比原始数据更有利于压缩。量化器生成一组符号，编码器给量化器输出的每个符号指定二进制位流，该二进制位流代表压缩编码后的视频信息。采用的编码方式不同，得到的视频的清晰度以及信息容量也不同。例如，作为目前比较常见的视频图像编码技术，MPEG4 编码对图像按内容进行分块，将图像的场景、画面上的对象分割成不同的子块，可将感兴趣的对象从场景中截取出来，进行编码处理。这种编码方式具有较高的压缩效率，支持具有不同带宽、不同存储容量的传输信道和接收端。

5.3　典型无人机数据通信系统

美国是世界上最早开始研制并使用无人机的国家，作为无人机领域的领跑者，美国一直将无人机数据通信系统作为关键技术和研发重心。

5.3.1　战术数据链简介

1. 定义

战术数据链(Tactical Data Link)，通常简称为数据链，从字面上理解就是传递战术数据的链路。广义上，所有传递数据的通信均称为数据链，数据链是一种在各个用户间，依据共同的通信协议，使用自动化的无线电(或有线电)收发设备传递、交换数据信息的通信链路。狭义上，美国国防部对战术数据链的定义为：战术数据链是用于传输机器可读的战术数字信息的标准通信链路。也就是说，战术数据链是指主要传输战术层数据的技术与设备组成的一个信息系统，使所传输的数据在计算机之间能够更好地收发、理解和执行。对战术数据链概念的内涵可以从以下两个方面进行理解。

首先，数据链是一种特殊的通信系统。数据链所发挥的主要作用仍然是以信息传输为主，只不过数据链传输的信息具有一定的特殊性而已。在某种意义上，数据链标准、协议也可以理解为一种特殊的通信标准与协议。数据链在一定程度上打破了对传统通信的分类方法，如有线通信、无线通信、卫星通信等，这些传统通信手段主要提供一种信道，忽略信道传输的内容。而数据链则将信道、终端设备和在其中流动的信息作为一个整体来理解和看待，制定相应的规则和协议，形成一个与传统通信有一定区别的特殊的通信系统。

其次，数据链是一个专用系统。其专用性是指数据链不能像其他的系统(如指挥控制系统、战术互联网等)那样提供一种公共平台，需要交换的信息都可以在其中以一定的方式流动与使用，数据链对能够传输的信息都有明确的规定，不同的信道传输不同的信息，否则就可能出问题。比如，地面防空数据链就难以传输飞机之间的空空数据链信息，空空数据链也难以传输舰艇之间的数据链信息，即使是同一类型的数据链，执行突防轰炸任务的飞机所构成的数据链网络，与执行空中拦截任务的飞机所构成的数据链网络也是不同的。这就是每次作战行动前，都要重新构建、测试每一个数据链网络的原因。因此，数据链由于其传输数据的严格限定，导致了每一个数据链系统都可能是一个独一无二的专用系统。

2. 发展

战术数据链的建设始于 20 世纪 50 年代，并首先装备于地面防空系统、海军舰艇，而后逐步扩展到飞机。美军于 50 年代中期启用的"赛其"(SAGE)防空预警系统，率先在雷达站与指挥控制中心间建立了点对点的数据链，使防空预警反应时间从 10 分钟缩短为 15 秒钟。随后，北约为"纳其"防空预警系统研制了点对点的 Link 1 数据链，使遍布欧洲的 84 座大型地面雷达站形成整体预警能力。50 年代末期，为解决空对空、地(舰)对空的空管数据传送问题，北约还研制了点对面、可进行单向数据传输的 Link 4 数据链，后经改进，使其具备了双向通信和一定的抗干扰能力。为了实现多平台之间的情报信息交换，美国海军于 20 世纪 60 年代开发了可在多舰、多机之间承担面对面数据交换的 Link 11 数据链，并得到广泛应用。越南战争后，针对战时各军种数据链无法互通，从而造成协同作战能力差的问题，美军开始开发 Link 16 数据链，实现了战术数据链从单一军种到三军通用的一次跃升。

纵观数据链的发展历程，从数据传输的规模上看，基本上是沿着从点对点、点对面，到面对面的途径发展；从数据传输的内容上看，是从单一类型报文的发送发展到话音、图像、文本甚至视频等多种类型报文的传递，出现了综合性战术数据链；从应用范围上看，基本上沿着从分头建立军种内的专用战术数据链到集中统一建立三军通用战术数据链的方向发展。

目前，美军的数据链系统主要有三大类：第一类是以传输战场态势信息和作战指挥信息为主的态势感知数据链，即美军的战术数字信息链(Tactical Digital Information Link, TADIL)，北约称之为"Link"，如"Link 4"、"Link 11"、"Link 16"、"Link 22"等；第二类是武器协同数据链，是一种防空系统、反导系统、航空导弹等各类打击武器专用的数据链，其实时性要求很高；第三类是情报、监视和侦察(ISR)数据链，用于传输各种图像情报和信号情报信息，一般工作在高频，波长较短，数据率较高，能实现视频和高分辨率图像的高速传输。

3. 特点

数据链依据共同的通信和数据交换协议，直接连接相关的传感器、指挥平台和武器系统，通过自动化的收发设备提供各系统之间的实时数据交换，具有以下特点。

(1)信息传输的实时性。对于目标信息和各种指挥引导信息来说，必须强调信息传输的实时性。数据链力求提高数据传输的速率，缩短各种机动目标信息的更新周期，以便及时显示目标的运动轨迹。

(2)信息传输的可靠性。数据链系统要在保证作战信息实时传输的前提下，保证信息传输的可靠性。数据链系统主要通过无线信道来传输信息数据。在无线信道上，信号传输过程中存在着各种衰落现象，严重影响信号的正常接收。在数据通信时，接收的数据中将存在一定程度的误码。因此，数据链系统采用了先进、高效和高性能的纠错编码技术，以降低数据传输的误码率。

（3）信息传输的安全性。为了不让敌方截获己方信息，数据链系统一般采用数据加密手段，以确保信息传输安全可靠。

（4）信息格式的一致性。为避免信息在网络间交换时因格式转换造成时延，保证信息的实时性，数据链系统规定了各种目标信息格式。数据链终端按格式编辑需要通过数据链系统传输的目标信息，以便于自动识别目标和对目标信息进行处理。

（5）通信协议的有效性。根据系统不同的体系结构，如点对点结构或网络结构，数据链系统采用相应的通信协议。

（6）系统的自动化运行。数据链设备在设定其相应的工作方式后，系统将按相应的通信协议，在网络（通信）控制器的控制下自动运行。

5.3.2　数据链在无人机上的应用

1. 应用概况

数据链作为专用通信系统，已用于美军无人机数据通信。中高空、长航时无人机采用视距和超视距卫通数据链，而战术无人机则大多采用定制视距数据链。

高空长航时无人机体积庞大，载重量大，可以加装一些有人驾驶飞机上装备的设备，包括数据链。美空军的 RQ-4"全球鹰"无人机装备了两种视距数据链和两种卫通数据链，视距数据链是指控信息传输的主要链路，主要用于本地操作无人机起降；宽带卫通数据链主要用于传输业务数据，其中一条是公共数据链（CDL）系统，另一条是 Ku 频段、全双工、宽带卫星通信链路。

中空长航时无人机平台的空间和载重量中等，可以配备较为复杂和完善的数据链设备，一般同时配备视距和超视距卫通数据链。视距数据链目前使用最多的是战术公共数据链（TCDL），卫通数据链则是实现美空军提出的远程分工作战模式的基础。

战术无人机多为特定用途的专用无人机，大多采用定制的视距数据链系统。由于战术无人机通常无法携带卫通所需的高增益天线，并且经常需要快速变换高度，不利于跟踪天线锁定卫星，因此一般不装备卫通数据链路。如"影子"200 无人机配有 UHF、S 频段窄带视距数据链和 C 波段宽带视距数据链。其中，UHF、S 频段视距数据链用于传输指挥控制信息，速率几十 Kb/s，C 波段宽带视距数据链主要用于传输业务控制信息和传感数据，速率可达 Mb/s 数量级。

2. 应用实例

MQ-1"捕食者"（Predator）无人机是一种"中海拔、长时程"无人机系统，可以扮演侦察角色，也可发射两枚 AGM-114 地狱火飞弹。该无人机利用 Ku 波段卫星数据链传送任务控制信息以及侦察图像信息，图像信号传到地面站后，可以转送全球各地指挥部门，也可直接通过一个商业标准的全球广播系统发送给指挥用户。

在数据链的帮助下，"捕食者"无人机实施了世界上第一次无人机实战攻击。2001 年 10 月 18 日，阿富汗战争激战正酣，塔利班头目奥马尔同家人悄悄乘车出行。谁都没有注意，在他们头上几千米高空正有一个小黑点一直在活动，不久，"小黑点"降低高度，两道火舌喷射而出，两枚"地狱火"导弹准确命中目标，尽管奥马尔本人侥幸逃生，但其家人和随从均被炸死。

在初露锋芒后，"捕食者"无人机在阿富汗战争打击恐怖分子中多次发挥突出作用。2001 年 11 月 16 日，"捕食者"无人机以及 F-15E 战斗机在喀布尔附近炸死了"基地"组织二号人物穆罕默德·阿提夫。2002 年 2 月 4 日，在阿富汗东部山区对一队"基地"组织人员进行了袭击。

在以上事件中，"捕食者"无人机通过专用数据链将图像传输到指挥中心，又通过数据链接收指令发动攻击，最后，还可以通过数据链传输攻击效果画面进行评估。由此可见，数据链在其中扮演了重要的角色，已经在实现作战行动的"非接触""可视化""精确化"和"实时化"等方面发挥出了巨大作用。

5.3.3　美军典型无人机数据链

无论是无人机还是数据链，美国都是研发最早、使用最为广泛的国家，美军通常利用 ISR 数据链作为无人机数据通信系统。下面将介绍美军几种典型的无人机数据链。

1. 小型无人系统数字数据链（SUAS DDL）

小型无人系统数字数据链（SUAS DDL）是美国航空环境公司（AeroVironment）为美陆军 RQ-11B"大乌鸦"无人机研发的轻小型、低功率双向数字无线视频链路，符合小型无人系统数字数据链波形，可用于增强对小型无人系统的指挥控制。SUAS DDL 数据链还是一种基于 IP 协议的数据链，能够通过有限的功率和带宽最大程度提高小型机载系统与地面系统之间的灵活性和互操作性，以及在同一地区执行任务的系统数量。

SUAS DDL 终端有两种形式：定制模块和独立收发信机，其质量分别仅为 98 g 和 661 g，可提供 4.5 Mb/s 的数据率。数字化的 SUAS DDL 数据链大幅提高了频谱利用率，原来"大乌鸦"无人机采用模拟数据链时，在某一特定地理区域内，只能有 4 架无人机工作，而采用 SUAS DDL 后则增加到最多允许 16 架。

2018 年 4 月，AeroVironment 公司利用装有 SUAS DDL 的"美洲狮"无人机和"弹簧刀"无人机进行了一次自动化"传感器到射手"（S2S）海上协同作战能力演示。S2S 演示中，搭载有高分辨率昼夜两用型摄像机的小型长航时"美洲狮"无人机在识别出快速驶向美海军海岸特战艇的多个快速攻击艇后，将目标坐标传送给尚未发射的"弹簧刀"无人机。"弹簧刀"无人机在发射后，自动飞向快速运动目标，并不间断地接收"美洲狮"无人机发送的目标位置。当目标出现在"弹簧刀"无人机光传感器视野后，无人机任务操作员会确认目标，然后飞行器操作员操纵无人机与目标交战，通过自身携带的小型炸弹摧毁威胁目标。

2. 公共数据链（CDL）

公共数据链是美国国防部于 1991 年起开始发展，作为卫星、侦察机及无人驾驶飞机与地面控制站间，传输图像以及信号情报（通信、电子等情报）的标准链路。CDL 的主要功能包括：飞行平台高速数据侦察信息的实时回传，飞行参数和飞行平台设备工作状态的实时回传，具有保密、抗干扰的前向指令传输，飞行参数、定位参数等重要参数的注入，对飞行平台跟踪定位，空中平台的数据交互和协同组网，战场侦察信息的分发，空中数据中继。

公共数据链是一个全双工、抗干扰、点对点的微波通信系统，在飞机和舰船之间或飞机和地面基地之间提供全双工、宽带、点对点数据通信链路。它可以从空中平台上传输雷达、图像、视频和其他传感器信息，并把控制数据传输给空中平台。

CDL 提供标准化的命令链路和返回链路服务。命令链路采用扩频技术，以 200 kb/s 数据率工作，可把数据（如对平台和/或传感器设备的指令、保密话音、距离和导航修正、指挥官战术终端链路数据）传送给空中平台。返回链路以 10.71、21.42、44.73、137 或 274 Mb/s 数据率工作，可把数据（如传感器数据、平台导航数据、保密话音等）从空中平台传送到地面。

通过卫星的 CDL 通信链路采用不同于视距 CDL 的数据率。返回链路以 $2 \times T - 1$（3.088 Mb/s）、$T - 1$（1.544 Mb/s）、$T/2$（772 kb/s）和 $T/4$（386 kb/s）数据率工作。命令链路通过 X 波段的 DSCS（国防卫星通信系统）卫星传送时，其数据率范围从 200 b/s 到 6 kb/s；通过商用的 Ku 波段卫星传送时，数据率高达 64 kb/s。

CDL 共定义了 5 种类型的链路，分别适用于视距，或经由中继进行超视距的不同平台的数据传输，其中 1 类、2 类、4 类、5 类已经进入实用阶段。"捕食者"无人机、"全球鹰"无人机均装有公共数据链，主要的空中平台都可以加装公共数据链。

3. 战术通用数据链（TCDL）

1991 年，美国国防部指定公共数据链路作为图像和信号情报采集系统中使用的标准通信链路。然而由于公共数据链路终端的重量、体积和价格等因素限制了其在战术无人机上的应用，于是，美国国防部提出了为战术无人机开发战术公共数据链路（TCDL）的计划。

TCDL 计划分三个阶段实施：第一阶段，初始研究阶段已经结束。第二阶段，设计、研制和移交样机也已经完成。结果是指定两组提供商：第一个是 Harris 公司和 BAE 系统公司，第二个是 L-3 通信和 Rockwell Collins 公司。样机已经在"捕食者"无人机和"猎人"无人机上成功进行演示。第三阶段，全速生产阶段。

TCDL 是全双工、点对点、视距微波通信数据链路，可在 200 km 范围内，支持雷达、图像、视频和其他传感器信息的空地传输。为了降低终端尺寸、重量和功耗，TCDL 只能工作在 Ku 频段（上行链路频段为 15.15～15.35 GHz，下行链路频段为 14.40～14.83 GHz）。TCDL 的上/下行链路都进行了加密，上行链路数据率为 200 kb/s，用于传输无人机指控数据，具备抗干扰能力；下行链路数据率为 10.71 Mb/s 和 45 Mb/s，用于传输无人机载传感器获得的各种情报（如图像和视频）和其他相关数据。其可编程的特点将使系统在使用商用产品和波形时以高达 45 Mb/s 的速率工作，同时仍能保持与公共数据链路的互通能力。

用于海军 P-3C 的战术公共数据链能提供网络功能，可以分发 P-3C 平台的航迹数据和雷达发现的目标数据。P-3C 战术公共数据链为海军海上巡逻和侦察部队提供与海军公共数据链（CDL-N）的机载接口，能为联合特遣部队指挥官提供情报、监视和侦察数据的关键下行链路。该数据链实现了 P-3C 飞机与海基和岸基联合特遣部队指挥中心之间的互通。战术公共数据链以数据流的格式实时传输加密的光电图像、合成和逆合成孔径雷达数据、话音和视频记录数据。P-3C 战术公共数据链的一体化将对支援沿海地区海军作战的情报、监视和侦察产生重大的积极影响，从而使战术机载传感器得到充分利用。

由于 TCDL 衍生自 CDL，因此两者可以无缝地互操作，这也促使 TCDL 系统不仅广泛应用于无人机，而且也被应用于直升机和固定翼飞机，并发展出了单兵便携式等各型终端。2006 年 3 月，美陆军首次实现通过 TCDL 利用现役直升机对无人机进行指挥控制。作为"猎人-防区外杀手协同编队"（Hunter Standoff Killer Team，HSKT）先进概念技术演示验证（ACTD）项目的一部分，美陆军成功进行了 AH - 64"长弓阿帕奇"武装直升机利用 TCDL 在远后方指挥和控制"猎人"战术无人机的试飞验证。此次试验达到了第 4 级无人机控制水平——AH - 64 通过 TCDL 成功指挥和控制了"猎人"无人机及其所搭载的传感器，并在超过 65 千米距离外，利用"猎人"无人机传回的高质量视频执行了任务。

4. 高整合数据链（HIDL）

高整合数据链（HIDL）是用于舰艇与无人机之间传输信息的全双工、抗干扰数字数据链，由北约海军武器组第 35 组提出，英国国防部评估和研究局根据技术论证计划进行试验。HIDL 工作在 UHF 波段（225～400 MHz），传输速率为 3 kb/s～20 Mb/s，一般约为 100 kb/s，采用广播方式工作，其带宽可容许地面控制站通过 HIDL 同时控制至少 2 架无人机，有保密功能，可与频段更高的 TCDL 一同使用。

与 TCDL 不同的是，HIDL 设计为一条高综合性链路，而不只是一条宽带链路。其上行链路和下行链路都具有抗干扰性（采用跳频技术），一个控制站就能够控制多个数据收集平台，并且采用更低的频率以扩大通信距离。

HIDL 有助于操作员安全控制无人机在舰艇上的起飞和降落，也可以向海军舰船和其他地面终端传递传感器照片和数据，用于操作员研究和分发。它也可使单个地面控制站同时管理多个空中飞行器。HIDL 提供以下特性：

（1）使用任何可用的 RF 信道，即使不连续也可以使用。

（2）把多个同步用户组成网络。

（3）采用时间分集和频率分集提供抗干扰性。

（4）发射和回收期间等待时间短，可提供安全控制。

（5）具有与空中交通管制军官通信用的话音信道。

（6）有中继功能，可进行超视距通信。

（7）可变数据率，从 3 kb/s 到 20 Mb/s。

（8）支持公共数据链。

5.4 无人机数据通信技术发展趋势

5.4.1 设备小型化

无人机机载设备小型化是无人机系统始终追求的目标。无人机数据通信设备由编解码、加密、调制解调、上下变频等模块组成，每个模块都由相应的硬件构成，因此重量和体积都会较大，而且软件升级和扩展的适用性也较差。

采用软件无线电技术可以在技术上实现小型化，减小体积和重量，具有更强的适用能力。所谓的软件无线电就是构造一个具有开放性、标准化、模块化的通用硬件平台，将各种功能，如工作频段、调制解调类型、数据格式、加密模式、通信协议等用软件来完成，同时尽可能地简化射频模拟前端，使 A/D 转换尽可能地靠近天线去完成模拟信号的数字化，数字化后的信号处理要尽可能地使用软件，以实现各种功能和指标。

5.4.2　提高信息传输能力

随着合成孔径、机载预警雷达和高分辨率、多光谱、多组合传感器设备在无人机上的应用，机载任务设备的数据量将越来越大，要求数据通信分系统下行数据传输速率进一步提高。因此，未来的发展方向是更高性能的图像数据压缩技术、更高数据速率的调制解调技术、更高频段的宽带收发信机技术，甚至基于光通信的数据通信技术。例如，目前无人机数据通信分系统中基带信号的调制和编码方式通常为 BPSK、OQPSK 调制和卷积编码。为了提高传输带宽，国内外正在研究正交频分复用（OFDM）技术和超宽带（UWB）技术在无人机数据通信中的应用。

5.4.3　增强抗干扰能力

随着民用、军用电子设备不断增多，电磁频谱资源日益紧张，无人机数据通信面临的电子干扰和电子对抗形势日趋严峻。这就要求无人机数据通信分系统进一步提高抗截获和抗干扰能力。更高性能的抗干扰技术，特别是宽带数据的抗干扰技术，以及适应山区或城市恶劣环境条件的抗多径干扰技术是重要发展方向。

5.4.4　提升网络化能力

目前无人机数据通信分系统只支持点对点模式或广播模式，网络化趋势是未来无人机发展的热点之一。这就要求无人机数据通信分系统具有组网功能，使无人机平台成为网络中的一个节点。例如，从美国制定的无人机通信网络发展战略上看，数据通信系统从最初 IP 化传输、多机互连网络，正在向卫星网络转换传输，以及最终的全球信息格栅（GIG）配置过渡，将为授权用户提供无缝全球信息资源交互能力。

另外，无人机数据通信系统越来越强调和有人飞机之间的协同通信能力，美军越来越多的无人机，尤其是大中型无人机、无人作战飞机均配置了 Link 16 数据链、机间数据链。例如，X-47 无人机通信系统配装了 Link 16、VHF/UHF 数据链、机间数据链等视距链路通信设备，以及 Ka 频段超视距链路的卫星通信设备。

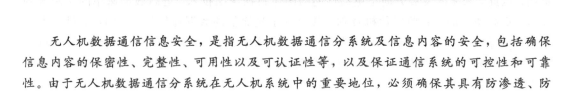

第 6 章

无人机数据通信信息安全

无人机数据通信信息安全，是指无人机数据通信分系统及信息内容的安全，包括确保信息内容的保密性、完整性、可用性以及可认证性等，以及保证通信系统的可控性和可靠性。由于无人机数据通信分系统在无人机系统中的重要地位，必须确保其具有防渗透、防窃取、防破译、防欺骗、防攻击等能力，不受偶然的或者恶意的原因而造成信息或系统的破坏、更改、泄露。本章主要阐述无人机数据通信信息安全面临的威胁、内在的要求以及可行的技术。

6.1　无人机数据通信信息安全威胁

6.1.1　"哨兵"坠落与无人机信息安全

"哨兵"坠落，是指 2011 年 12 月初发生在伊朗东部地区的美军 RQ-170"哨兵"隐身无人侦察机坠落事件，是美军无人机史上最大的安全事件。

1. 事件回顾

2011 年 12 月 4 日晚间，伊朗 Al-Alam 阿拉伯语电视台卫星频道引述伊朗军方参谋部消息人士的话称，伊朗军方"几个小时前"在毗邻阿富汗与巴基斯坦边界的地区，击落了一架入侵伊朗领空的美国"哨兵"RQ-170 型无人侦察机（如图 6.1 所示）。伊军称拾获并控制

图 6.1　伊朗捕获的"哨兵"RQ-170 型无人侦察机

了这架仅受轻微损伤的美军无人侦察机。随后，美国官方证实，一架"哨兵"RQ - 170 无人侦察机在执行中央情报局(CIA)一项秘密任务时，于 12 月 1 日在伊朗坠毁。美国表示，当时中情局操作人员正在操作这架隐身无人机，飞机随后脱离航线，燃料耗尽之后坠毁在伊朗偏远山区。

2. 原因分析

关于"哨兵"无人侦察机坠落的真正原因，美伊双方至今都没有正式公布，但综合现有的情况，可能的原因主要有两种：一是"哨兵"无人侦察机自身机械故障；二是伊朗采取了某种反无人机措施，可能的策略包括以下几种。

1）防空火力击落

无人机由于没有飞行员的安全顾虑，因此其防护能力较有人机有所降低，在遭受火力打击后，生存概率低。因此，可由地面防空火力、航空兵和海军舰艇防空兵力密切协同，区别空域，合理安排打击次序，给无人机以毁灭性打击。首先，准确分析"哨兵"飞行空域和航线，发现并跟踪；其次，由空空导弹、地空导弹和高炮等进行截击，并在主要威胁方向空域配置战斗机，通过火力将其摧毁。

该策略的难点在于探测、识别、跟踪在近万米高空飞行且具备隐身能力的"哨兵"无人侦察机，而且在强大的坠地冲击力作用下会造成飞行器平台严重破损。但是从伊朗公开影像资料来看，这架无人机只有两侧机翼部分有重新安装的痕迹，左翼前方边缘有一处撞击凹痕，总体来说飞机结构、外观非常完整，几乎没有损伤。因此，伊朗用防空火力将无人机击落的可能性相对较小。

2）通信电子干扰

无人机与地面控制站依靠遥控链路实现控制指令的传输。因此，可以根据"哨兵"无线通信链路工作频率特征，利用电子干扰设备，采取欺骗干扰和压制干扰相结合的方式，切断无人机与地面控制站的通信联系，使飞机失去遥控操作能力。

伊朗可能使用俄制"汽车场"地面电子战系统，对无人机实施电子干扰使其迫降。"汽车场"电子战系统包括针对机载雷达的干扰模块，可干扰火控雷达、地形跟踪雷达、地面绘图雷达以及武器(导弹)数据链。"汽车场"电子战系统属于典型信号侦察和雷达干扰武器，其工作频段 8～18 GHz，针对目标主要是机载雷达向下扫描波束。但由于"哨兵"无人机数据链采用了先进的抗干扰技术，其电子战系统还可进行反干扰，常规的电子干扰难以奏效。另外，"哨兵"具备自动返航功能，即使人工遥控失效，也可依靠机载程序控制系统自主飞回起降场。

3）网络入侵"劫持"

信息化条件下战争是基于信息网络的体系作战，通过一定的入侵途径将病毒或木马植入无人机指挥控制网络，可致瘫指控系统或者"劫持"无人侦察机。因此，可以通过侵袭位于美国弗吉尼亚州兰利的中央情报局总部"哨兵"指挥中心电脑系统，屏蔽其指控系统，致使电脑系统无法发现"哨兵"已被引入敌方基地，然后通过远程网络和通信系统对其中途接手，并操纵它降落到某一平坦地域。

该策略成功的前提是掌握"哨兵"无人机的通信频率、传输密码和指令格式，而对"哨兵"这种新一代无人侦察机而言，使用了加密卫星通信技术，地面系统很难截获并修改。

4）导航定位"诱骗"

在巡航和机动过程中，无人机需要不间断接收 GPS 信号，解算自己的空间位置，并以此为基础得出航线、航向等信息。因此，可利用 GPS 导航信号功率弱，极易受到屏蔽和干扰的弱点，切断"哨兵"无人机与 GPS 导航卫星间的通信，然后发射虚假的 GPS 导航信号，构建出一条飞向"初始升空地点"的航线，诱骗"哨兵"逐渐逼近"原点"，直至降落在所谓的阿富汗基地"机场跑道"上。

该策略要求掌握 GPS 信号结构，破译加密方式，并模拟出 GPS 卫星信号。GPS 存在的安全问题已被国内外广泛讨论，国内外针对 C 码、P 码的欺骗型干扰设备发展已比较成熟。针对军用 GPS 导航设备，可通过构建虚拟 GPS 星座并对转发器干扰信号进行时延控制，诱骗无人机系统偏离原有目标而运动至指定的区域，该方法技术要求高、实施难度很大。

3. 安全警示

2011 年，伊朗军方"使用电子伏击技术"击落并缴获"哨兵"无人侦察机；2009 年，伊拉克武装分子使用商用软件，接收了美军"捕食者"无人机的侦察图像；2011 年，美军无人机控制软件遭受病毒攻击；西安、海南等地无人机表演的灯光秀屡次受人为恶意干扰而失败。诸多事实表明，无论是军用还是民用无人机，其数据通信都存在严峻的信息安全问题。

因此，应从保密通信和通信系统安全两方面确保无人机数据通信信息安全，一是保障遥控、遥测、任务、联络等信息数据在无人机数据通信网的保密传输；二是采取管理和技术防护措施保证网络系统的硬件安全、软件安全、运行安全和管理安全。

总之，加强无人机数据通信信息安全问题和防护技术研究，对保障无人机系统安全具有重大意义。

6.1.2 无人机数据通信信息安全威胁因素

无人机数据通信信息安全除了受自然信道的影响，更多的是人为的故意干扰、破坏，面临的威胁因素主要有电磁干扰、信息欺骗、网络攻击和侵犯版权等。

1. 电磁干扰

电磁干扰，是指各种电子设备形成的电磁场之间的相互作用或使用专门干扰设备对目标设备进行的干扰，这些干扰往往能导致某些电子设备无法正常工作。无人机数据通信系统由于使用大量的电子设备处理信息和使用通信设备进行信息传递，所以必须考虑电磁干扰带来的安全隐患。

无人机数据通信分系统主要利用无线电波传输数据，由于无线电信道的开放性和无线电波传输的透明性，经常受到电磁干扰。电磁干扰主要是通过发射电磁脉冲弹和电子干扰来进行破坏的。军事上，使用电磁脉冲弹可在无人机数据通信终端附近产生一个磁场强度非常高的突变磁场，会使电子设备的导体内感应很强的电流，形成过电压或过电流，从而对电气绝缘或电子设备造成毁坏。电磁脉冲弹使设备直接损坏，造成无线传输中断，无人机数据通信系统将无法发挥作用。

电子干扰是人为发出频率可变的高强度磁场的紊乱波，干扰无线信号的正常接收。对于无线电通信中存在的干扰，人们在日常生活中并不陌生，如电吹风机工作时会引起电视接收机出现雪花，放在计算机旁的手机会时不时地导致 CRT 显示器闪动。电子干扰的基本方法是将干扰信号随同通信信号一起送到接收机中，当接收机中的干扰信号强度达到足以使接收机无法从接收到的信号中提取有用信息时，干扰就是有效的。因此，电子干扰主要是干扰接收机，而不是发射机。

电子干扰可以分为压制式干扰和欺骗式干扰。压制式干扰就是从信号能量的角度来破坏接收机对信号的接收，通过发射高功率的噪声干扰信号，使接收机前端信噪比下降，造成失锁而不能正常工作，从而达到干扰目的。欺骗式干扰是指发射与通信信号具有相同参数的假信号，使接收机真假难分。

压制式干扰样式主要有宽带噪声干扰、部分频带干扰、脉冲干扰和跟踪干扰等。

（1）宽带噪声干扰。宽带噪声干扰也称为宽带阻塞式干扰，由于其功率谱至少覆盖整个通信系统频带，因此干扰效果相当于提高了接收机的热噪声电平。直接序列扩频通信系统可以有效地对抗宽带噪声干扰，但跳频通信系统容易受宽带噪声干扰。

（2）部分频带干扰。部分频带干扰的干扰频带只占传输带宽的一部分，但由于能量相对集中，在总干扰功率一定的情况下，部分频带干扰噪声对直接序列扩频系统的影响比全频带干扰严重。部分频带干扰对跳频系统的影响与干扰带宽占整个跳频带宽的百分比有关。当跳频系统受干扰的频道数达到一定比例时，系统抗干扰能力大幅下降，甚至可使通信完全中断。为提高跳频系统抗部分频带干扰的能力，可以采用自适应跳频技术。

（3）脉冲干扰。脉冲干扰实质上是时域上间断发射的带限高斯白噪声信号。脉冲干扰与部分频带干扰在干扰策略上是类似的，所以在一般情况下脉冲干扰可引用部分频带干扰的某些结果进行分析。

（4）跟踪干扰。频率跟踪干扰是在对通信信号进行快速截获、分选、分析的基础上，确定干扰对象，引导干扰机瞄准通信信号频率发射干扰的一种干扰方式。跟踪干扰主要针对跳频通信系统，电子干扰设备能够快速获取跳频信号的时频特性，还能够快速产生出相应的干扰信号。因此，跟踪干扰对慢速跳频系统会构成严重的威胁。

为减小无人机系统受电磁干扰造成的损失，在遥控信号中断的情况下，无人机一般会原地降落、返回设定的航点或者继续航行。

2. 信息欺骗

信息欺骗是指通过发送伪测控信息对无人机实施测控欺骗，由于测控链路是地面控制站对无人机实施遥控、遥测的信息通道，对测控链路的信息欺骗可以直接影响无人机的正常运作，乃至获得无人机的控制权。

要实现对无人机测控链路的欺骗，首先要突破信号截获、格式分析、密码破译等关键技术，澄清信号规格及密码体制；然后在满足空间、频率和功率等要素条件下，实现对无人机测控链路信息攻击，控制无人机飞行及任务设备工作，乃至俘获无人机。

信息欺骗包括重放与篡改两种方式。重放是指首先进行无线信道侦收、截获数据链密文信息，在不破译密码的情况下，通过重放密文攻击包，对测控链路实施攻击的方法，该攻击手段能够有效扰乱无人机测控系统。篡改是指在不破译传输报文的情况下，按设计好的格式对报文特定比特位进行修改，实施信息篡改式欺骗，造成虚假测控指令发送。

据 2016 年的 315 晚会报道，在 2015 年 GeekPwn 的开场表演项目中，一架正在空中飞行的大疆精灵 3 代无人机在几分钟内被"黑客"利用一系列漏洞成功劫持。"黑客"利用通信跳频序列太短并且在出厂时已经固化等弱点，夺得了无人机的控制权，具体攻击步骤和方法如下：

（1）收集射频硬件信息。

"黑客"在对无人机进行电焊拆解和刮除保护膜后，找到负责射频通信的芯片和负责逻辑的主控芯片，并识别出了它们的型号：主控芯片是 NXP 的 LPC1765 系列，120 MHz 主频，支持 USB 2.0，和射频芯片使用 SPI 接口进行通信；而射频芯片则是国产 BEKEN 的 BK5811 系列，工作频率为 5.725~5.852 GHz 或者 5.135~5.262 GHz，共有 127 个频点，1 MHz 间隔，支持 FSK/GFSK 调制解调，使用 ShockBurst 封包格式，并且支持跳频，使用经典的 SPI 接口进行控制。

该射频芯片设计与 NORDIC 的 nRF24L01+2.4GHz 射频芯片的 5.8 GHz 版本类似，而且芯片数据手册绝大部分内容都是通用的。

（2）分析调频规律。

主控芯片和射频芯片之间采用 SPI 接口进行通信和控制，因此，从 BK5811 的引脚中找到 SPI 的四个引脚，连接逻辑分析仪，并对这四个引脚的电位变化进行采样分析，就能发现主控芯片控制射频芯片跳频的规律。

在 BK5811 的数据手册中，明确定义了它所支持的每一条 SPI 命令，通过连续的电位变化传输一条完整的 SPI 命令。为了方便观察大量命令的序列，"黑客"按照数据手册中的定义编写了解析脚本，在脚本的帮助下破译了跳频规律。

① 完整的跳频序列有 16 个频点，这些频点在遥控器和无人机主机配对（一般发生在出厂前）时通过随机产生，一旦确定后就存储固定起来，除非手动重新配对。

② 遥控器开机后，会以 7 ms 的周期，按照跳频序列指定的顺序来变化射频发射的频率，16 次（112 ms）一个循环，而在每一个周期内，发射一次遥控数据。

③ 无人机主机以 1 ms 的周期来变化接收信号的频率，一旦收到来自遥控器的射频信号，则转而进入 7 ms 的周期，和遥控器保持同步。一旦信号丢失，马上又恢复 1 ms 的跳频周期。

④ 遥控器只负责发送数据，无人机主机只负责接收数据，两者之间并无射频上的交互。

（3）遥控信号模拟。

遥控器上拨动控制杆产生的遥控信号，经过无线遥控信道传输到无人机主控芯片，通过飞控程序完成对应的飞行行为，工作原理如下：

① 遥控器和无人机开机后，遥控器负责发送数据，无人机负责接收数据。两者通过同一跳频序列的高速跳频来保持一个数据链路，链路故障具有一定的恢复能力。

② 无人机每 7 ms 就会收到一次遥控器发出的 32 字节的遥控数据，该数据只有一条命令一种格式，所有控制杆和开关的状态会一次性发送到无人机。无人机收到数据后会进行地址校验和 CRC 校验，确保数据是正确无误的。

③ 用户在操纵遥控器的过程中，操控的行为和力度都会在 7 ms 内通过 32 字节控制数据反馈至无人机，接着由无人机的飞控程序来完成对应的飞行行为。

④ 32 字节控制数据中，最开始的 5 个字节为发送方的 ShockBurst 地址，用于给无人机验证是不是配对的遥控器；接下来的 26 字节为遥控数据本身（上下，左右，油门，刹车等遥控器上的一切操作）；最后 1 个字节为 CRC8 校验位，是前面的 31 字节的 CRC8/CRC16 校验结果。

在此基础上，"黑客"在 HackRF 上编写了 GFSK 调制解调脚本，实现了遥控信号的无线电收发。

（4）劫持无人机。

首先，"黑客"发现 BK5811 芯片存在信息泄漏漏洞：芯片在某个频道发送数据时，会同时向临近的特定频道发送同样数据内容。因此，"黑客"针对 BK5811 的工作频段，对 5725~5852 MHz 的 127 个频道进行遍历监听，得到冗余数据规律，结合遥控器的调频规律，得出完整的 16 个频点及跳频图案。

其次，"黑客"发现无人机存在信号覆盖漏洞：无人机只会接收跳频完毕后最早发给它的合法数据包，也就是说不管是真实遥控器还是虚假遥控器，先到达无人机的遥控数据将获得无人机控制权。因此，"黑客"将跳频时间设置为 6.9 ms，跳频后每隔 0.4 ms 发送一次遥控数据。这样，虽然夺取无人机控制权需要约 10 s 的时间，但一旦获得控制权，在 0.4 ms 发送一次数据的高刷新率覆盖之下，真实遥控器基本没可能夺回控制权。

最后，为解决 HackRF 通信延迟大（指令延迟约为 30 ms）、在 5.8 GHz 频段信号衰减严重（信号强度仅为遥控器的 1%）的问题，"黑客"一方面通过 Arduino UNO R3 单片机平台（速度极限为 0.4 ms）来操作 BK5811 芯片，直接在 Arduino 上实现控制逻辑，并通过 Arduino 上连接的简易开关来控制无人机；另一方面通过有源信号放大器，将遥控器有效控制范围增加至 10 米左右。

从漏洞分析和利用的过程来看，大疆在设计无人机和射频协议时确实考虑了安全性的问题，其中跳频机制虽然很大程度上提升了协议的破解难度，但却过于简单和固化。同时也警示我们，漏洞攻击者如同新时代的恐怖分子，正在以防御者无法企及的速度悄然成长，提高无人机系统信息安全刻不容缓。

3. 网络攻击

根据传输内容和功能的不同，无人机数据通信系统可分为 3 类通信网络：一是由地面控制站、飞行器基于遥控链路和遥测链路组成的无线测控网络；二是由飞行器（包括机载任务设备）与地面控制站、地面任务数据用户基于任务链路组成的无线任务数据网络；三是由地面控制站、地面各类用户基于分发链路、联络链路组成的地面有线/无线信息网络。

整套无人机数据通信系统主要包括地面控制站、飞行器、地面任务数据用户、地面指挥联络用户等 4 类网络节点，而后两类网络节点的数量众多。网络节点之间可以互相通信，或者通过地面控制站进行通信。当某个网络节点被非法入侵时，入侵者可以发送错误数据，降低数据网络工作的可靠性或发送大量垃圾信息，使数据网络系统部分瘫痪或扰乱路由机制，修改、阻止传输数据或将数据传输至第三方。

影响无人机数据通信网络安全的因素很多，有些因素可能是有意的，也可能是无意的；可能是人为的，也可能是非人为的；可能是外来黑客对网络系统资源的非法使用。归纳起来，无人机数据通信网络所面临的威胁大体可分为两类：一是对网络中信息的威胁；二是对网络中设备的威胁。

（1）破坏信息内容，主要包括截获、窃听、篡改和伪造等 4 个方面：

① 截获：信息被非法用户截获，这时接收方没有接收到应该接收的信息，从而使信息中途丢失。

② 窃听：信息虽然没有丢失，接收方也接收到了应该接收的信息，但该信息已被不该看的人看到。

③ 篡改：信息流的次序、时序和流向被改变，信息的内容和形式已更改，某个消息或消息的某些部分被删除，或者在消息中插入欺骗性信息，此时接收方所接收的信息都是错误的。

④ 伪造：接收方收到的信息是第三方伪造的，而不是发送方发送的。

（2）破坏网络设备，通常指入侵地面控制站计算机或飞行器飞控计算机等核心网络设备，盗取敏感数据或干扰破坏设备正常工作，甚至导致网络服务中断。比较典型的攻击方式分为拒绝服务攻击、扫描窥探攻击和畸形报文攻击三大类。

① 拒绝服务攻击（Denial of Service，DoS）是使用大量的数据包攻击无人机数据通信系统，使系统无法接收正常用户的请求，或者设备死机而不能提供正常的工作。拒绝服务攻击和其他类型的攻击不同之处在于，攻击者并不是去寻找进入内部网络的入口，而是阻止合法用户访问资源或关键网络节点。

② 扫描窥探攻击是利用 ping 扫描（包括 ICMP 和 TCP）以标识网络上运行的系统，从而准确指出潜在的目标，利用 TCP 和 UDP 端口扫描，就能检测出操作系统和监听者的潜在服务。攻击者通过扫描窥探就能大致了解无人机数据通信系统提供的服务种类和潜在的安全漏洞，为进一步侵入系统做好准备。

③ 畸形报文攻击是通过向无人机数据通信系统发送有缺陷的数据报文，使得系统在处理这样的报文时崩溃，给系统带来损失。畸形报文攻击主要包括 Ping of Death 和 Teardrop 等。

此外，木马病毒、对传输消息的攻击（attacks on information in transit）、女巫攻击（sybil attack）、黑洞/污水池攻击（blackhole/sinkhole attack）、Hello 泛洪攻击（Hello flood attack）、虫洞攻击（wormhole attack）等网络攻击手段也都可能应用于破坏无人机数据通信网络。

例如，美国"福克斯新闻网"曾在 2011 年 10 月 7 日披露，美国无人机最重要的指挥中心克里奇空军基地的电脑感染了一种名为"键盘"的计算机病毒。这种计算机病毒能自动追踪并记录无人机飞行员在键盘上输入的所有操作命令，这些机密内容一旦外泄，将为恐怖组织控制美军无人机提供极好机会。

报道称，基地的网络安全系统发现了这种病毒并立即报警。据称在无人机控制室内，当飞行员们遥控远在万里之外的阿富汗或其他战区执行军事任务的"捕食者"和"死神"无人机时，这种病毒能悄悄记录下他们每次敲击的键盘按键。由于美国这些无人机几乎完全是通过远程遥控，如果恐怖组织入侵无人机数据网络，通过这些信息就可能与美军争夺无人机控制权。虽然美军尚未确认病毒是否造成数据丢失或将重要信息传送到外界，但这种病毒十分顽固，很难从系统内部清除。

事实上，这并不是美国无人机首次遭遇病毒。2009 年，美军就曾在伊拉克反美武装分子的笔记本电脑上发现过无人机拍摄的视频片断。反美武装分子仅用花 26 美元买来的入侵软件，就从无人机系统偷到这些视频资料。2008 年末，一种网络蠕虫病毒也曾入侵军用网络，美军为此专门发动代号"扬基戳弹"的行动来清除病毒。

4. 侵犯版权

版权（Copyright），也称作者权，我国称为著作权，是基于特定作品的精神权利以及全面支配该作品并享受其利益的经济权利的合称。侵犯版权，是指不经无人机操作者或其他版权所有者许可，擅自使用其受版权保护的航拍作品的行为。

由于无人机可以搭载高分辨率 CCD 数码相机、轻型光学相机、红外扫描仪，激光扫描仪等各类成像任务设备，而且无人机具有操作简便、安全性好、受场地限制较小、转场容易和使用成本低等显著特点，无人机航拍摄影已成为无人机的重要用途，广泛应用于国家生态环境保护、矿产资源勘探、海洋环境监测、土地利用调查、水资源开发、农作物长势监测与估产、农业作业、自然灾害监测与评估、城市规划与市政管理、森林病虫害防护与监测、公共安全、国防事业、数字地球以及广告摄影等领域。随着无人机航拍不断普及，图像、视频等航拍影像作品的数最也急剧增加。

无人机航拍影像具有高清晰、大比例尺、小面积、高现势性的优点，同时还具有很高的欣赏性和经济价值。因此，无人机航拍的视频、图片等数字化影像数据在网络平台发布后，经常被盗版者擅自篡改、假冒、剽窃和盗用，严重侵犯无人机航拍者的作品版权。如图 6.2 所示即为无人机航拍的图片。

图 6.2　无人机航拍图片

6.2　无人机数据通信信息安全要求

6.2.1　无人机数据通信系统安全性能要求

无人机数据通信系统必须保证在抵抗诸多威胁的同时，帮助无人机更好地完成任务，与其他通信数据链相比，应具有以下性能特点。

1. 抗干扰能力

无人机数据通信系统在蓄意干扰的情况下保持正常工作的能力称为抗干扰能力，描述的是在恶劣干扰条件下能对通信链路提供完全保护的能力。干扰主要来自三个方面：一是无人机数据通信系统本身就是一个移动通信系统，存在着多径干扰；二是无人机使用环境中存在大量其他通信和电磁设备产生的干扰信号；三是来自第三方有意的电磁干扰。

为提高抗干扰能力，目前无人机数据通信系统普遍采用以下三种方法：

（1）提高发射功率。这是提高抗干扰能力的最基本途径，然而，在机上提高发射机功率的余地是很有限的，发射机功率不可能太大。另外，增加发射功率就增大了被第三方定位的机会，使得地面控制站更容易受到反辐射武器的攻击。

（2）使用高增益的定向天线。天线的增益是某方向上产生的功率密度和理想点源振子天线在同一方向上的功率密度之比，是一个无单位的量。采用定向天线，可以在特定方向的波束范围内增加辐射功率。但是，定向天线的增益与天线尺寸有关，为了获得较高的天线增益，就需要较大的天线尺寸，这在地面控制站比较容易实现，然而受机上环境的限制，机载定向天线的增益不可能做得很大。

（3）增大处理增益。这是在发射功率和天线增益不变情况下，提高无人机数据通信系统抗干扰能力的有效方法。在抗干扰系数的范围内，处理增益指的是信号相对干扰的增强，扩频是常用的增大处理增益的技术。

2．低截获概率

为了获得较低的截获概率，可通过采用跳/扩频、碎发通信等技术，降低通信信号被探测和截获的可能性。在实际应用中，为了保持对无人机的有效控制，地面控制站通常需要保持较长时间的静止不动。因此，可以通过改变地面控制站配置地域、多个地面控制站轮流控制和提高上行链路的抗干扰能力来逃避第三方的搜索。此外，还可以通过信息加密确保通信信号即使被截获，第三方仍然无法获得正确的内容。

3．抗欺骗能力

一般来说，欺骗所带来的损失要远远大于干扰。第三方可以通过对上行链路的欺骗获得对无人机的控制权，引导飞机坠毁、改变飞行方向或将其回收，干扰一般只是影响任务完成的好坏。由于通用地面站的使用，无人机采用通用的数据通信系统和某些通用指令码，所以对上行链路的保护特别重要。对下行链路的欺骗要困难得多，因为这种欺骗是可以被操作员识别的。另外，产生假的任务数据和传感器数据也比较困难。一般采用电文加密或安全码扩频方法来获得无人机数据通信系统的抗欺骗能力。

4．抗反辐射武器

地面控制站通常放置在某个固定的地方，且向空间辐射信号，第三方可以通过检测这些信号得知地面控制站的具体方位并予以打击。因此，需要对地面控制站进行保护，加大反辐射武器的攻击难度。通常可以将上行链路工作在脉冲突发方式，即上行链路在时间上保持准备状态，除非需要向飞行器发送指令。

6.2.2　无人机数据通信系统信息安全目标

无人机数据通信系统信息安全目的在于保证信息的保密性、完整性、可用性、可认证性、可控性和可靠性。

1．保密性（Confidentiality）

保密性，是指阻止非授权的主体阅读信息。保密性是信息安全最基础的特性，也是信息安全的前提和关键。通俗地讲，保密性就是使未授权的用户不能够获取敏感信息。对纸质文档信息，只需要保护好文件，不被非授权者接触即可。而对无人机数据通信网络中的信息，不仅要制止非授权者对信息的阅读，也要阻止授权者将其访问的信息传递给非授权者，以致信息被泄漏。

常用的保密手段包括：防侦收（使对手侦收不到有用的信息）、防辐射（防止有用信息以各种途径辐射出去）、信息加密（在密钥的控制下，用加密算法对信息进行加密处理。即使对手得到了加密后的信息也会因为没有密钥而无法读懂有效信息）、物理保密（利用各种物理方法，如限制、隔离、掩蔽、控制等措施，保护信息不被泄露）。

2. 完整性（Integrity）

完整性，是指防止信息被未经授权的篡改。完整性是使信息保持原始的状态，保持其真实性，保证真实的信息从真实的信源无失真地到达真实的信宿。如果无人机数据通信网络中的信息被蓄意修改、插入、删除等，形成虚假信息将带来严重的后果。

完整性与保密性不同，保密性要求信息不被泄露给未授权的人，而完整性则要求信息不致受到各种原因的破坏。影响无人机数据通信信息完整性的主要因素有：设备故障、误码（传输、处理和存储过程中产生的误码，定时的稳定度和精度降低造成的误码，各种干扰源造成的误码）、人为攻击、计算机病毒等。

3. 可用性（Availability）

可用性，是指授权主体在需要信息时能及时得到服务的能力。可用性要求无人机数据通信网络必须防止由于计算机病毒或其他人为因素造成的系统拒绝服务，或者在部分受损时，仍能为授权用户提供有效服务。

无人机数据通信系统最基本的功能是向用户提供服务，而用户的需求是随机的、多方面的、有时还有时间要求。可用性一般用系统正常使用时间和整个工作时间之比来度量。可用性还应该满足以下要求：身份识别与确认、访问控制（对用户的权限进行控制，只能访问相应权限的资源，防止或限制经隐蔽通道的非法访问）、业务流控制（利用均分负荷方法，防止业务流量过度集中而引起网络阻塞）、路由选择控制（选择那些稳定可靠的子网，中继线或链路等）、审计跟踪（把系统中发生的所有安全事件情况存储在安全审计跟踪之中，以便分析原因，及时采取相应的措施）。

4. 可认证性（Non-repudiation）

可认证性，也称为不可抵赖性，是指在无人机数据通信网络中，信息交换的双方不能否认其在交换过程中发送信息或接收信息的行为。

5. 可控性（Controlability）

可控性，是指无人机数据通信系统信息的传播范围和传播内容可被合法监控，实施安全监控管理防止其被非法利用。

6. 可靠性（Reliability）

可靠性，是指无人机数据通信系统能够在规定的条件下和规定的时间内，完成规定功能的特性。可靠性主要表现在硬件可靠性、软件可靠性、人员可靠性、环境可靠性等方面。可靠性测度主要有三种：抗毁性、生存性和有效性。

抗毁性是指无人机数据通信系统在人为破坏下的可靠性。比如，部分线路或节点失效后，系统是否仍然能够提供一定程度的服务。增强抗毁性可以有效地避免因各种灾害（战争、地震等）造成的大面积瘫痪事件。

生存性是在随机破坏下无人机数据通信系统的可靠性。生存性主要反映随机性破坏和网络拓扑结构对系统可靠性的影响。随机性破坏是指系统部件因为自然老化等造成的自然失效。

有效性是一种基于业务性能的可靠性。有效性主要反映在无人机数据通信系统的部件失效情况下，满足业务性能要求的程度。比如，网络部件失效虽然没有引起连接性故障，但是却造成质量指标下降、平均延时增加、线路阻塞等现象。

总而言之，无人机数据通信信息安全的保密性、完整性和可用性主要强调对非授权主体的控制。而可控性和不可否认性则是通过对授权主体的控制，实现对保密性、完整性和可用性的有效补充，主要强调授权用户只能在授权范围内进行合法的访问，并对其行为进行监督和审查。

6.3 无人机数据通信信息安全技术

无人机数据通信信息安全技术可以归纳为安全防护、安全保密和安全监控三大类技术。安全防护技术就是利用物理的或逻辑的技术，预防信息安全事件发生的技术，主要包括电磁辐射防护、安全检测和病毒防护等技术；安全保密技术是指通过数学或物理的方法来改变信息的表现形式，隐藏信息真实含义的技术，主要包括数据加密、扩频通信、信息隐藏技术；安全监控技术是监视用户行为和系统的状况，控制用户和系统使用网络资源的技术，主要包括鉴别验证、访问控制等技术。本节主要对数据加密、扩频通信、信息隐藏技术进行介绍。

6.3.1 数据加密技术

数据加密技术是防止信息泄露的技术，是最重要和最基本的信息安全技术。

数据加密技术是一项相当古老的技术，很多考古发现都表明古人会用很多巧妙的方法进行加密。早在公元前 2000 多年前，埃及人就开始使用特别的象形文字作为信息编码来保护他们的秘密文件。而始于公元前 17 世纪由克里特岛发明的费斯托斯圆盘更是被誉为世界上最难解的十大密码之一，至今无人能解。1949 年，香农发表了《保密系统通信理论》，为密码学奠定了理论基础，使密码学成为一门真正的学科。

1. 基本概念

数据加密，是指把原本一个较大范围的人（或机器）都能够读懂、理解和识别的信息（如语音、文字图像和符号等）通过一定的方法变为一些晦涩难懂的或者偏离信息原意的信息，从而达到保证信息安全目的的过程。

其中，可以理解的信息原文称为明文，用某种方法伪装明文以隐藏它的内容的过程称为加密，经过加密后明文变换成的不容易理解的信息称为密文，将密文恢复成明文的过程称为解密。

1）密码体制

进行明密变换的法则，称为密码体制。指示这种变换的参数，称为密钥。它们是密码编制的重要组成部分。

密码体制的基本类型可以分为 4 种：

① 错乱——按照规定的图形和线路，改变明文字母或数码等的位置使其成为密文；

② 代替——用一个或多个代替表将明文字母或数码等代替为密文；

③ 密本——用预先编定的字母或数字密码组，代替一定的词组、单词等，变明文为密文；

④ 加乱——用有限元素组成的一串序列作为乱数，按规定的算法，同明文序列相结合使其变成密文。

2）对称密码体制

对称密码体制是一种传统密码体制，也称为私钥密码体制。在对称加密系统中，加密和解密采用相同的密钥。因为加、解密密钥相同，需要通信的双方必须选择和保存它们共同的密钥，各方必须信任对方不会将密钥泄密出去，这样就可以实现数据的机密性和完整性。

典型代表是 DES（数据加密标准）、IDEA（国际数据加密算法）、AES（高级加密标准）等算法。DES 标准由美国国家标准局提出，主要应用于银行业的电子资金转账领域。

对称密码算法的优点是计算开销小、加密速度快，是目前用于信息加密的主要算法。它的局限性在于通信双方必须确保密钥的安全交换。另外，对称加密系统仅能用于对数据进行加、解密处理，提供数据的机密性，不能用于数字签名。

3）非对称密码体制

非对称密码体制也叫公钥加密体制，在公钥加密系统中，加密和解密是相对独立的，加密和解密会使用两把不同的密钥，加密密钥（公开密钥）向公众公开，谁都可以使用，解密密钥（秘密密钥）只有解密人自己知道，非法使用者根据公开的加密密钥无法推算出解密密钥。

自 1976 年美国密码学家 Diffie 和 Helleman 在论文《密码学的新方向》中提出公钥密码的思想以来，国际上已经出现了许多种公钥密码体制，比较流行的有基于大整数因子分解问题的 RSA 体制和 Rabin 体制，基于有限域上的离散对数问题的 Differ-Hellman 公钥体制和 ElGamal 体制，基于椭圆曲线上的离散对数问题的 Differ-Hellman 公钥体制和 ElGamal 体制。

公钥密钥的密钥管理比较简单，并且可以方便地实现数字签名和验证，但算法复杂，加密数据的速率较低。

2. 密钥管理

密钥管理，是指对所用密钥产生、存储、分配、使用、废除、归档、销毁等生命周期全过程实施的安全保密管理。密钥管理是数据加密技术中的重要一环，密钥管理的目的是确保密钥的安全性，密码强度在一定程度上也依赖于密钥的管理。

1）密钥产生

密钥产生必须在安全的受物理保护的地方进行。生成的密钥不仅要难以被窃取，而且由于密钥有使用范围和时间的限制，即使在一定条件下被窃取了也没有用。

2）密钥注入

密钥注入应在一个封闭的环境由可靠人员用密钥注入设备注入。在注入过程中不许存在任何残留信息，并且具有自毁的功能，即一旦窃取者试图读出注入的密钥，密钥能自行销毁。

3）密钥分级

密钥分级是指将密钥分为高低多级，每级均有相应的算法，由高级密钥产生并保护低一级密钥。最上级的密钥称为主密钥，是整个密钥管理系统的核心，其他各级密钥动态产生并经常更换。多级密钥体制大大加强了密码系统的可靠性，因为用得最多的工作密钥常常更换，而高层密钥用得较少，使得破译者的难度增大。

4）密钥分配

密钥分配是指通信成员获得密钥的过程。一般地，主密钥可由人工方式分配，加密数据的密钥用自动方式在无线网络上进行分配。密钥的无线分发需要根据通信保密程序进行。

5）密钥保存

对密钥存储的保护，除了加密存储外，通常还采取一些必要的措施：密钥的操作口令由密码人员掌握；加密设备有物理保护措施；采用软件加密形式，有软件保护措施；对于非法使用加密设备有审计手段；对当前使用的密钥有密钥的合法性验证措施，以防止篡改。

3. 数据加密技术在无人机数据通信中的应用

数据加密技术通常用于无人机数据通信网络加密，实现网络数据的安全性。加密方式主要有节点加密、链路加密和端对端加密方式。

（1）节点加密是相邻节点之间对传输的数据进行加密。在数据传输的整个过程中，传输链路上任意两个相邻的节点，一个是信源，一个是信宿。除传输链路上的头节点外，每个相对信源节点都先对接收到的密文进行解密，把密文转变成明文，然后用本节点设置的密钥对明文进行加密，并发出密文，相对信宿节点接到密文后重复信源的工作，直到数据达到目的终端节点。

在节点加密方式中，如果传输链路上存在 n 个节点，包括信息发出源节点和终止节点，则传输路径上最多存在$(n-1)$种不同的密钥。

（2）链路加密是在通信链路上对传输的数据进行加密，主要通过地面控制站硬件实现。明文每次从某一个发送节点发出，经过地面控制站时，利用地面控制站进行加密形成密文，然后再进入通信链路进行传输；当密文经线路传输到达某一个相邻中继节点或目的节点时，先经过地面控制站对密文进行解密，然后节点接收明文。

链路加密方式可对通信线路的信息进行整体加密，既可提供信息保密，又可提供信息流量保密和信息流向保密，其缺点是信息在终端或交换设备之前是透明的。

（3）端对端加密方式是在数据传输初始节点上实现的，在数据传输整个过程中，都是以密文方式传输的，直到数据到达目的节点时才进行解密。一般在多数场合中使用端对端加密方式较经济和实用。

在需防止信息流量分析的场合，可考虑采用链路加密和端对端加密相结合的方式：用链路加密方式对数据的报头进行加密，用端对端加密方式对传输的正文进行加密。

例如，美军无人机数据链 Link 16 采用了多重加密措施来保证信息传输的安全性。Link 16 是美军 20 世纪 70 年代开始研制的保密、大容量、抗干扰、无节点的数据链路，是一个通信、导航和识别系统，支持战术指挥、控制、通信、计算机和情报（C4I）系统。Link

16 的无线电发射和接收部分是联合战术信息分发系统(JTIDS)或其后继者多功能信息分发系统(MIDS)。阿富汗战争中，美军利用 JTIDS 成功链接了 RQ - 1"捕食者"无人机、RC - 135V/W"铆钉"侦察机、U - 2 高空侦察机和 RQ - 4A"全球鹰"无人机，并把这些飞机所侦察到的情报及时传送至其他作战部门，实现了作战信息的"无缝隙"链接，取得了很好的作战效果。

　　Link 16 数据链由 JTIDS/MIDS 端机中的保密数据单元(SDU)产生消息保密变量(MSEC)和传输保密变量(TSEC)，进行两层加密。首先，通过消息保密变量对消息本身进行加解密；其次，采用传输保密变量对发射波形进行加密，TSEC 决定了端机传输的伪随机跳频图案、抖动时间、扩频序列、交织、粗同步头字符、精同步头字符的加解密，用于提高其抗干扰能力和降低截获概率。

6.3.2　扩频通信技术

1. 基本概念

　　扩频技术(Spread Spectrum，SS)是将待传送的信息数据进行伪随机编码调制，实现频谱扩展后再传输。接收端则采用相同的编码进行解调及相关处理，恢复原始信息数据。

　　扩频通信技术是一种安全可靠、抗扰性好的信息传输方式，其信号所占有的频带宽度远大于所传信息必需的最小带宽。这种通信方式与常规窄带通信方式的区别在于：一是信息的频谱扩展后形成宽带传输；二是相关处理后恢复成窄带信息数据。相应地，扩频通信具有以下特点：

　　(1) 抗干扰性强。扩频通信在空间传输时所占有的带宽相对较宽，而接收端又采用相关检测的办法来解扩，使有用宽带信息信号恢复成窄带信号，而把非所需信号扩展成宽带信号，然后通过窄带滤波技术提取有用的信号。对干扰信号而言，由于与扩频信号不相关，则被扩展到一个很宽的频带上，使之进入信号通频带内的干扰功率大大降低，相应地增加了相关器输出端的信干比，因此具有很强的抗干扰能力。由于扩频通信系统在传输过程中扩展了信号带宽，所以，即使信噪比很低，甚至是在有用信号功率远低于干扰信号功率的情况下，仍能够高质量地、不受干扰地进行通信，扩展的频谱越宽，其抗干扰性越强。

　　(2) 低截获性。由于扩频信号在相对较宽的频带上被扩展了，相当于被均匀地分布在很宽的频带上，信号湮没在噪声里，一般不容易被发现，而想进一步检测信号的参数(如伪随机编码序列)就更加困难。因此，扩频通信系统具有低截获概率性。

　　(3) 抗多径干扰。在扩频技术中，利用扩频码的自相关特性，在接收端解扩时用相关技术从多径信号中分离出最强的有用信号，或将多径信号中的相同码序列信号叠加，这相当于梳状滤波器的作用。另外，在采用跳频扩频调制方式的扩频系统中，由于用多个频率的信号传送同一个信息，实际上起到了频率分集的作用。

　　(4) 安全保密。在一定的发射功率下，由于扩频信号分布在很宽的频带内，无线信道中有用信号功率谱密度极低。这样，信号可以在强噪声背景下，甚至是在有用信号被噪声湮没的情况下进行可靠通信，使外界很难截获传送的信息。同时，对不同用户使用不同的扩频码，其他人无法窃听他们的通信，所以扩频系统的保密性很高。

　　(5) 可进行码分多址通信。由于扩频通信中存在扩频码序列的扩频调制，充分利用各种不同码型的扩频码序列之间优良的自相关特性和互相关特性，在接收端利用相关检测技术进行解扩，则在分配给不同用户码型的情况下可以区分不同用户的信号，实现码分多址。这样在同一频带上，许多用户可以同时通信而互不干扰。

2. 工作原理

扩频技术的理论依据是信息论中香农的信道容量公式：

$$C = B \log_2 \left(1 + \frac{S}{N}\right) \tag{6.1}$$

式中，C 为信道容量（bit/s），B 为信道带宽（Hz），S 为信号功率（W），N 为噪声功率（W）。

香农公式表明一个信道无差错传输信息的能力同存在于信道中的信噪比以及用于传输信息的信道带宽之间的关系。

令 C 是希望具有的信道容量，即要求的信息速率，对式（6.1）进行变换得到

$$\frac{C}{B} = 1.44 \ln \left(1 + \frac{S}{N}\right) \tag{6.2}$$

对于干扰环境中的典型情况，当 $S/N \gg 1$ 时，用幂级数展开式（6.2），并略去高次项得

$$\frac{C}{B} = 1.44 \ln \frac{S}{N} \tag{6.3}$$

或

$$B = 0.7C \times \frac{N}{S} \tag{6.4}$$

由式（6.3）和式（6.4）可看出，对于任意给定的噪声信号功率比 N/S，只要增加用于传输信息的带宽 B，就可以增加在信道中无差错地传输信息的速率 C。或者说在信道中当传输系统的信号噪声功率比 S/N 下降时，可以用增加系统传输带宽 B 的办法来保持信道容量 C 不变，而 C 是系统无差错传输信息的速率。

这就说明了增加信道带宽后，在低的信噪比情况下，信道仍可在相同的容量下传送信息。甚至在信号被噪声湮没的情况下，只要相应地增加传输信号的带宽，也能保持可靠的通信。扩频技术正是利用这一原理，用高速率的扩频码来扩展待传输信息信号带宽的手段，达到提高系统抗干扰能力的目的。扩频信息传输系统的传输带宽比常规通信系统的传输带宽大几百倍乃至几万倍，所以在相同信息传输速率和相同信号功率的条件下，具有较强的抗干扰能力。

通常用处理增益（Processing Gain）G_p 来衡量扩频系统的抗干扰能力，其定义为接收机解扩器输出信噪功率比与接收机的输入信噪功率比之比，即

$$G_p = \frac{\text{输出信噪功率比}}{\text{输入信噪功率比}} = \frac{S_o/N_o}{S_i/N_i} \tag{6.5}$$

所谓干扰容限（Jamming Margin），是指在保证系统正常工作的条件下，接收机能够承受的干扰信号比有用信号高出的分贝数，用 M_j 表示，有

$$M_j = G_p - \left[L_S + \left(\frac{S}{N}\right)_o\right] \quad \text{dB} \tag{6.6}$$

式中，G_p 为系统的处理增益，L_S 为系统内部损耗（包括射频滤波器的损耗、相关处理器的混频损耗和放大器的信噪比损耗等），$(S/N)_o$ 为系统正常工作时要求的最小输出信噪比，即要求相关处理器的输出信噪比。

3. 扩频通信方式

根据频谱扩展的方式不同，扩频技术可分为直接序列扩频（Direct Sequence Spread Spectrum，DSSS，简称直扩或 DS），跳频扩频（Frequency Hopping Spread Spectrum，FHSS，简称跳频或 FH），跳时扩频（Time Hopping Spread Spectrum，THSS，简称跳时或 TH），线性调频（Chirp）和混合扩频（Hybrid Spread Spectrum）等。

1）直接序列扩频

直接序列扩频，是指直接利用具有高码率的伪随机序列采用各种调制方式在发射端扩展信号的频谱，而在接收端，用相同的伪随机序列对接收到的扩频信号进行解扩处理，恢复出原始的信息。图 6.3 给出了一种典型的 BPSK/DSSS 系统原理方框图。

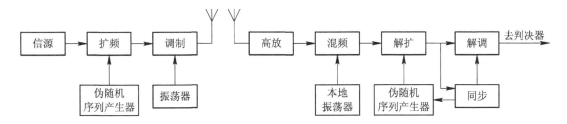

图 6.3　BPSK/DSSS 系统原理方框图

发送数据经过编码器后，首先进行 BPSK 调制，然后用产生的伪随机序列对 BPSK 信号进行直扩调制，扩谱后的宽带信号经功放后由天线发射出去。

直扩系统的接收一般采用相关接收，包括解扩和解调两步。在接收端，接收信号经过放大混频后，用与发射端相同且同步的伪随机码对中频信号进行相关解扩，把扩频信号恢复成窄带信号，然后再解调，恢复原始信息序列。另外，由于采用不同的 PN 码，不相关的接收机很难发现和解出扩频序列中的信息。

对于干扰和噪声，由于与伪随机码不相关，在解扩过程中被分散到很宽的频带上，进入解调器输入端的干扰功率相对解扩器输入端下降很大，即干扰功率在解扩前后发生较大变化。而解扩器的输出信号功率不变。因此，直扩系统的处理增益即为干扰功率减小的倍数。

直扩系统的处理增益可表示为

$$G_p = \frac{f_c}{f_a} = \frac{B_{RF}}{B_a} = \frac{R_c}{R_a} \tag{6.7}$$

由此可见，直扩系统的处理增益为扩频信号射频带宽 B_{RF} 与信息带宽 B_a 之比，或者是伪随机码速率 R_c 与信息速率 R_a 之比，也即直扩系统的扩频倍数。

式（6.7）用分贝表示为

$$G_p = 10 \cdot \log_{10} \frac{R_c}{R_a} \quad \text{dB} \tag{6.8}$$

2）跳频

跳频，是指收发双方在 PN 码的控制下按设定的序列在不同的频点上跳变进行信息传输。由于系统的频率在不断的跳变，在每个频点上的停留时间仅为毫秒或微秒级，因而在一个时间段内，就可以看作在一个宽频段内分布了传输信号。

跳频系统原理方框图如图 6.4 所示。

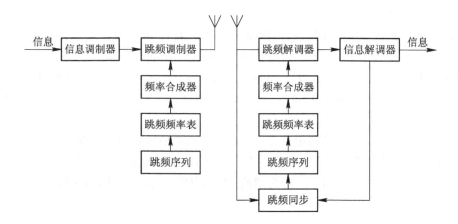

图 6.4　跳频系统原理方框图

在发射机中，输入的信息对载波进行调制，跳频序列从跳频频率表中取出频率控制码，控制频率合成器在不同的时隙内输出频率跳变的本振信号。用它对调制信号进行变频，使变频后的射频信号频率按照跳频序列跳变，产生跳频信号。

在接收端，与发射机跳频序列一致的本地跳频序列从跳频频率表中取出频率控制码控制频率合成器，使输出的本振信号频率按照跳频序列相应地跳变。利用跳变的本振信号对接收到的跳频信号进行变频，将载波频率搬回到确定频率实现解跳。解跳后的调制信号再经过经解调后，恢复出原始信息。

跳频传输系统的核心部分是跳频序列发生器、频率合成器和跳频同步器。跳频序列发生器用于产生伪随机序列，控制频率合成器使之生成所需的频率。频率合成器受跳频序列发生器的控制，产生跳变的载频信号去对信号进行调制或解调。跳频同步器用于同步接收机的本振频率与发射机的载波频率。

在跳频通信过程中，某一时刻只能出现一个瞬时频谱，该瞬时频谱即为原始信息经跳频处理和中频调制后的频谱，其带宽稍大于原信息速率在定频通信时的带宽，并且该瞬时频谱的射频是跳变的。跳频处理增益为跳频扩频覆盖的总带宽与跳频瞬时带宽之比。

跳频系统分为快跳频和慢跳频两种。如果跳频系统的跳变速率高于信息调制器输出的符号速率，一个信息符号需要占据多个跳频时隙，则称为快跳频（一般情况下每秒跳变次数大于100）；如果跳频系统的跳频速率低于信息调制器输出的符号速率，一个跳频时隙里可以传输多个信息符号，则称为慢跳频（一般情况下每秒跳变次数小于100）。跳频通信系统的频率跳频速度反映了系统的性能，好的跳频系统每秒的跳频次数可以达到上万跳。

3) 跳时

跳时也是一种扩展频谱技术，与频率跳变相似，跳时系统是使发射信号在时间轴上离散地跳变。先把时间轴分成许多时隙，这些时隙在跳时扩频通信系统中通常称为时隙，若干时隙组成一组跳时时间帧。在一个时间帧内哪个时隙发射信号由扩频码序列来控制。因此，可以把跳时理解为：用一个伪随机序列进行选择的多时隙的时移键控。由于采用了窄很多的时隙去发送信号，相对来说，信号的频谱也就展宽了。

跳时系统也可以看成是一种时分系统，区别在于跳时系统不是在一个时间帧中固定分配一定位置的时隙，而是由扩频码序列控制的，按一定规律位置跳变的时隙。跳时系统能够用时间的合理分配来避开附近发射机的强干扰，是一种理想的多址技术。但当同一信道中有许多跳时信号工作时，某一时隙内可能有几个信号相互重叠，因此，跳时系统也和频率跳变系统一样，必须很好地设计伪随机码，或采用协调方式构成时分多址系统。由于简单的跳时系统抗干扰性不强，故很少单独使用。跳时系统通常与其他方式的扩频系统结合使用，组成各种混合扩频方式。

4）线性调频

线性调频是一种不需要用伪码序列调制的扩频调制技术，发射的射频脉冲信号在一个周期内，载波频率作线性变化。因为其频率在较宽的频带内变化，信号的频带也被展宽了。其特点是由于线性调频信号占用的频带宽度远大于信息带宽，从而也可获得很大的处理增益。

线性调频系统是基于调频信号产生和压缩的扩频系统，由于调频信号在压缩过程中对多普勒频移不敏感，因此被广泛应用在脉冲压缩体制的雷达系统中。

5）混合扩频

上述几种方式都具有较强的抗干扰性能，但各自也有很多不足之处。单一的扩频方式很难满足实际需要，若将两种或多种扩频方式结合起来，扬长避短，就能达到任何单一扩频方式难以达到的指标，甚至还可能降低系统的复杂程度和成本。

常用的混合扩频方式有跳频和直接序列扩频系统(FH/DS)、跳时和直接序列扩频系统(TH/DS)、跳频和跳时系统(FH/TH)等。由于直接序列扩频系统与跳频系统优、缺点在很大程度上是互补的，因此，跳频和直接序列扩频系统(FH/DS)具有很强的抗干扰能力，是用得最多的混合扩频技术。

4. 扩频通信技术在无人机数据通信中的应用

由于扩频通信技术的优良性能，无人机数据通信系统广泛应用了扩频通信技术。下面以美军无人机数据链 Link16 进行举例说明。

Link 16 同时采用直接序列扩频、跳频和跳时三种方式对通信信号进行扩频处理。

1）直接序列扩频

循环码移位键控(Cyclic Code Shift Keying，CCSK)是一种 M 进制非正交的编码扩频技术，通过选用一个周期自相关特性优良的函数作为基函数 S_0（基码），并用 S_0 及其循环移位序列 S_1，S_2，…，S_{M-1} 表示数据信息（即从数据信息序列向循环移位的函数集作映射），并对载波进行调制而得到的。M 进制 CCSK 信号是一种(M, k)扩频信号，与传统的二进制直接序列扩频信号不同的是，它是以编码方式来实现扩频的，在相同的带宽和扩频码长度下，CCSK 信号具有更高的信息传输速率，为直接序列扩频的 k 倍，大大提高了信道利用率。

对于 Link 16 数据链系统来说，采用了 CCSK(32，5)扩频调制技术，由一个 32 位的基码循环移位，形成 32 个伪随机码，将信息序列按 5 bit 组成一个符号，而后将每一个符号的不同状态对应于 32 个伪随机码。

CCSK 调制与 DSSS 技术都能达到了扩频的目的，具有各自的特点，具体体现在以下几个方面。

① DSSS 编码所用的伪码速率一般是信息码速率的整数倍，CCSK 编码则不一定，不过二者扩频之后的扩频码速率都和伪码速率一样。

② DSSS 编码的本质是信息序列和伪码序列之间的模 2 加，CCSK 编码则是分组编码，相应的信息序列由基码的移位序列表示，所以从扩频序列中可以根据 CCSK 编码所用的伪码序列及移位数来了解信息序列，而 DSSS 编码则不行。

③ 一般来说，在伪码速率一定的条件下，CCSK 编码具有较高的数据传输速率，而 DSSS 编码则具有较高的扩频增益。

④ 在解扩方面，CCSK 较为复杂，需要作相关运算来确定伪码序列移位数，并且还要对应出信息序列。

2）跳频

Link 16 在 960~1215 MHz 的频带上进行传输，在这 255 MHz 频段内伪随机选取 51 个频点作为载波，频点之间的最小间隔为 3 MHz。在相邻脉冲之间，所选频点的间隔要大于等于 30 MHz。脉冲间隔为 13 μs，每个脉冲采用载频跳发时，跳频速率为 76 923 次/秒。

3）跳时

Link 16 数据链采用 TDMA 方式构建网络，在分配给本终端平台的时隙内发送战术消息。在数据报文打包结构中，标准双脉冲（STDP）、Packed - 2 单脉冲（P2SP）打包结构采用抖动方式来提高系统的抗干扰性能。通过抖动，每次发射脉冲信号的起点不与时隙起点对齐，而作为随机时延出现。这种伪随机的时延变化使敌方不易掌握发射时间的规律性，因而不能准确判明时隙起点的划分。抖动的大小是由传输保密变量（TSEC）控制的。这种抖动可以看做是一种跳时技术。

6.3.3　信息隐藏技术

信息隐藏是诞生于 20 世纪 90 年代中期的一门新兴学科，研究内容涉及数字信号处理技术、计算机技术、通信技术、信息论、心理学和密码学等学科知识，主要应用于数字水印（Digital Watermarking）和隐蔽通信（Covert Communication）等领域。其中，数字水印是指将作品相关信息嵌入到多媒体中以达到版权保护的目的，如所有者识别、票据防伪、拷贝控制和广播监控等。近年来，由于盗版活动的日益猖獗，数字水印技术得到了深入研究和广泛应用。隐蔽通信则是指把秘密信息隐藏在公开的多媒体信息中，然后通过公用网络进行传送，其保护对象是秘密信息本身。

传统的信息安全措施是利用密码技术，即通过加密来控制信息的存取，使没有密钥的非法用户不能解读信息。但是，密码技术也存在如下不足：一是信息经过加密后容易引起攻击者的好奇和注意，并有被破解的可能性；二是一旦加密信息被破解，其内容就完全透明了；三是攻击者可以在破译失败的情况下破坏信息，使合法接收者也无法阅读。

信息隐藏技术（Information Hiding Technology）以其特有的优势解决了密码技术的一些缺陷，已开始引起许多国家政府部门的重视，并逐渐显现出其强大的效能和潜力。信息隐藏技术利用多媒体信息的冗余度和人类知觉系统的局限性，通过某种处理算法，将秘密信息嵌入到多媒体中，使其不被察觉。这样不仅隐藏了信息的内容，而且隐藏了信息的存在，因此能够在公开载体中隐蔽地传递秘密信息，从而实现隐蔽通信。

目前，通过 CNKI 检索以及百度搜索，尚未发现信息隐藏技术用于无人机数据通信信息安全的相关公开报道和技术文献。因此，下一章将对信息隐藏技术及其在无人机数据通信中的应用进行详细阐述。

第7章

信息隐藏技术与应用

　　信息隐藏技术是信息安全的重要技术，常用于保密通信、知识产权保护和内容认证等领域。本章主要阐述信息隐藏技术的基本理论、研究现状及其在无人机数据通信中的应用。

7.1　信息隐藏技术理论

7.1.1　人类感官系统特性

　　信息隐藏也称数据隐藏（Data Hiding），就是将信息隐藏于另一公开载体中，以不引起第三方的注意。公开载体通常是图像、视频、音频等多媒体数据。信息之所以能够隐藏在多媒体数据中是因为以下两点：① 多媒体数据本身存在很大的冗余性。从信息论的角度看，未压缩的多媒体信息的编码效率很低，将信息嵌入到多媒体数据中是完全可行的，并不会影响多媒体数据本身的传送和使用。② 人类感官系统，如人耳或人眼本身具有掩蔽效应，对多媒体数据的某些改动不敏感。

1. 听觉系统感知特性

　　（1）人类听觉系统（Human Auditory System，HAS）具有掩蔽效应。掩蔽效应是指一个较弱但可以听到的声音由于另外一个较强声音的出现而变得无法听到的现象，包括频域掩蔽和时域掩蔽。

　　频域掩蔽指在频域发生的掩蔽现象。如果两个频率相近的信号同时发生，而且一个较弱的声音落在一个较强声音的临界频带内，那么强信号（掩蔽音）就会将弱信号（被掩蔽音）掩蔽掉。但是如果两者只是在相近的不同临界频带内，这种掩蔽效应将大大减弱。研究表明，用一个宽带的噪音掩蔽一个纯音比用一个纯音掩蔽一个宽带的噪音要容易，而且信号频率愈高就愈容易被掩蔽。

　　时域掩蔽包括向前掩蔽和向后掩蔽。向前掩蔽是指较强的掩蔽音出现之前较弱的被掩蔽音无法听到，向后掩蔽是指较强的掩蔽音消失后较弱的被掩蔽音无法听到。一般而言，向前掩蔽发生在掩蔽音出现前 5～20 ms，向后掩蔽发生在掩蔽音消失后 50～200 ms。向前掩蔽是由于掩蔽信号与被掩蔽信号之间的听觉处理相互干涉引起的，而向后掩蔽的发生则是由于神经行为具有一定的持久性。

　　为了描述噪声对纯音的掩蔽效果，引入了临界频带（Critical Bands）的概念。一个纯音可以被以它为中心频率，且具有一定带宽的连续噪声所掩蔽，如果在这一频带内噪声功率等于该纯音的功率，这时该纯音处于刚好能被听到的临界状态，即称这一带宽为临界频带，单位为 Bark。临界频带的中心频率可以是连续变化的，但各临界频带之间没有明确的界限。在实际应用中，常常将整个音频范围划分为有限个临界带，如表 7.1 所示。

表 7.1　临界频带的划分方法

编号	中心频率/Hz	频率范围/Hz	带宽/Hz	编号	中心频率/Hz	频率范围/Hz	带宽/Hz
1	50	0～100	100	14	2150	2000～2320	320
2	150	100～200	100	15	2500	2320～2700	380
3	250	200～300	100	16	2900	2700～3150	450
4	350	300～400	100	17	3400	3150～3700	550
5	450	400～510	110	18	4000	3700～4400	700
6	570	510～630	120	19	4800	4400～5300	900
7	700	630～770	140	20	5800	5300～6400	1100
8	840	770～920	150	21	7000	6400～7700	1300
9	1000	920～1080	160	22	8500	7700～9500	1800
10	1170	1080～1270	190	23	10500	9500～12000	2500
11	1370	1270～1480	210	24	13500	12000～15500	3500
12	1600	1480～1720	240	25	17500	15500～19500	4000
13	1850	1720～2000	280	26	22050	19500～24600	5100

（2）人耳对不同频段声音的敏感程度不同。通常人耳可以听见 20 Hz～20 kHz 的信号，但对 2～4 kHz 范围内的信号最为敏感，幅度很低的信号也能被听见，而在低频区和高频区，能被人耳听见的信号幅度要高得多。

（3）人耳对声音信号的绝对相位不敏感，而只对其相对相位敏感。

2. 视觉系统感知特性

（1）频率响应的带通特性。由于瞳孔有一定的几何尺寸和光学像差，视觉细胞有一定的大小，因此随着频率的增高，人眼的分辨率会迅速降低。由信号分析的理论可知，人类视觉系统（Human Visual System，HVS）对信号进行加权求和运算，相当于使信号通过一个带通滤波器，结果使人眼产生一种边缘图像增强的感觉，即亮侧更亮、暗侧更暗的感觉。

（2）亮度响应非线性。人眼对亮度响应具有非线性的性质，以达到其亮度的动态范围。在固定亮度背景下，人眼对信号的视觉感知效果，取决于背景平均亮度和目标信号的亮度水平。由于人眼对亮度具有非线性特性，在背景亮的区域，人眼对灰度误差不敏感；而对于背景暗的区域的灰度误差较敏感，视觉阈值偏低。

（3）人眼对亮度信号的空间分辨力大于对色度信号的空间分辨力，且对不同色彩的敏感度不同。

（4）**掩蔽效应**。视觉对物体的感知能力及感知程度受环境影响很大。在单一平滑环境下很容易识别的目标，当被置于一个具有复杂纹理的环境中就很难被识别了。也就是说，一个信号的存在(如背景信号)能隐藏或掩蔽另一个信号。视觉掩蔽效应是一种局部效应，受背景照度、纹理复杂度和信号频率的影响。这种效应仅影响图像边缘几个邻近像素的主观感觉，边缘"掩蔽"了邻近像素的作用，使人眼对这些像素不敏感。因此，在这样的区域，灰度的较大改变也不至于影响图像的视觉效果。

(5) 视觉适应性。人眼需要一定的时间间隔进行自身的适应性调节，摄取视觉空间的信息及其变化状态。例如，亮适应(由暗到亮变化)时，几秒钟就能分辨出景象的明暗和颜色，在 3 min 内达到稳定；暗适应(由亮到暗变化)时，几分钟才能分辨景象，约 45 min 才稳定，过程要长些。

(6) 视觉暂留。光像一旦在视网膜上形成，视觉将会对这个光像的感觉维持一段有限的时间，这种生理现象称为视觉暂留。对于中等亮度的光刺激，视觉暂留时间约为 0.05～0.2 s。视觉暂留是电影和电视的基础，因为运动的视频图像都是通过快速更换静态图像，利用视觉暂留在大脑中形成图像内容连续运动感觉的。

(7) 马赫效应。当亮度发生跃变时，会有一种边缘增强的感觉，视觉上会感到亮侧更亮，暗侧更暗；同时靠近暗侧的亮度比远离暗侧要亮，靠近亮侧比远离暗侧显得更暗。马赫效应会导致局部阈值效应，即在边缘的亮侧，靠近边缘像素的误差感知阈值比远离边缘阈值高 3～4 倍，可以认为边缘掩盖了其邻近像素。因此，对靠近边缘的像素改动不容易被察觉。

7.1.2　信息隐藏系统模型

信息隐藏就是依赖人类听觉/视觉系统的局限性，利用多媒体数据的冗余度，通过某种处理方法，将有用信息不可感知地嵌入进去。既然是"藏"，主要涉及的就是"如何藏"和"如何找"的问题，也就是信息隐藏嵌入、信息隐藏提取的两个过程：嵌入过程是通过使用特定的嵌入算法，可将嵌入对象添加到可公开的伪装对象中，从而生成伪装对象；提取过程是使用特定的提取算法从伪装对象中提取出嵌入对象的过程。信息隐藏系统模型如图 7.1 所示。

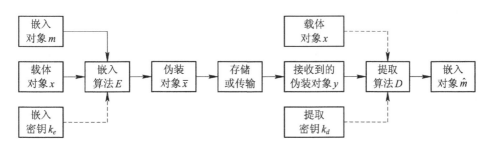

图 7.1　信息隐藏系统模型

由上图可知，系统主要由以下几部分构成：

(1) 嵌入对象 m(Embedded Object)：指需要被隐藏在公开多媒体数据中的对象，通常为秘密信息或水印信息，嵌入前可对其进行预处理，包括加密、置乱等。

(2) 载体对象 x(Cover Object)：指用于隐藏嵌入对象的公开多媒体数据。

(3) 伪装对象 $\bar{x}$(Stego Object)：指已经包含嵌入对象的多媒体数据。

（4）密钥(Key)：密钥是可选项，用来加强安全性，以避免嵌入对象被第三方窃取。通常提取密钥 k_d 与嵌入密钥 k_e 是相同的。

（5）嵌入算法 E(Embedding Algorithm)：将嵌入对象添加到载体对象时使用的算法。

（6）提取算法 D(Extracting Algorithm)：与嵌入算法相对应，指从接收到的伪装对象 y 中提取出嵌入对象的算法。如果提取嵌入对象时不需要载体对象，则称为盲提取，否则称为非盲提取。盲提取算法复杂度高，但有利于实际应用。此外，由于伪装对象在存储或传输过程中有可能受到攻击和干扰，因此，提取得到的嵌入对象 $\hat{m}$ 通常只是对原始嵌入对象的估计值。

7.1.3　信息隐藏系统性能指标及评测方法

衡量信息隐藏系统性能的主要指标包括透明性、鲁棒性、隐藏容量、安全性、自恢复性和算法复杂度等，其中最基本、其中最重要的指标为：

（1）透明性(Transparency)：又称不可感知性(Imperceptibility)或隐蔽性(Invisibility)，指相对载体对象，伪装对象没有感知上的质量退化，包括没有明显的听觉/视觉失真，统计特性上没有明显变化。对于透明性，可见水印是例外情况。可见水印的嵌入对象为水印信息，要求水印可见性好、不突出、难去除。

（2）鲁棒性(Robustness)：即对伪装对象实施某种或某些攻击和干扰后，仍能正确提取出嵌入对象。依据应用环境和目的的不同，要求算法承受的攻击种类和强度也有所差异。例如，用于隐蔽通信、版权证明的信息隐藏技术要求能够容忍传输过程中受到的常规处理和恶意攻击；认证水印对篡改或攻击有脆弱性要求。

（3）隐藏容量(Capacity)：即给定伪装对象质量标准的前提下，载体对象所能隐藏的嵌入对象的比特数。通常情况下，隐藏容量必须足够大，以便满足应用要求。

另外，考虑到实时性要求，算法运算量要小，计算效率应尽可能高。

信息隐藏系统存在透明性、鲁棒性和隐藏容量三者如何折中的问题。鲁棒性与嵌入强度直接相关，而隐藏容量一定时，嵌入强度越大，鲁棒性越强，透明性却越差；如果既要有强的鲁棒性又要保持好的透明性，就要以牺牲隐藏容量为代价。实践中需根据具体应用要求在三者之间寻求平衡点。

为了评价信息隐藏算法的性能，必须建立客观、科学的评测体系，但目前仍缺乏公平统一的测试工具和标准。本节将归纳现有文献普遍采用的评测手段，力图建立科学有效的评测方法。

1. 透明性评测

透明性评测就是评价伪装对象的质量，检验其是否达到良好隐蔽性的要求，常用的评测方法有客观评价方法和主观评价方法两种。

1) 客观评价方法

客观评价方法主要用信噪比(Signal Noise Ratio，SNR)或欧氏失真(Euclidean Distortion)来衡量。

（1）信噪比。

对载体音频信号，信噪比的定义如下：

$$\text{SNR} = 10 \log_{10} \frac{\displaystyle\sum_{n=1}^{N} x^2(n)}{\displaystyle\sum_{n=1}^{N} \left[x(n) - \overline{x}(n) \right]^2} \tag{7.1}$$

式中，$x(n)$ 表示原始载体音频，$\overline{x}(n)$ 表示伪装音频，N 表示音频信号的长度。

对载体图像信号，信噪比的定义如下：

$$\text{SNR} = 10 \log_{10} \frac{\displaystyle\sum_{m=1}^{M} \sum_{n=1}^{N} \left[x(m, n) \right]^2}{\displaystyle\sum_{m=1}^{M} \sum_{n=1}^{N} \left[\overline{x}(m, n) - x(m, n) \right]^2} \tag{7.2}$$

式中，M，N 分别表示载体图像行和列的大小，$x(m, n)$ 表示载体图像的第 (m, n) 个像素值，$\overline{x}(m, n)$ 表示伪装图像的第 (m, n) 个像素值。

峰值信噪比(Peak Signal Noise Ratio, PSNR)定义为

$$\text{PSNR} = 10 \log_{10} \frac{(2^k - 1)^2}{\text{MSE}} \tag{7.3}$$

式中，k 表示色彩的比特数，在灰度图像中为 8，MSE 为均方误差，定义见式(7.5)。

通常情况下，两幅图像的 PSNR 大于 30 的时候，在视觉效果上就难以察觉出两者之间的差别。

（2）欧氏失真。

欧氏失真又称均方误差(Mean Square Error, MSE)，常被作为失真测度，它的最大优点是简单易于计算机处理，且符合主观感知条件。对载体音频信号其定义式为

$$\text{MSE} = \frac{1}{N} \sum_{n=1}^{N} \left[\overline{x}(n) - x(n) \right]^2 \tag{7.4}$$

式中各符号的意义同式(7.1)。

对载体图像信号其定义式为

$$\text{MSE} = \frac{1}{M \times N} \sum_{m=1}^{M} \sum_{n=1}^{N} \left[\overline{x}(m, n) - x(m, n) \right]^2 \tag{7.5}$$

式中各符号的意义同式(7.2)。

一般而言，信噪比和峰值信噪比越大或者均方误差越小，说明信息隐藏算法的透明性越好。

客观评价法的缺点是没有充分结合人类听觉/视觉系统的特性，如音频信号微小的幅度规整引起的听觉失真相当小，但却会令 SNR 和 MSE 发生重大变化。由于大部分场合多媒体信号的最终接收者是人，因此利用人的听觉/视觉系统评价多媒体的主观感知质量更加科学合理。

2）主观评价方法

主观评价方法是指对隐藏嵌入对象前后的多媒体数据进行听觉/视觉评定，即以人作为观察者，由人耳/人眼直接观察对比原始载体对象和伪装对象的相似程度，根据人的主观感受来评价隐藏效果。主观评价方法主要包括平均意见得分法(Mean Opinion Score, MOS)和 ABX 测试法等。

（1）MOS 得分法。

对于音频信息隐藏，MOS 得分法采用 ITU – T 建议 P. 800 描述的一种对语音质量的主观评价方法，采用 5 级评分标准，表 7.2 给出了该方法的评价标准。

表 7.2 语音信号 MOS 评分标准

MOS 得分	等级	语音质量评估定义	备　注
5	优	不察觉失真	4.0～4.5 分称网络质量
4	良	刚察觉失真，但不讨厌	
3	中	察觉失真，稍微讨厌	3.5 分左右称通信质量
2	差	讨厌，但不令人反感	3.0 分以下称合成语音质量
1	劣	极其讨厌，令人反感	

参照 ITU – T 建议，本书进行语音信号 MOS 得分测试的方法如下：评听人员由 10 人组成，其中男生 6 人，女生 4 人；儿童 1 人，青年人 5 人，中年人 2 人，老年人 2 人。在室内安静的环境下，要求评听人员佩戴保真度较好的耳机进行听测，取平均分为 MOS 得分。

语音信号 MOS 得分法的评分标准和方法同样适用于评价音乐等其他音频的听觉质量。

对于图像/视频信息隐藏，ITU – Rec. 500 图像质量等级评判标准如表 7.3 所示。

表 7.3 图像信号 MOS 评分标准

MOS 得分	等级	图像质量评估定义	备　注
5	优	不察觉失真	图像质量极好
4	良	可察觉失真，但并非令人难以接受	图像质量好
3	中	察觉失真，有一点令人难以接受	图像质量中等
2	差	比较令人难以接受	图像质量差
1	劣	很难令人接受	图像质量极差

图像/视频信号 MOS 得分法的评分方法参照语音信号 MOS 得分测试方法。

（2）ABX 测试。

ABX 测试是一种用于判断一对音频信号或图像/视频信号之间有无听觉或视觉差异的主观评价规范。

以评价音频信号为例，使用 ABX 测试评价伪装音频信号的方法如下：A 表示载体音频信号，B 表示伪装音频信号，X 表示可能是载体音频，也可能是伪装音频。听音者听取音频信号 A、B、X 后，判断 X 是 A 还是 B。

听音者作出正确判断的百分比作为伪装音频信号是否达到"透明"质量的依据。对不同的音频组合和不同的听音者进行多次测试，并记录结果，若最后判断结果的正确率接近50%，说明人耳很难分辨出载体音频和伪装音频的区别。在失真较大的情况下，听音者的判断正确率应在 50%～100% 之间。

进行 ABX 测试的实验环境和人员组成与 MOS 得分测试的相同。

2. 鲁棒性评测

由鲁棒性的定义可知，评测鲁棒性能就是检验伪装对象受到各种类型及强度的攻击后，嵌入对象的提取效果。在实际应用中，由于传输信道及应用场合的不同，伪装对象受到的信号干扰类型和强度也有所不同。此外，由于嵌入信息的重要性，要求提取正确率很高，甚至不发生错误。

对载体音频信号，传输信道中存在的干扰类型主要包括添加噪声、动态范围改变、滤波、格式变化、有损压缩、改变音效和失同步等。其中，失同步干扰会损坏音频信号的同步结构，从而严重影响提取性能。仿真实验中，为了实施标准精确的干扰，通常采用鲁棒性标准测试工具 Stirmark for Audio 以及 Cool Edit、GoldWave 等音效处理软件。各软件工具可提供的干扰及参数情况见附录。

对载体图像信号，最为常见的干扰包括滤波、有损压缩或量化、加噪、重采样、重量化、模糊/反模糊、信号增强（如图像的亮度、对比度调整）和失同步等。其中，失同步攻击是一种威胁性较强的攻击方法，嵌入对象虽然并没有从原始载体对象中消失，但是嵌入对象信息的时空位置发生错乱，使得嵌入对象检测或提取失败。最典型的方法为几何变换，如图像和视频的旋转、缩放和剪切等操作。

干扰强度通常用信噪比来表征，对音频信号其定义为

$$\mathrm{SNR} = 10 \log_{10} \frac{\sum_{n=1}^{N} \bar{x}^2(n)}{\sum_{n=1}^{N} \left[y(n) - \bar{x}(n) \right]^2} \tag{7.6}$$

式中，$\bar{x}(n)$ 表示伪装音频，$y(n)$ 表示干扰后的伪装音频，N 表示音频信号的长度。

对图像信号其定义为

$$\mathrm{SNR} = 10 \log_{10} \frac{\sum_{n=1}^{N} \sum_{m=1}^{M} \left[\bar{x}(n, m) \right]^2}{\sum_{n=1}^{N} \sum_{m=1}^{M} \left[y(n, m) - \bar{x}(n, m) \right]^2} \tag{7.7}$$

式中，$\bar{x}(n)$ 表示伪装图像，$y(n)$ 表示干扰后的伪装图像，(n, m) 表示图像信号的大小。

嵌入对象的提取效果可用误比特率（Bit Error Rate，BER）或归一化相关系数（Normalized CorrelationCoefficient，NC）来衡量。

（1）误比特率。

误比特率的定义如下：

$$\mathrm{BER} = \frac{错误的比特数}{总比特数} \times 100\% \tag{7.8}$$

（2）归一化相关系数。

当嵌入对象是二值图像时，可以用归一化相关系数来衡量原始图像和提取图像的相似性，定义如下：

$$\mathrm{NC} = \frac{\sum_{i=1}^{M_1} \sum_{j=1}^{M_2} \omega(i, j) \omega_s(i, j)}{\sqrt{\sum_{i=1}^{M_1} \sum_{j=1}^{M_2} \omega^2(i, j)} \sqrt{\sum_{i=1}^{M_1} \sum_{j=1}^{M_2} \omega_s^2(i, j)}} \tag{7.9}$$

式中，$\omega(i,j)$、$\omega_s(i,j)$分别表示原始嵌入图像和提取图像中坐标为(i,j)的像素值，M_1、M_2分别表示图像行和列的大小。

通常，相同条件下，误比特率越小或者归一化相关系数越大，说明信息隐藏算法的鲁棒性越强。

3. 隐藏容量评测

隐藏容量用单位时间载体音频内或单位大小载体图像中嵌入的信息量来衡量，载体对象为音频时，通常用比特/秒(Bits Per Second, bps)表示，即每秒载体音频中可以嵌入多少比特信息；载体对象为图像时，通常用数据嵌入率表示：

$$R = \frac{\text{嵌入对象信息比特(bit)}}{\text{载体图像总比特(bit)}} \times 100\% = \frac{\text{嵌入对象信息比特(bit)}}{\text{载体图像 } N \times M \times n(\text{bit})} \times 100\% \quad (7.10)$$

式中，N、M、n分别表示载体图像行、列数和色彩的比特数。

隐藏容量与应用场合紧密相关，例如，隐蔽通信中，在传输战场态势报告、作战地图等场合，数据量很大，而在传输指挥命令、坐标方位等信息时，数据量较小。因此，为满足实际应用需求，要求隐蔽通信算法有足够大的隐藏容量。

7.1.4 信息隐藏技术分类

信息隐藏的分类方法很多，可以按照应用的目的、载体的类型、嵌入域、提取要求、算法的鲁棒性等指标进行分类。

1. 按应用目的分类

从应用目的的角度，信息隐藏技术可以分为隐蔽信道、隐蔽通信、匿名通信和数字水印四类，如图 7.2 所示。

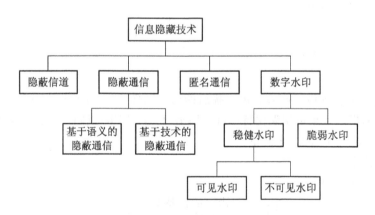

图 7.2 信息隐藏技术分类

1）隐蔽信道

广义的隐蔽信道包括潜信道和隐信道两种。潜信道也称阈下信道，这一概念最早是由 G. J. Simmons 于 1978 年在美国圣地亚国家实验室提出的，之后 Simmons 做了较多的研究工作。它的一个概念性定义是：在基于公钥密码技术的数字签名、认证等应用密码体制中建立起来的一种隐蔽信道，除指定的接收者外，任何其他人均不知道密码数据中是否有阈下消息存在。目前，相当多的研究人员对阈下信道技术给予了关注，其原因在于它不仅是信息隐藏技术的一种重要实现方式，而且发展了很多新的应用，有着其他技术不可替代的作用。阈下信道超强的隐蔽性为很多应用提供了良好的平台，例如军事情报、个人隐私、签名防伪、货币水印等。

狭义的隐蔽信道简称隐信道，是相对于公开信道而言的。公开信道是传输合法信息流的通道，而隐信道则是采用特殊编译码，使不合法信息流（通常为秘密信息）逃避常规安全控制机构的检测。

2）隐蔽通信

隐蔽通信又称隐写术、隐秘术，是指将秘密信息隐藏到看上去普通的信息中进行传送，其主要目的是将重要的信息隐藏起来，以便不引起人注意地进行传输和存储。隐蔽通信包括两大分支，即语义隐蔽通信和技术隐蔽通信。

语义隐蔽通信利用了语言文字自身及其修辞方面的知识和技巧，通过对原文按照一定规则进行重新排列或剪裁，从而隐藏和提取密文。语义隐蔽通信包括符号码、隐语以及虚字密码等。所谓符号码是指一次非书面形式的秘密通信。例如，第二次世界大战中，有人曾经利用一幅关于圣安东尼奥河的画传递了一封密信。画中的圣安东尼奥河畔长了许多小草，而小草的叶子的长短是根据一种编码画出来的。长叶代表莫尔斯电码的划线，短叶代表莫尔斯电码的圆点。得到这幅画的人利用电码本很容易就得到了信的内容。需要注意的是，符号码的结果不能影响载体的特征，比如上述画中的草叶的形状和分布必须符合常规，否则就是隐写失败。隐语所利用的是错觉或代码字。

技术隐蔽通信是伴随着科技的发展而发展的。从古代利用动物的身体记载、木片上打蜡，到近代使用的隐形墨水、缩微胶片，再到当代使用的扩频通信、网络多媒体数据进行隐蔽通信等，可以说每一种新隐蔽通信技术的出现都离不开科学技术的进步。尤其是信息科技的发展，催生了现代数字隐蔽通信技术。

3）匿名通信

匿名通信是指设法隐藏消息的来源，即消息的发送者和接收者。需要注意的是，不同的情况决定了哪方是需要被匿名的，有时是发送方或接收方中的一方，有时两方都需要被匿名。例如，网上浏览关心的是接收方的匿名，而电子邮件用户则关心发送方的匿名。

根据需要隐匿对象的不同，匿名通信可分为发送者匿名、接收者匿名和通信关系匿名三类。发送者匿名指隐蔽发送者的身份和位置，如 Web 匿名浏览中的用户浏览请求；接收者匿名指隐蔽接收者的身份和位置，如某些电子商务应用；通信关系匿名指通过某种技术，使发送者和接收者无法关联，如某些电子投票系统。其中，发送者和接收者匿名强于通信关系匿名，因发送者或接收者匿名时通信关系一定匿名，但通信关系匿名时发送者或接收者却不一定匿名。

根据实现机制不同，匿名通信可分为基于路由和非路由两种。基于路由的匿名通信指使用网络路由技术改变消息中消息源的身份，即通过消息转换器改变消息源，使转换过的消息不再包含消息源的真实身份，从而实现通信匿名。根据实现技术的不同，基于路由的匿名通信分为基于重路由和基于非重路由两种机制。基于重路由机制的匿名通信在发送者和接收者间经过多个转发节点，这些节点通过改写和填充数据包来隐藏消息来源和通信关系。基于广播式的路由匿名通信技术属于非重路由机制，依靠广播成员数量来隐藏接收者或发送者的身份，其缺点是执行效率较低且信息传播量大。基于非路由的匿名通信一般建立在秘密共享机制上。发送者把数据包发送给系统中每个成员，除发送者外的其他成员用自己的私钥对数据包进行解密，如解密成功，则表明数据包是发给自己的。

根据网络类型的不同，匿名通信可分为路径拓扑、路由机制和路径类型三种。路径拓扑包括瀑布型和自由型；瀑布型指发送者选择固定的通信路径进行数据传输，自由型发送者任意选择通信路径进行数据传输；自由型的路径拓扑比瀑布型的匿名性更强。路由机制包括单播、组播、广播和任意播。基于系统效率和部署考虑，大多数匿名通信系统的路由机制为单播。路径类型包括简单和复杂两种路径。简单路径不允许出现路径循环；复杂路径允许出现路径循环，中继节点在整个路径中可出现多次。

4）数字水印

数字水印技术是信息隐藏技术的另一重要分支，它的基本思想是在数字作品（图像、音频、视频等）中嵌入水印信息，以便保护数字产品的版权、证明产品的真实可靠性、跟踪盗版行为或提供产品的附加信息。相应的，水印信息是版权标志、用户序列号或者产品相关信息。

虽然数字水印和隐蔽通信有许多共性和密切联系，有些算法只要稍作改动便可以互相通用，但是，两者也存在以下重要差异：

① 透明性差异。水印的透明性主要是指不影响载体对象的听觉/视觉效果（即商用价值）；由于隐蔽通信的安全性来自于第三方感知上的麻痹性，因此要求算法必须具有很好的透明性，确保秘密信息的存在性不被察觉。

② 鲁棒性差异。数字水印算法必须能承受各种恶意攻击，但是只要求提取出的水印与原始水印相似，具有足够的证据说服力即可；隐蔽通信中虽然只要求算法能抵抗传输信道中的噪声和干扰，但是要求提取误码率很低。

③ 隐藏容量差异。水印通常只需要携带有关版权的少量信息，而隐蔽通信的数据量较大。

另外，在隐蔽通信应用中，所要发送的秘密信息是主体，是重点保护对象，而用什么载体对象进行传输无关紧要。对于数字水印来说，载体通常是数字产品，是版权保护对象，而所嵌入的信息则是与该产品相关的版权标志或相关信息。

2. 按载体类型分类

信息隐藏载体对象主要是多媒体数据，如音频、视频、图像、文档等，根据载体对象的不同，主要可将信息隐藏分为音频信息隐藏、图像信息隐藏、视频信息隐藏和文本信息隐藏等。

1）音频信息隐藏

音频信息隐藏是在音频信号中嵌入不可察觉的信息，以实现版权保护、隐蔽通信等功能。相对图像和视频，音频的处理不需要大量的计算，适合实时处理，而且语音和音乐的录制、传输也比较方便。

2）图像信息隐藏

图像信息隐藏以数字图像为载体对象，将信息按照某种算法嵌入到数字图像中。图像是像素的集合，相邻像素点所对应的实际距离称为图像的空间分辨率。根据像素颜色信息的不同，作为载体对象的数字图像包括二值图像、索引图像、灰度图像以及 RGB 彩色图像。

3）视频信息隐藏

视频信息隐藏利用人眼的视觉特性——分辨率与灵敏度上的局限性，在视频载体信号的感知冗余中嵌入信息。视频较图像、音频等媒体具有更大的信号空间，因而可以隐藏较大容量的信息，为保密通信、版权保护、内容认证等问题提供解决方案。

4) 文本信息隐藏

文本信息隐藏，是通过改变文本模式或改变文本的某些基本特征来实现信息嵌入的。由于文本文件是直接对文字数据进行编码而成，几乎不存在数据冗余，因此通常采用将信息直接编码到文本内容中去(利用语言的自然冗余性)，或者将信息直接编码到文本格式中(比如调整字间距或行间距)，或者利用人们通常不易察觉的标点和字体的改变等方法。

3. 按嵌入对象检测/提取的条件分类

根据检测/提取嵌入对象时是否需要原始载体对象及嵌入对象，可以把检测/提取条件分为以下 4 个指标：

(1) 指标 Ⅰ——检测不需要原始载体对象；

(2) 指标 Ⅱ——检测不需要原始嵌入对象；

(3) 指标 Ⅲ——提取不需要原始载体对象；

(4) 指标 Ⅳ——提取不需要原始嵌入对象。

可见，按照检测/提取时是否需要原始载体对象和嵌入对象，可将信息隐藏分为盲检测、非盲检测、盲提取和非盲提取。

盲检测、盲提取是指在检测或提取时不需要原始载体对象或原始嵌入对象，反之称为非盲检测、非盲提取。使用原始载体对象参与更便于检测和提取出嵌入对象，但在大多数实际应用场合中，都要求盲检测或盲提取，因为提取嵌入对象时要准备原始的载体和嵌入对象是不现实的。

相比而言，"盲检测/提取"较"非盲检测/提取"要求要高，通常需要损失一定的容量和鲁棒性作为代价。"盲提取"较"盲检测"要求要高，盲检测是二元判决，相对简单；盲提取的必要前提是盲检测，难度更高。

4. 按嵌入对象鲁棒性分类

按鲁棒性分类，信息隐藏可分为鲁棒信息隐藏、脆弱信息隐藏和半脆弱信息隐藏。

1) 鲁棒信息隐藏

鲁棒信息隐藏是指在保证伪装对象与原始载体对象感知相似的条件下，在各种无意和恶意攻击下，嵌入对象仍能不被修改、去除，适用于隐蔽通信、版权保护及真伪鉴别等。

2) 脆弱信息隐藏

脆弱信息隐藏则相反，在常规处理或其他各种攻击下，嵌入对象会被损害，且破坏的情况很容易被检测到，常用于篡改提示和数据完整性的检测。

3) 半脆弱信息隐藏

半脆弱信息隐藏同时具有脆弱信息隐藏和鲁棒信息隐藏两种功能，对某些攻击鲁棒而对其他攻击脆弱，从而区分正常的信号处理与恶意篡改，并提供恶意篡改的类型及位置等信息。

7.2　信息隐藏技术研究现状

1996 年 5 月，在英国剑桥牛顿研究所召开的第一届国际信息隐藏学术研讨会标志着信息隐藏学科的诞生，也引发了众多知名研究机构和政府部门，如剑桥大学多媒体实验室、IBM 数字实验室、麻省理工学院、美国陆军研究实验室和美国空军研究院等研究信息隐藏技术的热潮。

国内对信息隐藏技术的研究相对国外有所滞后，但发展势头相当迅猛。1999 年 12 月我国第一届信息隐藏学术研讨会在京召开，拉开了我国信息隐藏技术研究的帷幕。国内涌现出很多研究这方面的高校和研究所，如清华大学、哈尔滨工业大学、中国科学院自动化研究所等，我国政府、信息产业部等相关部门也都给予了高度的重视。

目前，从结构层次上看，对信息隐藏技术的研究可分为基础理论研究、应用基础研究和应用技术研究三个层次。

7.2.1　基础理论研究现状

基础理论是一门学科研究的基础。目前，信息隐藏技术基础理论发展较薄弱，还没有形成系统的科学体系。基础理论研究的目的是利用通信理论、信息论、密码学、对策论和多媒体技术等知识，建立信息隐藏的理论框架，分析隐藏容量问题和确立评价体系，为信息隐藏系统的设计和研究提供理论支撑。

根据不同的研究角度，已提出的信息隐藏模型包括"囚犯问题"模型、脏纸模型和带边信息的通信模型等。目前，较多的研究是从应用背景、嵌入方案或性能评测等角度考虑去建立数学模型。

信息隐藏容量是实际应用中首先要明确的问题，其研究目的是确定载体对象中能够隐藏多少信息比特。分析容量首先要建立信息隐藏信道模型，如果将载体对象视为嵌入信息的隐秘信道，则信息隐藏容量就相当于该隐秘信道的信道容量。鉴于此，大多数相关文献采用的是信息论方法，即研究一定约束条件下平均互信息量的最大值。

目前，对信息隐藏系统的性能，如透明性、鲁棒性的评价缺乏系统的理论基础和公平的评测体系。例如，大多数文献在测试算法鲁棒性时使用自己选定的载体对象和攻击方法，除非重新实现该算法，否则比较不同算法的性能几乎是不可能的。因此，建立共同的测试工具和标准势在必行。

7.2.2　应用基础研究现状

应用基础研究主要是针对多媒体载体信号，研究不同用途下的信息嵌入与提取算法，不断改善透明性、鲁棒性和隐藏容量等性能。近几年发表的大部分相关文献都是关于信息隐藏算法研究的，按照嵌入对象的嵌入域，信息隐藏技术可分为时域/空域隐藏算法、变换域隐藏算法和压缩域隐藏算法。

1. 时域/空域隐藏算法

时域/空域隐藏算法是指在载体的时域或空域内，根据一定规则通过直接修改原始数据值实现信息隐藏的一类方法，通常用嵌入对象信息替换载体对象中的冗余部分。空域方法是指在文本、图像和视频等载体的原始空间域内，根据一定的规则通过直接修改像素值、位置坐标或间隔大小实现信息隐藏的方法。时域方法是指在音频和视频等载体的原始时间域内，根据一定的规则通过直接修改时域采样值或采样间隔实现信息隐藏的一类方法。时域/空域隐藏算法较为简单，但鲁棒性较差，难以抵抗常见处理及攻击。

1）音频时域隐藏算法

对音频信息隐藏技术的研究最早见于 1996 年，Bender 等提出了最不重要位替换法（Least Significant Bits，LSB）、回声编码（Echo Hiding）、扩展频谱和相位编码（Phase Coding）等四种算法。音频时域信息隐藏选择直接对音频信号的幅度或者音频文件结构进行处理，是较为简单的一类隐藏方法。主要包括 LSB 及改进 LSB 隐藏、回声隐藏和音频文件结构隐藏等。

LSB 隐藏是按一定的规律对音频数据的最不重要位进行替换的隐藏方法，其容量大，实现容易，但鲁棒性相对比较差，甚至不能抵抗微弱噪声的攻击，抗检测性也不强。

回声隐藏根据嵌入信息在音频信号上叠加一些微弱的回声，然后通过对回声的识别实现对信息进行提取。其听觉透明性较好，是一种不错的强鲁棒性音频信息隐藏方法。

音频文件结构隐藏是对音频文件中一些并非必须的结构段进行操作，从而实现信息嵌入的一类隐藏方法。其实现简单，鲁棒差，因此实际应用价值并不高。

2）图像空域隐藏算法

图像空域隐藏技术是指将信息嵌入数字图像的空间域中，即对像素灰度值进行修改以隐藏信息。典型的算法包括 LSB 算法和 Patchwork 算法。

最低有效位（LSB）方法是最早提出来的最基本的空域图像信息隐藏算法，许多其他的空域算法都是从它的基本原理进行改进扩展的。其原理是最不重要数据的调整对载体图像的影响很小，在视觉上无法察觉。在 LSB 算法中，载体图像的 LSB 平面先被置 0，然后根据要嵌入的秘密数据修改为 "1" 或不变，直至嵌入完成。嵌入数据后，载体图像部分像素的最低一个或多个位平面的数值被嵌入信息所替换。

LSB 算法每个像素点可以隐藏 1 比特、2 比特甚至 3 比特的信息，达到了一个较大的隐藏容量及较好的不可见性，随机间隔法选择嵌入位置提高了算法的秘密性。但是，LSB 算法鲁棒性较差，给应用带来了一定的限制。

Patchwork 算法是一种基于统计特性的图像隐藏算法，该算法通过随机函数来选择 n 对像素点，只利用点对中的一个点来嵌入信息，另一个点则用来进行调整。若嵌入信息后增加了其中一点的亮度值，则降低另一点的亮度值。反之，若亮度值下降了，则增加另一点的亮度值。这样就能保持嵌入信息前后载体图像的平均亮度值不发生改变。因此，图像统计特性没有发生变化，可应对信息隐藏检测，改进了 LSB 算法改变图像统计特性的不足。但由于有一半的点是用于进行亮度调整的，所以实际用来嵌入的点的个数最多只有一半，嵌入量相对较少，只能应用于某些需要嵌入少量信息的场合。为了增加算法的鲁棒性，一种改进的方法是将图像分块后，再嵌入信息，算法的鲁棒性和透明性都会增强。

3）视频空域隐藏算法

视频空域隐藏算法是指直接对未压缩的视频数据进行处理，与视频编码格式无关，可以分为两种情形：

（1）直接获得原始视频数据。此时，可直接在原始视频中完成信息的嵌入或提取，这时的处理比较简单。

（2）只能得到视频的编码流数据。此时，需要首先对视频编码流进行解码，然后再嵌入或提取隐体数据；在信息隐藏完成后，如果有必要再重新进行压缩，这时的处理相对复杂。

以 YUV 视频文件的信息隐藏算法为例。YUV 文件是常见的原始图像序列格式，每 1 帧为 1 幅图像。因此，最为基本的实现方法就是在各个帧图像中采用和图像信息隐藏相似的方法进行数据嵌入，然后将修改后帧图像组合成新的含隐文件。

2. 变换域隐藏算法

变换域隐藏算法是指将嵌入对象添加到原始载体对象的变换域系数中，主要有离散傅立叶变换(DFT)域、离散余弦变换(DCT)域、离散小波变换(DWT)域等。一般而言，低频系数的变化对载体信号感知效果的影响较大，而高频系数的修改会造成鲁棒性的降低，所以许多算法通常修改中频系数来达到透明性和鲁棒性的折中。

变换域算法有比较明显的优势：

(1) 对载体对象的常规处理可以看作是某种形式的低通滤波，通常避免将嵌入对象加入到高频部分，以抵抗压缩及低通滤波的影响；

(2) 可将嵌入对象分布到载体对象的全局，更有效地抵抗诸如剪切之类的几何攻击；

(3) 变换域的参数分布通常使得嵌入对象能更符合人类感知特点。

1) 音频变换域隐藏算法

(1) 频域隐藏。

音频频域信息隐藏是对音频进行离散傅立叶变换(DFT)变换，然后对音频的频域特征进行处理以实现信息嵌入的一类方法，因此又称为 DFT 域音频信息隐藏。它主要包括频域 LSB 隐藏、扩频隐藏、相位隐藏和频带分割隐藏等。

频域 LSB 隐藏与时域 LSB 相似，具有操作简单，隐藏容量大，但鲁棒性差等特点。扩频隐藏借用了扩频通信思想，将嵌入信息以伪噪声的形式扩散到整个音频通带上，因此透明性好，抗噪能力强，具有很高的实用价值，是频域音频信息隐藏算法中较为成功的一类。相位隐藏算法充分利用人耳听觉对绝对相位并不敏感这一特点，通过对相位的改变实现信息的嵌入。该类隐藏方法透明性好，但对噪声的抵抗能力不甚理想。频带分割隐藏将音频载体的频带分割成若干个子带，充分利用听觉阈值和听觉掩蔽效应等人耳听觉特性，在人耳听觉不太敏感的子带上进行隐藏。这类方法隐藏容量大，听觉透明性好，但频域透明性较差。

(2) 离散余弦变换域隐藏。

DCT 域隐藏是对音频载体进行 DCT 变换，然后对 DCT 系数进行某些操作，从而完成信息嵌入的一类音频信息隐藏方法。该类隐藏方法最大的优点是对模/数转换(A/D)、数/模转换(D/A)影响的抵抗能力非常强，有很高的实用价值，因此应用极为广泛。

DCT 域 LSB 方法与上两类 LSB 相似，具有相似的优缺点。DCT 域相位隐藏对 DCT 相位进行改动，以实现信息的嵌入。该类隐藏方法与频域相位隐藏相似，也具有很好的透明性。DCT 域上还有许多根据不同值域内数量，不同频段数据奇偶性等特征进行信息嵌入的方法，都具有很好的透明性和鲁棒性。

(3) 小波域隐藏。

小波域隐藏方法是对音频载体进行小波变换，然后对其系数进行修改，以实现信息嵌入的一类隐藏方法。该类隐藏方法与 DCT 隐藏一样，在抵抗 A/D、D/A 攻击方面有着良好的表现。

小波域 LSB 隐藏方法对小波系数的最不重要位进行替换。其实现方法与其他域的

LSB 隐藏相似。小波域能量比隐藏通过比较和修改不同小波级上的能量，或是对同一小波级上某一能量值范围内的系数数量、奇偶性等进行修改，从而实现信息的嵌入。

小波域上还有许多隐藏方法，都是针对小波系数进行某些操作以完成信息嵌入。这是目前研究较热、应用较多的一类隐藏方法。

2）图像变换域隐藏算法

（1）基于 DFT 的数字图像隐藏算法。

基于 DFT 的数字图像隐藏算法将图像分割成多个感觉频段，然后选择合适部分来嵌入信息。傅立叶变换具有一些变换无关的完整特性。例如：空间域的平移只引起频域上的相移，而幅度不变；空间域尺度的缩放会引起频域尺度反向的缩放；空间域旋转的角度和所引起的频域的旋转的角度是一致的。这些特点可以抵御诸如旋转、尺度、平移等几何攻击。但是，由于 DFT 域的算法比较复杂，效率低，且不与国际压缩标准兼容，已经逐渐被 DCT 和 DWT 算法所取代。

（2）基于 DCT 的数字图像隐藏算法。

DCT 变换将图像信号变换成一系列的 DCT 系数，包括直流系数和交流系数。交流系数又分为低频、中频和高频三种类型。低频系数值较大，集中了图像的主要能量，在低频系数中嵌入信息能有较高的鲁棒性，但是图像的透明性影响也很大。而高频系数则比较小，大多为 0，而且图像的任何变化都会使高频系数发生大的变化，所以在高频系数嵌入信息的鲁棒性差，但透明性较好。而中频系数鲁棒性和透明性介于低频和高频系数之间，为了同时满足透明性要求，一般选择在中频系数中嵌入信息。

基于 DCT 域的图像信息隐藏算法的一般步骤为：首先对载体图像分块进行二维 DCT 变换，然后用嵌入信息对 DCT 系数进行调制。最后对新的系数作离散余弦反变换（IDCT），即可得到隐藏图像，完成信息隐藏过程。基于 DCT 的信息隐藏算法因其具有较强的鲁棒性、计算量较小，且与国际图像压缩标准（JPEG、MPEG、H. 263、H. 264 等）相兼容（这些标准中均采用 DCT 变换），因而具有诸多的潜在优势，成为近年来研究最多的一种信息隐藏技术。

（3）基于 DWT 的数字图像隐藏算法。

基于 DWT 域的图像信息隐藏算法的一般步骤为：首先对载体图像进行多级离散小波变换，得到不同分辨率下的细节子图和逼近子图，然后用嵌入信息对 DWT 系数进行调制，最后对嵌入信息后的小波系数进行相应级别的离散小波逆变换，完成信息隐藏过程。利用小波变换把原始图像分解成多频段的图像，能适应人眼的视觉特性且使得信息的嵌入和检测可分多个层次进行，小波变换域信息隐藏方法兼具时空域和 DCT 变换域方法的优点。因此，基于离散小波变换的信息隐藏算法已经成为当前研究的热点和最重要的研究方向。目前，常见的几类小波变换域信息隐藏嵌入算法有：非自适应加性和乘性嵌入方式、基于量化的嵌入方式、基于自适应嵌入方式、基于多分辨率嵌入方式。此外，还有基于替换的嵌入方式，基于树结构的嵌入方式等。

3）视频变换域隐藏算法

视频变换域信息隐藏算法有两种思路：

一是与原始视频的帧序列信息隐藏方法基本类似，逐帧进行信息隐藏嵌入/提取；区别在于嵌入和提取是在帧图像的变换域中进行的。在变换域中进行信息嵌入的优点是可以利用变换的性质，增强算法的鲁棒性或安全性等。

二是如果将帧图像看作由横向、纵向两个维度组成的二维矩阵，那么一系列帧图像组成的视频就可以看作由横向、纵向、时间组成的三维矩阵。因此，信息隐藏过程可以在三维矩阵空间中进行。将视频序列分为场景，这样信息隐藏过程就能够考虑视频的时域冗余。

进行三维变换的视频信息隐藏，主要是利用同一场景中帧间的时域相关性。利用三维小波变换的多分辨率特性，对场景中的视频序列进行三维小波变换。将场景划分为低频和高频分量，低频为场景中的静态部分，高频为场景中的动态部分，充分利用视频的时域冗余进行信息嵌入。

3. 压缩域隐藏算法

压缩域隐藏算法是将嵌入对象隐藏过程和多媒体压缩过程相结合来实现信息嵌入的一种技术，能有效地避免感知编码对隐藏的攻击。例如，在 JPEG 图像压缩过程中针对量化因子和变换域系数来嵌入信息能有效地抗 JPEG 解压缩与再压缩的攻击。随着多媒体压缩技术的研究和进步，许多载体对象通常以压缩格式文件存储，所以直接在压缩域嵌入信息成为研究的焦点。常见的压缩域有 MP3 压缩域、JPEG 压缩域、MPEG 压缩域、H. 26X 压缩域和 AVC 压缩域等。

例如，音频压缩域隐藏方法是近年来才出现的一类隐藏方法。该类方法的主要目标是将信息嵌入到压缩算法的码流或相关码表中去，如 MP3 哈夫曼码表，MIDI 乐器码表等。这一类方法的透明性很好，但对音频格式变换、信号处理等攻击的抵抗能力不强。

再如，视频压缩域信息隐藏算法将信息隐藏过程与编解码过程相结合，一般不需要完全解码和再编码，节约硬件实现成本。但由于不同视频标准编解码方法差异很大，这类算法需要结合具体的编解码标准进行。常见的嵌入方法有：在 MPEG 编码过程的 DCT 域嵌入、在 I 帧量化后的 DCT 系数中嵌入、在运动向量中嵌入等。

7.2.3 应用技术研究现状

应用技术研究以实用化为主要目的，将信息隐藏算法在一定的系统平台上加以实现和应用。由于应用基础研究的侧重点在于数字水印算法，因此，现有的实用化软件和产品主要用于版权保护，如 MP3Stego 软件、StegonoWav 软件、多媒体和 DVD 保护系统 OwnerMark、音频版权保护系统 AutoKey 和 IBM 电子版权管理系统 Cryptolope 等。

由于保密等原因，见诸报道的隐蔽通信实物成果很少，主要是北京邮电大学杨义先教授等开发的伪装式语音保密电话系统和南京邮电大学杨震教授等设计的基于语音识别的伪装通信系统。两个系统都能够实现公共交换电话网（Public Switched Telephone Network，PSTN）中的隐蔽通信，但采用的信息隐藏方案不同。前者利用特定隐藏算法将混合激励线性预测编码后的秘密语音嵌入到 GSM 编码的语音流中，隐蔽性好，隐藏容量大，但由于需要对秘密语音和载体语音进行压缩编码，计算量较大。后者首先利用动态时间卷积语音识别系统将发送方的秘密语音信息转换为对应文字的二进制码流，随后再转换为四进制数据并进行加密处理。然后，依据能量对公开语音进行清浊音判决，只在浊音帧第一或第二共振峰附近的 DFT 幅度谱系数上嵌入信息。最后，进行 DFT 逆变换，得到伪装语音。该方法具有良好的透明性、安全性和实时性，但是利用能量进行清浊音判决的精度不高，特别是受到传输信道的噪声干扰后容易错判，从而不能从正确的隐藏位置提取信息。此外，由于只利用浊音隐藏信息，隐藏容量较小。

在防伪印刷的应用中，在技术上除要满足第一代、第二代数字水印技术的特性外，还需要抵抗 A/D 和 D/A 变换、非线性量化、色彩失真、仿射变换、投影变换等攻击，且必须将打印扫描原理或印刷原理与工艺相结合，这在理论上和算法设计上都提出了更富有挑战性的要求。

总而言之，信息隐藏技术尚缺乏系统性的理论基础，研究方向主要为信息隐藏算法，但算法性能仍有待进一步提高，应用热点聚焦于数字水印，对隐蔽通信的研究较少，在无人机系统中的应用更是少之又少。

7.3　信息隐藏技术在无人机数据通信中的应用

无人机数据通信存在的主要信息安全威胁，可以利用信息隐藏技术优势，将信息隐藏技术应用于无人机数据通信中，以满足其信息安全要求。

7.3.1　隐蔽通信

隐蔽通信隐藏了信息传递的事实，是信息隐藏技术的重要应用领域，也是实现无人机重要信息安全隐蔽传输的重要手段，在无人机数据通信中的主要应用方式如下。

1. 保密通信

保密通信主要用于重要信息的安全通信，所要保护的是嵌入到载体对象中的重要信息，而载体对象通常为公开的多媒体信息，而且网络上存在数量巨大的多媒体信息，从而使得重要信息难以被窃听者检测。因此，通过无人机数据通信系统传输重要信息时，可以将信息隐藏技术与密码技术相结合，实现重要数据的秘密传送和安全保护。其原因在于，一方面，隐藏在公开多媒体信息冗余空间中的重要信息具有不可感知性，从而保密通信的过程不易为窃听者得知；另一方面，在嵌入之前可利用密码技术对重要信息作加密处理，进一步提高信息安全性。例如，可将无人机拍摄的重要军事图像隐藏于公开的音乐作品中，然后通过广播电台、互联网等公共网络方式进行传输，接收端利用信息隐藏提取算法恢复出军事图像。

可见，利用信息隐藏技术进行保密通信，可保证无人机数据通信信息内容的保密性和完整性，同时降低了被截获和被干扰的概率。

这时要求信息隐藏技术具有良好的透明性、较大的容量和较强的鲁棒性。

无人机数据通信保密传输应用系统如图 7.3 所示。

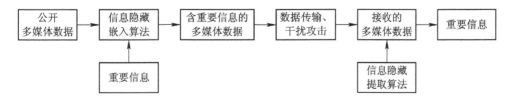

图 7.3　无人机数据通信保密传输应用系统

2. 网络隐蔽通信

随着计算机网络的发展，隐蔽通信的概念逐步延伸到网络中。网络中巨大的数据流量和各种协议类型使网络数据流成为隐蔽通信的良好载体。网络隐蔽通信主要利用网络协议作为载体对象进行重要信息的隐蔽传输，按照 OSI 参考模型，可利用的网络协议主要包括网络层协议，如网际协议（Internet Protocol，IP）、网际控制报文协议（Internet Control Message Protocol，ICMP）；传输层协议，如传输控制协议（Transmission Control Protocol，TCP）、用户数据报协议（User Datagram Protocol，UDP）；应用层协议，如超文本传输协议（HyperText Transfer Protocol，HTTP）、文件传输协议（File Transfer Protocol，FTP）。

网络隐蔽通信分为存储型隐蔽通信和时间型隐蔽通信。其中，存储型隐蔽通信是将重要信息嵌入到协议某个字段的未用位或载荷中，然后随网络包秘密发送给接收方，接收方再从相应字段中提取出信息。对于很多网络协议，目前的路由、防火墙或应用软件并不关心或不检查协议所规定的每个域，有些域也可以选择是否附加，因此可利用域进行信息隐藏。例如，可以通过将重要信息嵌入到 IP 包头的 Type of Service 域、ICMP 载荷字段中实现秘密传输。

时间型隐蔽通信利用报文在网络中传输的时间特性（如报文在网络中传播的时间、相邻报文的时间间隔等）来传输重要信息。在需要传输重要信息时，只要根据传输的内容，改变网络中数据包的时间特性即可实现信息的隐蔽传输。时间型隐蔽通信主要有两种实现方式：一是开/关模式，其原理是根据一段时间内是否有数据包发送来实现信息的传递；二是改变数据包的时间延迟，即通过改变一系列数据包的发送时间间隔来实现信息传输。例如，可利用 HTTP 协议头部 ETag 字段实现时间型隐蔽通信。HTTP 响应头的 ETag 字段提供了被请求资源当前的实体标签值，隐蔽通信发送方根据要传输的比特数据控制 ETag 值的变化情况，接收方通过捕获 ETag 值的变化情况提取出隐藏的信息。

总之，利用信息隐藏技术进行网络隐蔽通信，有助于保证无人机数据通信信息内容的可用性，同时降低了被截获和被干扰的概率。

无人机数据通信网络隐蔽通信系统如图 7.4 所示。

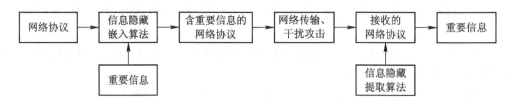

图 7.4　无人机数据通信网络隐蔽通信系统

下面以基于 RTP/RTCP 协议的时间型隐蔽通信为例，对无人机数据通信系统的网络隐蔽通信进行进一步阐述。

无人机数据通信系统中，通常利用 TCP/IP 协议实现点对点链接。基于 TCP/IP 协议栈的应用层有很多，由于这些协议不被网络中间设备检查和修改，因此适合于实现隐蔽通信。其中，最典型的应用层协议是用于流媒体传输的实时传输协议（Real-time Transport Protocol，RTP），该协议提供端对端网络传输功能，适合通过组播和点播实时传输无人机视频、音频等数据。由于 RTP 不能为按顺序传输数据包提供可靠的传送机制，也不提供流量控制或拥塞控制，因此需要依靠实时传输控制协议（Realtime Transport Control Protocol，RTCP）提供这些服务。在 RTP 会话期间，各网络参与者周期性地传送 RTCP 包。

基于 RTP/RTCP 协议的时间型隐蔽通信方法为：发送端将重要信息转换为二进制形式，以每 n 个比特为单位转换为十进制数 D，通过相邻两 RTCP 包间发送 D 个 RTP 来传递信息。接收端判断 RTP 数目 D 后，将其转换为 n 位二进制，从而提取出信息。

7.3.2　数字水印

利用信息隐藏技术可以在数字化的无人机音频、图像和视频数据内容中嵌入不明显的数字水印记号，被嵌入的记号通常是不可见或不可察的，但是通过计算操作可以被检测或者被提取。数字水印与无人机音频、图像和视频数据紧密结合并隐藏其中，成为不可分离的一部分，可以在以下场合得到使用。

1. 版权确认

无人机数据通信系统中传输的音频、图像和视频数据（简称无人机多媒体数据）版权所有者可以将版权信息作为水印加入到公开发布的无人机多媒体数据中，以便在发生纠纷时提供版权证明的依据。例如，在传播无人机航拍图片时，发送的是隐藏有信息代码的数字作品，其中含有的水印信息不能够被破坏。如果航拍作品被非法倒卖，版权拥有者可以通过从侵权人持有的作品中提取水印来证明版权。

这时要求数字水印必须对常见数据处理和攻击具有很高的鲁棒性，比如对于图像而言，要求水印能够经受各种常用的图像处理操作，甚至像打印/扫描等操作。此外，还需要要求水印必须明确无歧义，并在其他人嵌入另外的水印以后，仍然能够作出正确的版权判断。

无人机多媒体数据版权确认应用系统如图 7.5 所示。

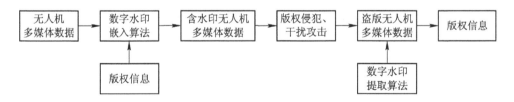

图 7.5　无人机多媒体数据版权确认应用系统

2. 来源追踪

相对于版权确认应用中隐藏的是版权所有者的信息，来源追踪应用中隐藏的是用户信息。为监视或追踪无人机多媒体数据的非法传播和倒卖，给用户分发数据时，可以将不同用户的有关信息（如用户名、序列号等）作为唯一的水印（也称为数字指纹）嵌入数据中。用户获得嵌入数字指纹后的无人机多媒体数据后，可以供自己单独使用，但若非法进行再次分发，则可根据数据内的水印，追踪查出该用户。

可见，利用信息隐藏技术进行来源追踪，可保证无人机数据通信信息内容的可认证性。

这时要求数字水印也是鲁棒数字水印，可以经受诸如伪造、去除水印的各种企图。此外，为快速查找违法用户，要求数字水印的提取必须要简单、快捷。

无人机多媒体数据来源追踪应用系统如图7.6所示。

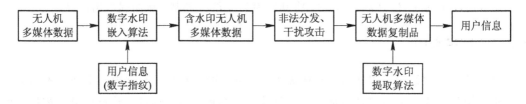

图 7.6　无人机多媒体数据来源追踪应用系统

3. 内容认证

内容认证包含两个层次，一是进行数据完整性认证，即判断数据是否发生篡改，二是能对篡改的部位或者可能遭受的篡改操作做出估计和判断。当无人机多媒体数据被用于环境监测、国土规划、交通违法行为认定及商业等场合时，常需要确定它们的内容有没有被修改、伪造或特殊处理过。如新闻图片、案件取证图像、医学图像和军事图像必须真实完整。此时，为确保数据的完整性，检测数据是否被他人篡改，可将验证信息作为水印嵌入到无人机多媒体数据中。当数据完整性受到质疑时，则提取验证信息，用以验证数据是否被修改，或者标示被篡改的区域，甚至可以利用该信息做进一步的数据修复。

因此，利用信息隐藏技术进行内容认证，可确保无人机数据通信信息内容的完整性。

这时要求使用脆弱水印技术，一旦无人机多媒体数据被篡改，水印就被破坏。

无人机多媒体数据内容认证应用系统如图7.7所示。

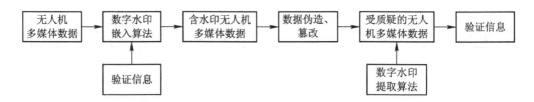

图 7.7　无人机多媒体数据内容认证应用系统

4. 信息标注

信息标注也叫注释或数据附加，是指在多媒体中以不可见的方式嵌入相关的细节、注释等附加信息。这种隐式注释不需要额外的带宽，且不易丢失。例如，在医学中可以将病人姓名、主治医生、病史等信息隐藏于X光图片数据中，既可作为病人的病历记录，又能防止隐私泄露。因此，可以在无人机多媒体数据中隐藏一些信息，用于解释与多媒体数据有关的内容，如航拍摄像的创作时间和地点、拍摄图像经度纬度等。

同样的，要求数字水印具有较强的鲁棒性。

无人机多媒体数据信息标注应用系统如图7.8所示。

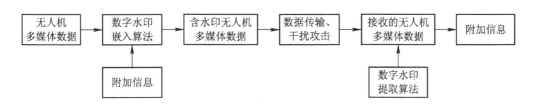

图 7.8　无人机多媒体数据信息标注应用系统

　　此外，数字水印还可用于无人机多媒体数据使用控制，确保信息内容的可控性。对于限制使用的无人机多媒体数据，可以插入一个指示允许使用次数的数字水印，每使用一次，就将水印数值自动减一，当水印为 0 时，无人机多媒体数据就不能再使用。

无人机音频数据通信中的扩频信息隐藏技术

　　自从 Trikel 等人的开创性论文发表后,扩展频谱的思想在信息隐藏技术中得到了越来越多的应用,扩频信息隐藏算法(简称为扩频算法)已经成为经典的信息隐藏算法。本章将分析扩频算法的原理及性能,改进基于扩频技术的音频信息隐藏算法,实验验证改进算法在无人机音频数据通信中的应用。

8.1　扩频算法原理与性能分析

　　扩频算法利用了扩频通信的思想:利用扩频序列对信息进行扩频调制,使得信号传输带宽远远大于所需的最小带宽。尽管传输信号的能量很大,但在每一个频段上的信噪比很小,而且即使几个频段上的信号丢失,其他频段仍有足够的信息可以用来恢复信号,因此检测和删除一个扩频信号是很困难的。正因如此,扩频算法具有抗干扰能力强、隐蔽性好以及安全性高等优点。

8.1.1　扩频算法基本原理

　　典型的扩频算法原理图如图 8.1 所示。

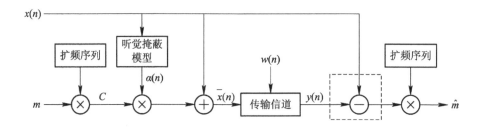

图 8.1　扩频算法原理图

　　图中 $x(n)$ 为载体音频信号,m 是嵌入信息比特。信息嵌入过程主要包括扩频调制、感知整形和叠加嵌入三个部分。扩频调制为直接序列扩频调制,即利用高速率的扩频序列与嵌入信息比特相乘,得到扩频调制后的信息 C。感知整形的目的是保证嵌入信息后不会引起听觉失真,最普遍的方法是心理声学模型整形法,即先计算心理声学模型的掩蔽阈值曲线,然后规整 C 的数值,令叠加信息后的频域系数值小于掩蔽阈值。信息叠加方式主要有三种:

$$\bar{x}_i = x_i + \alpha_i \cdot C_i \tag{8.1}$$

$$\bar{x}_i = x_i(1 + \alpha_i \cdot C_i) \tag{8.2}$$

$$\bar{x}_i = x_i e^{\alpha_i \cdot C_i} \tag{8.3}$$

式中，x_i 和 $\bar{x}_i$ 分别表示载体音频和伪装音频的第 i 个频域系数，C_i 是 C 的第 i 个元素，α_i 为规整因子，决定嵌入比特的强度。

式(8.1)为加性嵌入公式，适用于 x_i 变化不大的情况；式(8.2)和式(8.3)为乘性嵌入公式，信息嵌入强度与 x_i 成正比，当 α_i 很小时两公式近似相等。

为描述方便，可将式(8.1)和式(8.2)统一表示为

$$\bar{x}_i = x_i + \alpha_i \cdot g(x_i) \cdot C_i \tag{8.4}$$

当 $g(x_i)=1$ 时，上式为加性嵌入公式；当 $g(x_i)=x_i$ 时，上式为乘性嵌入公式。

设 $w(n)$ 表示传输信道中的加性信道噪声，那么接收端的伪装音频信号为 $y(n)=\bar{x}(n)+w(n)$。如果接收端知道载体音频 $x(n)$，那么可以先从接收信号中减去 $x(n)$，以消除其干扰，再从残差信号中提取信息。否则直接将接收信号与扩频序列相乘，经解扩运算得到嵌入信息的估计值 $\hat{m}$。

从以上算法原理可以发现，典型的扩频算法具有以下几个特点：

(1) 心理声学模型整形法的透明性效果好，但是计算掩蔽阈值曲线的过程复杂、耗时，不适用于电话、广播通信等实时性要求高的场合。

(2) 一般情况下要求接收端已知载体音频，但在大多数实际应用场合，接收端并不知道载体音频，即要求所谓的盲提取。此时，扩频算法固有缺陷在于难于避免载体信号的干扰。这种干扰不仅影响算法的提取性能，还限制了隐藏容量。目前众多改进扩频算法主要致力于减小这种干扰，但是还不可能完全消除。

(3) 在扩频通信中，要求扩频序列具有尖锐的自相关特性和处处为零的互相关特性，但这是在序列元素为 +1 或 −1 的前提下实现的。然而在信息隐藏中这一前提不再成立。由于感知整形的作用，序列元素不再是原先的 +1 和 −1，而趋向一个随机值，这样就破坏了扩频序列正交性的前提，也使得自相关性能大大下降。

(4) 频域算法所面临的一个问题在于难于实现完全正交的时频分解。一般的时频分析都是通过先分帧加窗再频域变换实现的，相邻帧之间有一定的混叠，因此存在频谱泄漏现象，导致某一频段内的能量泄漏到相邻频段内。而扩频算法又是通过对每一个频域系数进行修正来嵌入信息的，也就是说一条谱线对应一个扩频序列元素，因此频谱泄漏会影响相邻的序列元素，从而对信息提取带来严重的影响，明显地体现为相关值变小，干扰增强等。

(5) 由于采用 DSSS 技术，一条扩频序列只调制一个信息比特，再将其嵌入到一帧信号中，也就是一帧音频信号只能隐藏一个比特，因此隐藏容量较小。

可见，典型扩频算法的实时性、鲁棒性和隐藏容量等性能仍有待进一步改善。

8.1.2　扩频算法性能分析

目前，对扩频算法的研究主要集中于算法性能改进，如利用听觉掩蔽效应改善透明性、优选扩频码增强鲁棒性、采用软扩频或 CDMA 技术增大隐藏容量等，以及算法实现应用两方面，而对信息隐藏模型、性能分析等基础理论的研究相对较少。此外，由于缺乏公平统一的性能测试与评价体系，大多数文献在研究算法性能时都采用仿真实验手段。然

而，由于使用的载体音频和攻击方法各不相同，故实验结果的可信度和可比性较差。

1. 扩频算法的通信模型

分析图 8.1 可以发现，扩频音频信息隐藏系统在本质上可以视为基带传输通信系统，即从嵌入端传输嵌入信息到检测端，经扩频调制和数值规整的嵌入信息就是该系统传输的信息，载体音频为嵌入信息的隐秘信道，而加性高斯白噪声攻击则是传输信道噪声。因此，可将扩频音频信息隐藏系统与传统的通信系统模型进行匹配，得出扩频音频信息隐藏系统的通信模型如图 8.2 所示。

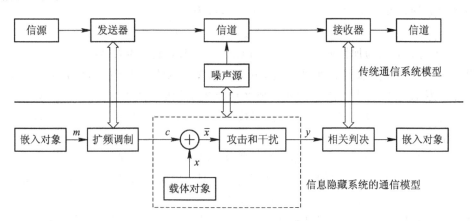

图 8.2　扩频信息隐藏系统的通信模型

由图 8.2 可知，两种系统具有许多相似之处：首先，两者目标相似——都是向某种媒介（称为信道）中输入一些信息，然后尽可能可靠地将信息提取出来。其次，传输媒介对待传输信息提出了约束条件，通信系统中约束条件是最大的平均或峰值功率，信息隐藏系统中是人类知觉约束，即伪装对象应与原始载体对象在知觉上不可区分，这一约束通常作为信息嵌入强度的限制条件。最后，两者都是依靠一定的接收判决准则，从接收信号中提取出信息。两种系统的不同点在于受到的攻击和干扰不同。当信息隐藏用于隐蔽通信时，伪装对象只受到载体对象和传输信道的干扰；用于数字水印时，不仅受到无意干扰，还受到试图破坏水印或使水印不可检测的主动攻击。在通信系统中，攻击一般仅局限于加性噪声。

2. 扩频信息隐藏系统的鲁棒性分析

1）基本公式

柯捷尔尼可夫关于信息传输差错概率的公式为

$$P_{ow_j} \approx f\left(\frac{E}{N_0}\right) \tag{8.5}$$

式中，P_{ow_j} 为差错概率，E 为信号能量，N_0 为噪声功率谱密度。由于信号平均功率 $S = E \cdot B_a$，噪声功率 $N = N_0 \cdot B_{RF}$，所以(8.5)式可化简为

$$P_{ow_j} \approx f\left(\frac{S}{N} \cdot \frac{B_{RF}}{B_a}\right) = f\left[\left(\frac{S}{N}\right)_o\right] \tag{8.6}$$

式(8.6)说明信息传输差错概率 P_{ow_j} 是关于相关处理器输出信噪比 $\left(\frac{S}{N}\right)_o$ 的函数，下面研究两者的定量关系。

不使用载波调制解调装置而直接传送基带信号的系统，称之为基带传输系统。最佳基带传输系统定义为消除码间干扰而抗噪声性能最理想（错误概率最小）的系统。

理想信道是指信道传输特性为常数的信道，通常当信道的通频带比信号频谱宽得多，以及信道经过精细均衡时，就接近具有"理想信道特性"。

理想信道下最佳基带传输系统的误码率为

$$P_e = \frac{1}{2} \text{erfc}\left(\sqrt{\frac{E}{N_0}}\right) = Q\left(\sqrt{\frac{2E}{N_0}}\right) \tag{8.7}$$

其中，Q 函数定义为

$$Q(x) = \int_x^\infty \frac{1}{\sqrt{2\pi}} e^{-y^2/2} \mathrm{d}y \tag{8.8}$$

由于码元平均能量 $E = \dfrac{S_i}{f_a}$，噪声功率谱密度 $\dfrac{N_0}{2} = \dfrac{N_i}{f_c}$，所以 $\dfrac{2E}{N_0} = \dfrac{S_i}{N_i} \cdot \dfrac{f_c}{f_a} = \left(\dfrac{S}{N}\right)_o$。因此，对于基带传输的直扩系统，误码率为

$$P_e = Q\left[\sqrt{\left(\frac{S}{N}\right)_o}\right] \tag{8.9}$$

式(8.9)指出了误码率 P_e 与相关处理器输出信噪比 $\left(\dfrac{S}{N}\right)_o$ 的定量关系。

2）嵌入强度与误比特率的关系

鲁棒性是信息隐藏算法的主要性能之一，通常用信息检测错误概率或误比特率来衡量。

设扩频序列的长度为 N，即 $W_k, k = 1, 2, \cdots, N$，则(6.8)式的处理增益为

$$G_p = 10 \cdot \lg N \quad \text{dB} \tag{8.10}$$

考虑噪声 n 攻击时，信息嵌入强度 P_C 为

$$P_C = 10 \cdot \lg \frac{\sum\limits_{i=1}^N (\alpha_i \cdot C_i)^2}{\sum\limits_{i=1}^N (X_i^2 + N_i^2)} \quad \text{dB} \tag{8.11}$$

由干扰容限公式(6.6)可知，为了使信息提取的误比特率 BER 满足要求，必须有

$$P_C \geqslant -M_j = \left[L_S + \left(\frac{S}{N}\right)_o\right] - G_p \approx \left(\frac{S}{N}\right)_o - G_p \quad \text{dB} \tag{8.12}$$

对于基带传输的直扩系统，当系统完全同步时，可认为 $L_S = 0$。

此时，扩频信息隐藏系统的误比特率为

$$P_e = Q\left[\sqrt{\left(\frac{S}{N}\right)_o}\right] = Q(\sqrt{P_C + G_p}) \tag{8.13}$$

可见，对于扩频信息隐藏系统，误比特率取决于信息嵌入强度 P_C 和处理增益 G_p，并与扩频序列长度有着重要关系。

此外，当误比特率 BER 给定时，可以根据(8.9)式计算出相关处理器要求的输出信噪比 $\left(\dfrac{S}{N}\right)_o$，再依据(8.12)式决定信息的最小嵌入强度，最后由(8.11)式选择扩频序列长度和整形因子。

3）蒙特卡罗仿真实验及结果分析

蒙特卡罗（Monte Carlo）仿真方法是基于概率统计理论和随机抽样的离散事件系统仿真方法，具有适用性广、实现简单和结果可靠等优点。为验证公式（8.13），建立扩频信息隐藏系统 Monte Carlo 仿真模型，如图 8.3 所示。

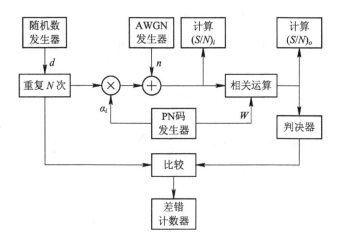

图 8.3　扩频信息隐藏系统 Monte Carlo 仿真模型

由图可知，由随机数发生器产生二进制±1 信息数据 d，每个信息重复 N 次（N 为扩频序列的码片数）。PN 码发生器产生一条 PN 扩频序列，经过整形因子为 $\alpha_i \in (0, 1]$（不失一般性，设同一条 PN 码不同码元的整形因子不同，但不同 PN 码相同位置的码元的整形因子相同）的作用后与信息数据相乘，完成扩频调制，然后叠加均方差为 δ 的零均值高斯白噪声 n（同一次仿真中，不同 PN 码上叠加的噪声功率相同）。解扩时，接收序列与 PN 序列做互相关运算，经判决器判决确定传送的数据为 +1 还是 -1。随机数发生器产生 M 个信息数据，计数器记录的判决器错判数目为 k，则误比特率为

$$\text{BER} = \frac{k}{M} \times 100\%　\qquad (8.14)$$

相关运算器的输入信噪比

$$\left(\frac{S}{N}\right)_i = 10 \cdot \lg \frac{E_{PN}}{E_n} = 10 \cdot \lg \frac{\sum_{i=1}^{N} (\alpha_i C_i)^2}{N \cdot \delta^2}$$

输出信噪比

$$\left(\frac{S}{N}\right)_o = 10 \cdot \lg \frac{M \cdot R_{\max}^2}{\sum_{j=1}^{M} (R_{\max} - R_j)^2}$$

其中，$R_{\max} = \sum_{i=1}^{N} (\alpha_i C_i \cdot C_i)$，表示无噪声时接收序列与 PN 码的相关值；$R_j = \sum_{i=1}^{N} (n_i + \alpha_i C_{j,i}) C_{j,i}$，表示 PN 码与第 j 个接收序列的相关值。因此，

$$\left(\frac{S}{N}\right)_o = 10 \cdot \lg \frac{M \cdot R_{\max}^2}{\sum_{j=1}^{M} \sum_{i=1}^{N} (n_i C_{j,i})^2}$$

实验中，取 $N=31$（即 $G_p=14.91\ \text{dB}$），$M=10001$，$\alpha_i=1$，得到的 $\left(\dfrac{S}{N}\right)_i$、$\left(\dfrac{S}{N}\right)_o$ 和 BER 的数值如表 8.1 所示。

表 8.1　$\left(\dfrac{S}{N}\right)_o$ 和 BER 的关系

$\left(\dfrac{S}{N}\right)_i$/dB	$\left(\dfrac{S}{N}\right)_o$/dB	误比特率理论值/%	误比特率实验值/%
0	14.99	9.71829×10^{-7}	0
−1	13.92	3.41875×10^{-5}	0
−2	12.89	5.15367×10^{-4}	0
−3	11.94	3.84814×10^{-3}	0
−4	10.93	0.0216055	0.01
−5	9.86	0.0930016	0.06
−6	9.03	0.234101	0.25
−7	7.96	0.620361	0.49
−8	6.94	1.30975	1.18
−9	5.84	2.50655	2.46
−10	4.87	3.98987	3.92
−15	−0.04	15.977	15.56
−20	−5.02	28.7382	29.05
−25	−10.19	37.8514	37.22
−30	−15.07	42.999	43.37
−40	−25.14	47.7936	48.01

由表 8.1 可知，由式(8.13)计算得到的误比特率理论值与实验值基本吻合，误差极小。此外，设置不同的扩频序列长度 N、整形因子 α_i 进行实验，误比特率理论值均几乎等同于实验值。

实际上，载体音频的变换域系数并不严格满足高斯白噪声的条件，此外，由于分帧加窗引起的频谱泄露、检测端不能严格同步等原因，各扩频序列之间仍存在一定的干扰，因此误比特率不精确等于式(8.13)。

3. 扩频信息隐藏系统的容量分析

1）信息隐藏系统容量的定义

衡量通信系统性能的一个关键性指标为信道容量，即单位时间内信道上所能传输的最大信息量，它给出了通信系统信息传输速率的理论极限。根据信息论知识，任一有扰离散信道中，若 X 为信道中传输的信息，Y 为接收端信号，则该信道的信道容量为

$$C=\max_{P_X(x)}\{I(X;Y)\}=\max_{P_X(x)}[H(Y)-H(Y/X)]$$
$$=\max_{P_X(x)}[H(X)-H(X/Y)] \tag{8.15}$$

式中，$P_X(x)$ 为信号 X 的概率分布函数，$I(X;Y)$ 为 X 和 Y 之间的平均互信息，$H(Y)$ 为信号 Y 的熵，$H(Y/X)$ 为条件熵，即已知传输信息 X 时接收信号 Y 的熵。C 的单位是比特/符号。

对比图 8.2 中的两个系统模型，可以将虚线框部分看作是一个广义上的信道，也就是说，信息隐藏系统的信道由载体信道和攻击信道组成。

因此，可将信息隐藏系统的信道容量定义为：当存在信道噪声时载体对象所能加载的最大信息量。

2）加性高斯白噪声（AWGN）信道下的容量分析

加性高斯白噪声信道是指信道噪声为加性的高斯白噪声 $n(t)$，发送信号 $s(t)$ 被 $n(t)$ 恶化的信道，如图 8.4 所示。在 AWGN 信道中，$n(t)$ 独立于 $s(t)$。

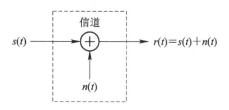

图 8.4　加性高斯白噪声信道

假设载体噪声满足 $X \sim N(\mu_X, \sigma_X^2)$，传输信道噪声满足 $N \sim N(\mu_N, \sigma_N^2)$，发送的扩频序列满足 $C \sim N(\mu_C, \sigma_C^2)$，则信道总的噪声 $Z = X + N$，由于 X 与 N 相互独立，所以

$$Z \sim N(\mu_X + \mu_N, \sigma_X^2 + \sigma_N^2) = N(\mu_Z, \sigma_Z^2)$$

因此，上述假设成立时信道总噪声 Z 服从高斯分布，且独立于发送的扩频序列 C，也就是说信息隐藏系统的信道为加性高斯白噪声信道。

噪声熵为

$$H(Y/C) = H(Z) = -\int_{-\infty}^{+\infty} P_Z(z) \cdot \log P_Z(z) \mathrm{d}z$$

$$= -\int_{-\infty}^{+\infty} P_Z(z) \cdot \log\left[\frac{1}{\sqrt{2\pi\sigma_Z^2}}\exp(-\frac{(z-\mu_Z)^2}{2\sigma_Z^2})\right]\mathrm{d}z$$

$$= -\int_{-\infty}^{+\infty} P_Z(z)(-\log\sqrt{2\pi\sigma_Z^2})\mathrm{d}z$$

$$+ \int_{-\infty}^{+\infty} P_Z(z)\left[-\frac{(z-\mu_Z)^2}{2\sigma_Z^2}\right]\mathrm{d}z \cdot \log e \qquad (8.16)$$

由于 $\int_{-\infty}^{+\infty} P_X(x)\mathrm{d}x = 1$，$\int_{-\infty}^{+\infty}(x-u_X)^2 P_X(x)\mathrm{d}x = \sigma_X^2$，所以（8.16）式可化简为

$$H(z) = \log\sqrt{2\pi\sigma_Z^2} + \frac{1}{2}\log e = \frac{1}{2}\log 2\pi e\sigma_Z^2 \qquad (8.17)$$

可见，高斯分布的信号 X 的熵与数学期望 μ_X 无关，只与其方差 σ_X^2 有关。

由于 $C \sim N(\mu_C, \sigma_C^2)$，$Z \sim N(\mu_Z, \sigma_Z^2)$，且两者相互独立，所以接收到的伪装对象满足 $Y \sim N(\mu_C + \mu_Z, \sigma_C^2 + \sigma_Z^2) = N(\mu_Y + \sigma_Y^2)$，其熵为

$$H(Y) = -\int_{-\infty}^{+\infty} P_Y(y) \cdot \log P_Y(y)\mathrm{d}y = \frac{1}{2}\log 2\pi e\sigma_Y^2 = \frac{1}{2}\log 2\pi e(\sigma_C^2 + \sigma_Z^2) \qquad (8.18)$$

由信息论知识可知，对于加性高斯白噪声信道，只有当输入信号均值为零、平均功率为高斯分布的随机变量时，信息传输率才能达到最大值。因此，当 $\mu_c = 0$ 时，综合 (8.15)、(8.17)和(8.18)式，得到信息隐藏系统的信道为加性高斯白噪声信道时的信道容量为

$$
\begin{aligned}
C &= H(Y) - H(Y/C) \\
&= \frac{1}{2}\log 2\pi e(\sigma_C^2 + \sigma_z^2) - \frac{1}{2}\log 2\pi e\,\sigma_z^2 \\
&= \frac{1}{2}\log\left(1 + \frac{\sigma_C^2}{\sigma_z^2}\right)
\end{aligned}
\tag{8.19}
$$

C 的单位是比特/符号，对音频时域信号而言就是比特/样点。

信道总噪声的平均功率为 $N_z = \sigma_z^2 + \mu_z^2$，当 $\mu_z = 0$ 时，$N_z = \sigma_z^2$，又由于发送扩频序列的平均功率 $S_C = \sigma_C^2$，所以

$$
C = \frac{1}{2}\log\left(1 + \frac{S_C}{N_z}\right)
\tag{8.20}
$$

其中 $\dfrac{S_C}{N_z}$ 就是式(8.11)中的水印嵌入强度。

当音频信号的采样率为 f_s，扩频序列长度为 N，$x(n)$ 为 FFT 幅度谱时，最大的信息传输速率为

$$
R_{\max} = \frac{\dfrac{f_s}{2}\cdot C}{N} = \frac{f_s\log\left(1 + \dfrac{S_w}{N_z}\right)}{4N} = \frac{f_s\log\left(1 + 10^{\frac{P_w}{10}}\right)}{4N}\quad \text{b/s}
\tag{8.21}
$$

也就是说，长度为一秒钟的音频信号最多可以隐藏 $R_{\max}$ 个信息比特。

由以上分析还可知，对于非盲检测的隐藏算法，接收端可以得知载体对象 x，因此，信道噪声只有传输信道噪声 N，(8.19)式可变为

$$
C = \frac{1}{2}\log\left(1 + \frac{\sigma_w^2}{\sigma_N^2}\right)
\tag{8.22}
$$

3) 乘性嵌入方式时的容量分析

式(8.19)适用于非盲提取和盲提取的情况，但是其局限性主要在于加性嵌入方式和高斯噪声假设。

对于式(8.2)的乘性嵌入方式，假设传输信道中不存在其他攻击和干扰，也就是 $y = \bar{x}$，则信道噪声只是载体噪声。

假设 $\{c_i\}$、$\{x_i\}$ 是独立同分布的随机变量，亦即信道是无记忆的，第 i 个随机变量 c_i、x_i 的概率密度函数分别为 $f_{c_i}(c)$ 和 $f_{x_i}(x)$。由(8.2)式可知，$\bar{x}$ 的条件概率密度函数为

$$
f_x(\bar{x}\mid c) = \frac{1}{1 + \alpha c} f_X\left(\frac{\bar{x}}{1 + \alpha c}\right)
\tag{8.23}
$$

为了建立离散信道模型，应该将输入、输出的取值离散化。信道的输入为扩频序列 c，将其量化后得到输入空间 $C = \{\hat{c}_0, \hat{c}_1, \cdots, \hat{c}_{I-1}\}$，同样可得输出空间 $\bar{x} = \{\hat{\bar{x}}_0, \hat{\bar{x}}_1, \cdots, \hat{\bar{x}}_{J-1}\}$。

设转移概率为 $p(\hat{\bar{x}}_j \mid \hat{c}_i)$，$j = 0, 1, \cdots, J-1$；$i = 0, 1, \cdots, I-1$，其中，$\hat{c}_i$ 和 $\hat{\bar{x}}_j$ 分别表示输入、输出空间集中的一个元素。因此，

$$p(\hat{\bar{x}}_j \mid \hat{c}_i) = \int_{\hat{\bar{x}}_j}^{\hat{\bar{x}}_{j+1}} f_{\bar{x}}(\bar{x} \mid \hat{c}_k) \mathrm{d}\bar{x} \tag{8.24}$$

又假设信道转移矩阵为 $P = \{p(\hat{\bar{x}}_j \mid \hat{c}_i)\}$，输入变量 $\hat{c}_i$ 的先验概率为 $p(\hat{c}_i)$，则信道互信息熵为

$$I(C; \bar{x}) = \sum_{i, j} p(\hat{c}_i) p(\hat{\bar{x}}_j \mid \hat{c}_i) \log\left[\frac{p(\hat{\bar{x}}_j \mid \hat{c}_i)}{\sum_i p(\hat{c}_i) p(\hat{\bar{x}}_j \mid \hat{c}_i)}\right] \tag{8.25}$$

结合式(8.15)可得

$$C = \max_{p_C(c)} \{I(C; \bar{x})\} \tag{8.26}$$

其约束条件为 $\sum_{i=0}^{I-1} p(\hat{c}_i) = 1$，$p(\hat{c}_i) \geqslant 0$。

当载体系数的概率密度函数 $f_X(x)$ 已知时，由式(8.23)～式(8.26)便可得出信道容量的数值。

例如，图像的 DCT、DWT 系数满足广义零均值的高斯分布：

$$f_{GG}(x) = \frac{\nu \alpha(\nu)}{2\sigma \Gamma\dfrac{1}{\nu}} \exp\left[-\left(\frac{\alpha(\nu)}{\sigma} \mid x \mid\right)^{\nu}\right] \tag{8.27}$$

其中，$\alpha(\nu) = \sqrt{\dfrac{\Gamma(3/\nu)}{\Gamma(1/\nu)}}$，$\Gamma()$ 为伽玛函数，ν 与 σ 是正实常数，分别控制概率分布函数的形状和变化，当 $\nu = 1$ 时，广义高斯分布简化为拉普拉斯分布，当 $\nu = 2$ 时，为高斯分布。可见，容量 C 与 ν 和 α 成正比，与 σ 成反比。

8.2 一种利用临界频带性质的改进扩频算法

8.2.1 算法原理

由临界频带的性质可知，人耳很难分辨出同一临界带内的信号，而且当一个强音和一个弱音处于同一临界带并且同时发生时，强音将掩蔽弱音。因此，可以利用这一性质对扩频序列的元素进行感知整形——叠加到某一临界频带的序列元素值取决于该临界频带内的幅度谱最大值，也就是说信息嵌入强度与幅度谱最大值成正比。这样，利用最大幅度谱系数的频域掩蔽效应，可保证嵌入信息后不会引起听觉失真。

软扩频是一种 (N, k) 编码，即用长度为 N 的扩频序列去代表 k 位信息。相对于直接序列扩频，软扩频增加了等长扩频序列所表示的信息比特数目。因此，可采用软扩频技术，以提高扩频算法的隐藏容量。

为减小载体信号的干扰，先对接收信号的幅度谱进行归一化预处理，然后再进行相关解扩以提取信息。改进扩频算法的原理如图8.5所示。

图中 $x(n)$ 表示载体音频信号，m 为嵌入信息符号，与扩频码集中的扩频序列一一对应，而扩频序列选用具有良好相关特性的 Walsh 序列。信息嵌入的核心步骤就是利用 $x(n)$ 的掩蔽特性对扩频序列进行感知整形，然后与 $x(n)$ 叠加形成伪装信号 $\bar{x}(n)$，即

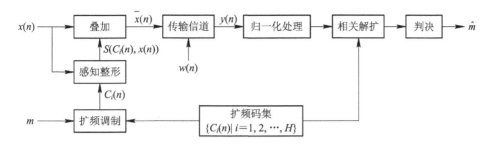

图 8.5　改进扩频算法的原理图

$$\bar{x}(n) = x(n) + S(C(n), x(n)) \tag{8.28}$$

式中，$C(n)$ 表示扩频序列，S 表示整形函数，函数规则为整形因子取决于临界频带内的最大幅度谱。

接收端首先对收到的伪装信号 $y(n)$ 进行预处理，然后通过相关运算进行解扩，得到 H 个相关值，最后依据判决准则便可得到嵌入信息符号的估计值 $\hat{m}$。

信息嵌入与提取的具体方法将在下一节进行详细介绍。

8.2.2　信息嵌入与提取方法

1. 信息嵌入方法

信息嵌入主要包括音频信号分帧处理、计算 DFT 幅度谱、嵌入信息预处理、扩频调制、扩频序列感知整形和伪装信号合成等六个步骤，如图 8.6 所示。

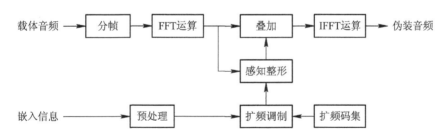

图 8.6　信息嵌入的原理图

1）音频信号分帧处理

设原始音频信号 X 的长度为 L，即 $X=\{x(n), n=1, 2, \cdots, L\}$。为了便于处理，将 X 划分为帧长为 N 的数据段，令第 k 个数据段为 $X_s(k)=\{x_s(n), n=1, 2, \cdots, N\}$。

与常用的窗函数不同，本算法分帧时使用的窗函数为平滑梯形窗，数学表达式见式 (8.29)，时域波形如图 8.7 所示。

$$wd(n) = \begin{cases} 0.5\left[1-\cos\left(\dfrac{2\pi n}{N/8-1}\right)\right] & n=0, 1, \cdots \dfrac{N}{16}-1 \\ 1 & n=\dfrac{N}{16}, \dfrac{N}{16}+1, \cdots, \dfrac{15}{16}N-1 \\ 0.5\left[1-\cos\left(\dfrac{2\pi(n-7N/8)}{N/8-1}\right)\right] & n=\dfrac{15}{16}N, \dfrac{15}{16}N+1, \cdots, N-1 \end{cases} \tag{8.29}$$

式中，N 表示窗函数长度。

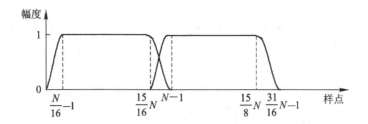

图 8.7　窗函数时域波形示意图

由式(8.29)及图 8.7 可知,该窗中间长 $7N/8$ 的部分为一个矩形窗,左右两侧长度均为 $N/16$,分别为长 $N/8$ 的汉宁窗的左半部分和右半部分。该窗函数的特点在于两端平缓收敛,用以避免频谱扩散和分块效应,中间平直是为了保证中间大部分范围内的信号在加窗后仍保持不变。

为了考察这种窗函数的频域性能,用相同窗长的矩形窗和汉宁窗与其进行比较。图 8.8 为窗长 $N=1024$,分析长度为 $2N=2048$ 时三种窗的局部频谱响应曲线。

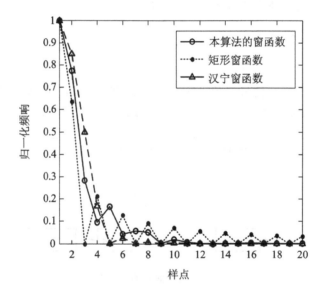

图 8.8　三种窗函数的频谱响应曲线

由上图可知,本算法窗函数的主瓣宽度大于矩形窗小于汉宁窗,而旁瓣泄漏小于矩形窗大于汉宁窗。因此,采用加平滑梯形窗的时频分析方法结合了矩形窗和汉宁窗的优点,频谱泄漏和谱间干扰的影响达到了较优的折中。另外,由于帧移较小,减小了相邻帧的互相干扰。

2) FFT 运算

利用快速傅立叶变换(Fast Fourier Transform,FFT)算法,对每一帧数据进行一维离散傅立叶变换,将 $X_s(k)$ 的幅度谱记为 $F_{X,k}(n)$,$n=1,2,\cdots,N$。

3) 嵌入信息预处理

理论上,嵌入信息 m 可以是图像、文字、音频等任何形式的信息,只要经过特定预处理(如图像的降维操作),将其转换为二进制比特流便可以隐藏到载体音频信号中。

为了消除相邻比特间的相关性，提高系统的透明性和鲁棒性，利用伪随机序列对二进制比特流进行置乱处理：

$$M_p = \text{Permute}(M) = \{m_p(n) = m(n'), 1 \leqslant n, n' \leqslant L_m\} \tag{8.30}$$

式中，M、M_p 分别表示正常顺序和置乱后的信息比特流，Permute 表示由伪随机序列决定的置乱规则，L_m 表示信息比特数目。

通过置乱，第 n' 个比特移动到了第 n 个比特的位置上。

4）扩频调制

对 M_p 的扩频调制为软扩频调制。假设扩频码集中有 $H(H = 2^p, p = 1, 2, \cdots)$ 条长度为 $L_{ss}(L_{ss} \leqslant N/2)$ 的扩频序列，则每 $\log_2 H = p$ 个嵌入信息比特组成一个符号，并唯一对应扩频码集中的一条扩频序列 $C_i(n)$，$n = 1, 2, \cdots, L_{ss}$。也就是说，采用 (L_{ss}, p) 编码的方法来完成频谱扩展。

5）扩频序列感知整形

扩频序列的感知整形分为两部分。首先，为确保伪装音频的幅度谱 $F_{\bar{X}}(n)$ 不小于零，将序列元素的取值从 $\{-1, 1\}$ 规整为 $\{-\rho, 1\}(0 \leqslant \rho \leqslant 1)$，即 $C_i(n) \in \{-\rho, 1\}$，$i = 1, 2, \cdots, H$；$n = 1, 2, \cdots, L_{ss}$。

其次，利用临界频带的掩蔽特性对 $C_i(n)$，$i = 1, 2, \cdots, H$ 进行整形，步骤如下：

（1）设在 $F_{X,k}(n)$，$n = 2, 3, \cdots, N/2 + 1$ 上隐藏第 i 个扩频序列 $C_i(n)$，那么首先对 $F_{X,k}(n)$ 划分临界频带，将第 b 个临界频带内的幅度谱记为 $F_{X,k,b}(n)$；

（2）确定 $F_{X,k,b}(n)$ 的最大值，并将其作为该临界频带内所有扩频序列元素的整形因子 $a_{k,b}(n)$，即

$$\alpha_{k,b}(n) = e \cdot \max_{n \in b} F_{X,k,b}(n) \tag{8.31}$$

式中，参数 e 为一正的常数，决定扩频序列元素的嵌入强度。参数 ρ 和参数 e 统称为整形参数。

依次求得 26 个临界频带对应的整形因子 $a_{k,b}(n)$，将其集合记为

$$a(n) = \{a_{k,1}(n), a_{k,2}(n), \cdots, a_{k,26}(n)\}$$

（3）利用 $a(n)$ 对扩频序列 $C_i(n)$ 进行整形，即

$$S(C(n), x(n)) = S(C_i(n), F_{X,k}(n)) = \alpha(n) \cdot C_i(n) \tag{8.32}$$

最后，将感知整形后的扩频序列与 DFT 幅度谱 $F_{X,k}(n)$，$n = 2, 3, \cdots, L_{ss} + 1$ 进行叠加，即式（8.28）变为

$$F_{\bar{X},k}(n) = F_{X,k}(n) + \alpha(n) \cdot C_i(n), \quad n = 2, 3, \cdots, L_{ss} + 1 \tag{8.33}$$

式中，$F_{\bar{X},k}(n)$ 表示伪装音频第 k 个数据段的幅度谱。

因此，由于幅度谱最大值的掩蔽作用，只要 e 足够小，就不会引起听觉失真。

6）伪装信号合成

依据幅度谱的共轭对称性质，合成第 k 个数据段的幅度谱 $F_{\bar{X},k}(n)$，$n = 1, 2, \cdots, N$。然后，结合原始相位谱进行反离散傅立叶变换，得到伪装音频数据段 $\bar{X}_s(k)$。

重复以上步骤，嵌入所有信息符号后，合成所有 $\bar{X}_s(k)$，得到伪装音频信号 $\bar{X}$。

2. 信息提取方法

提取信息时无需原始载体音频，属于盲提取。主要过程包括音频信号分帧处理、计算

DFT 幅度谱、归一化预处理、相关解扩、判决提取和提取信息后处理等六个步骤，如图 8.9 所示。

图 8.9　信息提取的原理图

1）音频信号分帧处理

设接收到的伪装音频信号为 $Y = \{y(n), n = 1, 2, \cdots, L\}$。按照信息嵌入时的相应方法，对其进行分帧处理，令第 k 个数据段为 $Y_s(k) = \{y_s(n), n = 1, 2, \cdots, N\}$。

2）FFT 运算

对每一帧数据 $Y_s(k)$ 进行一维离散傅立叶变换，得到幅度谱为 $F_{Y, k}(n), n = 1, 2, \cdots, N$。

3）归一化预处理

由于传输信道中加性噪声的干扰，$F_{Y, k}(n)$ 为

$$F_{Y, k}(n) = F_{X, k}(n) + F_{w, k}(n) = [F_{X, k}(n) + F_{w, k}(n)] + \alpha(n) \cdot C_i(n)$$
$$n = 2, 3, \cdots, L_{ss} + 1 \tag{8.34}$$

式中，$F_{w, k}(n)$ 表示第 k 个信道噪声数据段的幅度谱。

为了提取信息，必须将 $F_{Y, k}(n)$ 与扩频码集中的所有序列 $C_i(n), i = 1, 2, \cdots, H$ 进行相关运算。但是，由式(8.34)可知，由于在嵌入信息时对扩频序列进行了感知整形，因此序列的自相关值会减小。另外，扩频序列与载体音频信号幅度谱、信道噪声幅度谱的互相关值是干扰项。为提高信息提取的正确率，可对 $F_{Y, k}(n)$ 进行归一化预处理。

首先对 $F_{Y, k}(n), n = 2, 3, \cdots, L_{ss} + 1$ 划分临界频带，将第 b 个临界频带内的幅度谱记为 $F_{Y, k, b}(n)$。然后，进行归一化处理，即

$$F'_{Y, k, b}(n) = \frac{F_{Y, k, b}(n)}{\max F_{Y, k, b}(n)} \tag{8.35}$$

归一化处理后 $F'_{Y, k}(n) \in [0, 1]$，第 b 个临界频带内的扩频序列元素的取值从

$$\{-\rho \cdot e \cdot \max_{n \in b} F_{X, k, b}(n), 1 \cdot e \cdot \max_{n \in b} F_{X, k, b}(n)\}$$

变为

$$\left\{ \frac{-\rho \cdot e \cdot \max_{n \in b} F_{X, k, b}(n)}{\max_{n \in b} F_{X, k, b}(n) + F_{w, k, b}(n) + \alpha_b(n) \cdot C_i(n)}, \frac{1 \cdot e \cdot \max_{n \in b} F_{X, k, b}(n)}{\max_{n \in b} F_{X, k}(n) + F_{w, k, b}(n) + \alpha_b(n) \cdot C_i(n)} \right\}$$

当 e 和 $F_{w, k, b}(n)$ 较小时，可近似为 $\{-\rho \cdot e, e\}$，也就是同一帧内的扩频序列元素取值近似相同。

4）相关解扩及判决提取

利用式(8.35)计算 $F'_{Y, k}(n)$ 与所有扩频序列 $C_i(n), i = 1, 2, \cdots, H$ 的相关值：

$$R_i = \sum_{n=1}^{L_{ss}} F'_{Y, k}(n) \cdot C_i(n) \tag{8.36}$$

判决器判断 H 个相关值的最大值，并将该序列对应的信息符号作为提取到的信息，即

$$\hat{M}_p = \arg \max_i R_i \tag{8.37}$$

5）提取信息后处理

对 $\hat{M}_p$ 进行伪随机逆排序，恢复二进制比特流的正确顺序：

$$\hat{M} = \text{InversePermute}(\hat{M}_p) = \{\hat{m}(n) = \hat{m}_p(n'),\ 1 \leqslant n,\ n' \leqslant L_m\} \qquad (8.38)$$

式中，InversePermute 表示与 Permute 对应的反置乱规则。

最后，进行特定后处理（如图像的升维操作）即可恢复嵌入信息的原始形式。

8.2.3　参数选取研究

由上节可以发现，改进扩频算法的参数较多，包括载体音频的类型、帧长 N、扩频序列长度 L_{ss}、扩频码集大小 H 以及整形参数 ρ 和 e 等。本节将通过仿真实验研究这些参数对算法透明性和鲁棒性的影响，为选取具体参数提供依据。

1. 算法参数与透明性的实验

实验目的：确定算法参数对透明性的影响。

实验条件：载体音频分别采用一段语音信号（节选自普通话水平测试示范朗读"我为什么当教师"）和音乐信号（节选自流行音乐"我的未来不是梦"），长度均为 10 s，采样率为 44100 Hz，量化精度为 16 bit，单声道；嵌入信息为二进制伪随机序列，长度 L_m 随 N 和 H 变化，目的是在所有数据帧中均隐藏信息；扩频序列长度 $L_{ss} = N/2$，即在所有交流频谱分量上隐藏信息；伪装音频的透明性与 H 无关，因此令 $H = 2$。

实验方法：将 $N = 2048$、$L_{ss} = 1024$ 记为参数 Ⅰ，$N = 4096$、$L_{ss} = 2048$ 记为参数 Ⅱ，整形参数 ρ 和 e 可调整。按照算法参数，利用上节提出的信息嵌入方法得到伪装音频后，利用 MOS 得分法评价其音质。

实验结果：参数 Ⅰ 和参数 Ⅱ 时，帧长 N、整形参数 ρ、e 对伪装语音信号听觉失真的影响分别如表 8.2、表 8.3 所示。

表 8.2　参数 Ⅰ 时伪装语音的 MOS 得分

MOS　e　　ρ	0.05	0.1	0.15	0.2	0.25	0.3
0	5	4.8	4.5	4.2	4.1	3.7
0.1	5	4.7	4.5	4.2	4	3.6
0.2	5	4.7	4.4	4.2	4	3.4
0.3	4.9	4.6	4.3	4.1	3.8	3.3

表 8.3　参数 Ⅱ 时伪装语音的 MOS 得分

MOS　e　　ρ	0.05	0.1	0.15	0.2	0.25	0.3
0	5	4.7	4.5	4.2	4	3.5
0.1	5	4.7	4.4	4.2	3.8	3.5
0.2	4.9	4.6	4.4	4.1	3.7	3.2
0.3	4.8	4.6	4.3	4	3.6	3.1

帧长 N、整形参数 ρ、e 对伪装音乐信号听觉失真的影响分别如表 8.4、表 8.5 所示。

表 8.4　参数 Ⅰ 时伪装语音的 MOS 得分

MOS　　　e ρ	0.05	0.1	0.15	0.2	0.25	0.3
0	5	5	4.8	4.5	4.3	4
0.1	5	5	4.7	4.5	4.2	3.9
0.2	5	4.9	4.7	4.4	4.2	3.7
0.3	5	4.8	4.6	4.3	4	3.6

表 8.5　参数 Ⅱ 时伪装语音的 MOS 得分

MOS　　　e ρ	0.05	0.1	0.15	0.2	0.25	0.3
0	5	5	4.7	4.3	4	3.7
0.1	5	4.9	4.6	4.3	4	3.7
0.2	5	4.9	4.5	4.2	3.9	3.6
0.3	5	4.7	4.4	4.1	3.8	3.5

分析讨论：分析表 8.2～表 8.5 可以发现：

(1) 通过参数调整，伪装音频的 MOS 得分基本上都大于 4 分，甚至可高达 5 分，因此改进算法采用的感知整形方法有效可行，能够达到良好的透明性。

(2) 听觉失真情况与整形参数有关：整形参数值越大，失真越大，而且参数 e 对听觉失真的影响比参数 ρ 的影响大。例如，表 8.2 中，参数 e 从 0.05 增加到 0.3 时，MOS 得分从 5 分降至 3.7 分，而参数 ρ 由 0 增加到 0.3 时，MOS 得分仅从 5 分降至 4.9 分。

(3) 听觉失真情况与帧长有关：其他参数相同时，帧长越大越容易引起听觉失真。如载体为语音，参数 $\rho=0$、$e=0.3$ 时，帧长为 2048 时的 MOS 得分为 3.7 分，而帧长为 4096 时的 MOS 得分为 3.5 分。

(4) 听觉失真情况与载体音频有关：对比表 8.2 与表 8.4 或表 8.3 与表 8.5 可知，参数相同时，伪装音乐的听觉失真普遍较小。

(5) MOS 得分大于 4 分时，表明算法具有良好的透明性，因此对于实验中的载体语音或音乐，帧长为 2048 时的最佳参数为 $\rho\leqslant0.3$，$e\leqslant0.25$；帧长为 4096 时的最佳参数为 $\rho\leqslant0.3$，$e\leqslant0.2$。

2. 算法参数与鲁棒性的实验

实验目的：确定选取不同参数时，算法抗加性高斯白噪声干扰的性能。

实验条件：载体音频、嵌入信息和扩频序列长度同上一实验；其他参数如表 8.6 所示。

实验方法：按照不同的参数设置，利用上节提出的信息嵌入方法得到伪装音频后，加入不同强度的高斯白噪声，然后利用信息提取方法从含噪音频中提取出信息，并用误比特率衡量算法的鲁棒性。

表 8.6　参数设置情况

编号	载体信号	帧长 N	扩频码长 L_{ss}	扩频码集 H	参数 ρ	参数 e
Case1	语音	2048	1024	2	0	0.1
Case2	语音	2048	1024	2	0	0.25
Case3	语音	2048	1024	4	0	0.25
Case4	语音	2048	1024	2	0.2	0.25
Case5	语音	4096	2048	2	0	0.1
Case6	语音	4096	2048	2	0	0.22
Case7	语音	4096	2048	2	0.2	0.2
Case8	音乐	2048	1024	2	0	0.25

实验结果：误比特率情况如图 8.10 所示。

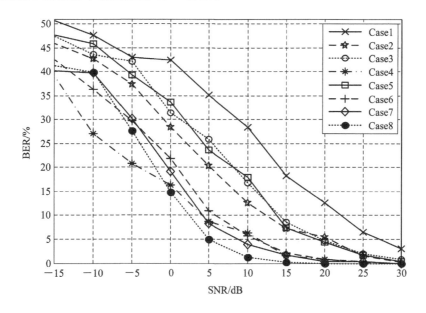

图 8.10　加性高斯白噪声干扰时的误比特率情况

分析讨论：分析上图可以发现：

（1）误比特率情况与整形参数有关：对比曲线 Case1 与 Case2、曲线 Case2 与 Case4 可知，其他参数相同时，整形参数 e 或 ρ 越大，鲁棒性越强；对于 Case6 和 Case7 的参数，由表 8.3 可知，伪装语音的 MOS 得分均为 4.1 分，但由于参数 ρ 的存在，Case7 的误比特率要小于 Case6 的。因此，透明性相同时，适当减小 e、增加 ρ 可提高鲁棒性。

（2）误比特率情况与扩频处理增益有关：对比曲线 Case2 与 Case3、Case1 与 Case5 发现，其他参数相同时，H 越小或 N 越大，处理增益越大，鲁棒性越强。

（3）误比特率情况与载体音频有关：对比曲线 Case2 与 Case8 可知，其他参数相同时，伪装音乐信号的抗噪性能要强于伪装语音信号。

总之，由于利用扩展频谱的方法，将嵌入信息添加到所有交流频率分量上，算法具有较强的鲁棒性。

8.2.4 性能仿真及结果分析

改进扩频算法适用于载体信号为任意类型的音频，实验中选用上一节中的语音信号作为载体；利用参数选取研究的实验结论，综合考虑透明性、鲁棒性和隐藏容量的关系，令帧长 $N=2048$，整形参数 $\rho=0.2$、$e=0.25$；嵌入信息为长 L_m 的二进制伪随机序列；扩频序列长度 $L_{ss}=N/2$。

1. 透明性测试

由表 8.2 可知，伪装语音的 MOS 得分为 4 分，隐藏信息前后语音信号的听觉差别很小。

2. 鲁棒性测试

令 $H=2$，则 $L_m=229$。对伪装语音信号施加常见的信道干扰，并用误比特率衡量算法的鲁棒性。

（1）添加噪声。高斯白噪声干扰下的误比特率情况见图 8.10 中的 Case4，可见，在信噪比大于 20 dB 时，提取信息的误比特率接近于零。

（2）动态范围变化。分别对伪装语音实施幅度规整（令规整因子 $\beta\in[0.1,1.5]$）、归一化（每个样点除以所有样点中的最大值）、交换相邻样点（依次将两两相邻的样点交换位置）和样点最低位置零（每个样点值的最低位清零）等干扰，误比特情况如表 8.7 所示。因此，改进扩频算法能有效抵抗这些信道干扰，没有发生误码。

表 8.7 动态范围变化干扰时的误比特率情况

干扰类型	误比特率/%
幅度规整	0
归一化	0
交换相邻样点	0
样点最低位置零	0

（3）滤波。伪装语音分别经受低通截止频率为 F_{lp}，高通截止频率为 F_{hp} 的滤波干扰时，误比特率如表 8.8 所示。

表 8.8 滤波干扰时的误比特率情况

截止频率/Hz	误比特率/%
$F_{lp}=8000$	0
$F_{lp}=4000$	0.87
$F_{hp}=100$	0
$F_{hp}=300$	0.44

由表 8.8 可知,虽然滤波操作滤除了伪装语音信号的部分频段,造成部分扩频序列元素丢失,但是利用剩余频段上的信息仍能可靠地提取出信息。

(4) 格式变化。进行重新量化干扰——将量化精度从 16 bit 变为 $R_{quan}=8$ bit,提取信息时没有发生错误;另外,对伪装语音实施重采样干扰——将采样率降为 F_{re},再还原为原采样率,F_{re} 对误比特率的影响如表 8.9 所示。

表 8.9 重采样干扰时的误比特率情况

采样率 F_{re}/Hz	误比特率/%
22050	0
11025	2.62
8000	3.06

分析表 8.9 可知,重采样不仅丢失了 $F_{re}/2$ 以上的频段,而且对 $F_{re}/2$ 以下频段的频谱有一定影响,因此会造成一些误码。而且,相对于低通截止频率 $F_{lp}=F_{re}/2$ 的低通滤波干扰,会产生更多的误码。例如 $F_{re}=8000$ Hz 时的误比特率为 3.06%,而 $F_{lp}=4000$ Hz 时的误比特率仅为 0.87%。

(5) 失同步干扰。将伪装语音信号整体平移 MN_0 个样点,误比特率情况如表 8.10 所示。

表 8.10 样点平移干扰时的误比特率情况

平移样点数 MN_0	误比特率/%
200	0
300	0.44
500	1.75

由表 8.10 可知,200 个样点以内的整体平移不会对信息提取造成影响。因此,传输伪装语音时,允许接收端的语音信号存在一定的同步偏移。

(6) MP3 压缩。先用 GoldWave 软件以一定的压缩比 R_{cmp} 对伪装语音信号进行 MP3 压缩,然后用 Cool Edit 软件将 mp3 文件转换为 wav 格式。R_{cmp} 与误比特率的关系如表 8.11 所示。

表 8.11 MP3 压缩干扰时的误比特率情况

压缩比 R_{cmp}	误比特率/%
5.5	0
11	0.44
22.1	3.49

分析表 8.11 可知,对伪装语音信号进行 MP3 压缩时,利用心理声学模型去除了一些

人耳难以听到的频率分量,损失了对应频段上的信息。当压缩比较小时,丢失的信息也较少,因此仍能正确地提取信息,随着压缩比的增大,丢失信息增多,误码也就增多。

(7) 添加回声。对伪装语音添加不同强度的回声,初始音量固定为 $V=40\%$。当延迟时间 $T=50$ ms、衰减因子 $\eta=20\%$,$T=50$ ms、$\eta=50\%$,$T=100$ ms、$\eta=50\%$时的误比特率如表 8.12 所示。

表 8.12　回声干扰击时的误比特率情况

攻击强度	误比特率/%
$T=50$,$\eta=20$	0
$T=50$,$\eta=50$	0.44
$T=100$,$\eta=50$	2.18

当 $T=50$ ms、$\eta=50\%$时,听觉上已能感觉到较明显的回声。由表 8.12 可知,在各种强度的回声干扰下,误比特率均较小,可见改进扩频算法能很好地抵抗回声干扰。

(8) 联合干扰。先后实施以下信道干扰——规整因子为 0.8 的幅度规整,F_{lp} 为 11025 Hz 的低通滤波,F_{hp} 为 100 Hz 的高通滤波,F_{re} 为 22050 Hz 的重采样,R_{quan} 为 8 bit 的重新量化,信噪比为 30 dB 的高斯白噪声,$T=50$ ms、$\eta=20\%$ 的回声,MN 为 100 的样点平移。每实施一种干扰后,计算误比特率值,如表 8.13 中的 BER Ⅰ所示。可见,最终的误比特率为 4.37%,而且是在实施重新量化干扰后开始产生误码。

在以上联合干扰中省略重采样和重新量化干扰,对应的误比特率值如表 8.13 中的 BER Ⅱ所示,此时的最终误比特率仅为 0.44%。因此,传输伪装语音时,接收端应以与语音相同的采样率和量化精度录制信号。

表 8.13　联合干扰时的误比特率情况

干扰	幅度规整	低通滤波	高通滤波	重采样	重新量化	添加白噪声	添加回声	样点平移
BER Ⅰ	0	0	0	0	2.18	2.62	3.05	4.37
BER Ⅱ	0	0	0	/	/	0.44	0.44	0.44

可见,在各种类型及强度的信道干扰下,改进扩频算法均能以较小的误比特率提取信息。另外,本文还对载体信号为音乐的情况进行了实验,同样进行以上干扰,发现误比特率都很小,并且小于载体为语音时的误比特率。因此,改进扩频算法对常见的音频传输信道干扰具有很强的鲁棒性。

3. 隐藏容量测试

在以上实验中,载体语音的采样率为 44100 Hz,帧长 $N=2048$,帧移为 128 样点,扩频序列长度为 $L_{ss}=N/2$,扩频码集大小为 $H=2$,因此每秒钟可隐藏 22 比特的信息。

理论上,当 $H=L_{ss}=1024$ 时,每帧可隐藏 $\log_2 1024=10$ 个比特,因此隐藏容量最大值为 220 b/s。但是,随着 H 的增加,扩频处理增益减小,鲁棒性变差。表 8.14 给出了伪装语音没有受到干扰时 H 与 BER 的关系。

表 8.14　扩频码集大小与误比特率的关系

扩频码集/H	隐藏容量/(b/s)	误比特率/%
2	22	0
4	44	0
8	66	0
16	88	0
32	110	1.31
64	132	4.80

由表 8.14 可知,软扩频措施提高了隐藏容量,但是随着扩频码集的增大,鲁棒性也减弱,当隐藏容量大于 88 b/s 时,即使伪装语音不受到干扰,由于载体信号的干扰以及扩频序列相关性的约束,提取信息也会发生误码。

8.3　算法应用实验

8.3.1　实验平台设计

第 5 章指出,警用无人机无线喊话器系统工作在嘈杂环境中。所谓嘈杂环境是指基于扬声器-麦克风的声波传输方式,经大量实验发现,该传输信道的干扰类型主要包括失同步、幅度规整、重采样、量化误差、信道噪声、相位差异、直流偏移、硬件频率响应性能造成的非线性滤波以及回声等。

由上节实验可知,改进扩频算法对幅度规整、带通滤波、重采样、重新量化、高斯白噪声、回声和样点平移等信道干扰组成的联合干扰具有较强的鲁棒性。因此,本节将研究改进扩频算法在音频嘈杂环境中的应用。

基于嘈杂环境的音频信息隐藏系统实验平台如图 8.11 所示。

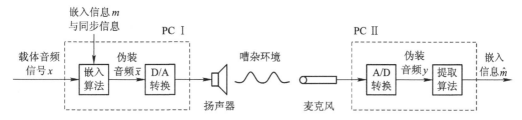

图 8.11　基于嘈杂环境的音频信息隐藏实验系统

在发送端 PC 机上,利用改进扩频算法将嵌入信息 m 嵌入到载体音频信号 x 中,得到伪装音频 $\bar{x}$,然后通过声卡的 D/A 转换器变为模拟信号,再利用扬声器播放出去。经过嘈杂环境传输后,接收端利用麦克风录制音频信号,经 A/D 转换成数字信号 y,最后在接收端 PC 机上利用提取算法提取出嵌入信息 $\hat{m}$。其中,录音时的采样率和量化精度与伪装音频信号的相同。为了确定嵌入信息的隐藏位置,在发送音频信号的起始端插入长 127 bit 的

m 序列作为同步码,添加域为时域,以减小运算量,提高实时性。

实验中,载体音频为 44100 Hz 采样,16 bit 量化,长约 20 s 的音乐信号"我的未来不是梦";嵌入文本信息为存储于记事本中的汉字"无人机音频数据通信系统中的扩频信息隐藏算法应用实验";算法参数为帧长 $N=2048$,扩频序列长 $L_s=N/2$,扩频码集 $H=8$,整形参数 $\rho=0.3$、$e=0.25$;传输距离为 200 cm。

8.3.2 实验结果及分析讨论

发送端的载体音频、伪装音频和接收端的伪装音频信号波形如图 8.12 所示。可见,从波形上比较,原始载体音频和伪装音频几乎没有差别(经测试,伪装音频的 MOS 得分为 4 分),而且接收伪装音频与发送端的伪装音频实现了精确的对齐,但是波形发生了较大的变化。

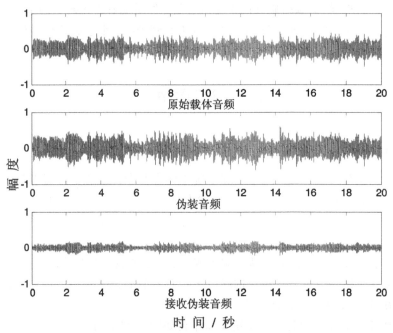

图 8.12 传输前后的音频信号波形

发送信息与提取信息如图 8.13 所示,接收端能够完全正确地提取信息。

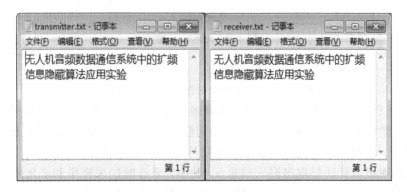

图 8.13 发送信息与提取信息界面图

此外，实验发现系统误码情况不仅与算法参数，如信息嵌入强度、载体音频有关，还与系统设置，如传输距离、音量大小有关。前者的影响作用是显而易见的，后者主要是嘈杂环境的影响。因此，接收端可以采取对应弥补措施以提高信息提取的正确率。

8.3.3　算法应用示例

1. 隐蔽通信应用

改进扩频算法透明性好、隐藏容量较大、抗干扰性能强，能承受嘈杂环境的干扰，可用于无人机数据通信系统中的无线喊话、广播等场合进行隐蔽通信，也可以用于无人机音频数据版权确认、来源追踪和信息标注等场合。

例如，音频广播是无人机数据通信系统中信息传播的重要方式，具有覆盖范围广、普及率高、时效性好和成本低廉等优点。然而，由于模拟信道频带限制，只能传输音频节目信号。因此，可以利用信息隐藏技术对其进行改造，使之可以同时传输其他形式的信息。信息隐藏系统利用扩频算法和信道编码技术，将重要信息或与广播节目相关的信息，如文本或图像，隐藏在音频信号中，且保证不影响音频的听觉质量。伪装音频信号再通过无人机数据通信系统发送到各用户。收听者可利用收音机配以专用接收设备对所传输的信息进行提取并显示。由于系统只需对音频信号进行算法处理，所以无需更新广播发送设备和频带规划，既是一种保密通信解决方案，又是一种简便廉价的广播"升级"方式。

2. 数字水印应用

由于鲁棒性强，算法还可用于无人机多媒体数据版权确认、来源追踪、信息标注等场合。例如，在某个无人机音频文件中嵌入"ID510500"字样作为用户信息，在音频文件进行数字传输和信道干扰后，仍能准确提取出该信息，如图 8.14 所示。

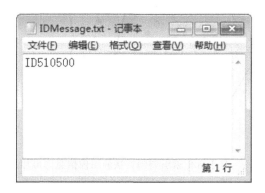

图 8.14　无人机音频文件中提取的用户信息

据此可知，该音频文件的用户 ID 为 510500，即实现了用户追踪。

第9章

无人机音频数据通信中的量化信息隐藏技术

　　量化索引调制算法（Quantization Index Modulation，QIM）具有实现简单、隐藏容量大、能够盲提取和鲁棒性较强等优点，已成为信息隐藏领域的研究热点之一。本章将深入分析量化索引调制算法的原理和性能，针对 QIM 算法量化步长恒定以及抗幅度规整干扰性能差等缺点，提出一种利用听觉掩蔽特性的自适应量化索引调制算法，实验验证改进算法在无人机音频数据通信中的应用。

9.1　量化索引调制算法的基本原理

　　量化索引调制算法最早由 Chen 等于 1998 年提出，首先用于图像信息隐藏，其原理如图 9.1 所示。

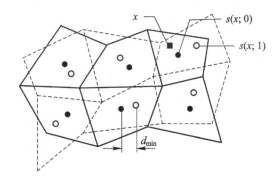

图 9.1　基于量化索引调制算法的图像信息隐藏原理图

　　待嵌入的第 i 个信息比特 $m_i \in \{0,1\}$，对应两种量化器——实心圆点和实线多边形组成量化器 I，用于嵌入比特"0"；空心圆点和虚线多边形组成量化器 II，用于嵌入比特"1"。x 表示载体信号，当 $m_i = 0$ 时，先查找 x 落在哪个实线多边形内，再用对应的量化器 I 对其进行量化，量化器的输出 $\bar{x}$ 就是该量化器的实心圆点；同理，当 $m_i = 1$ 时，就用对应的量化器 II 对 x 进行量化，量化器的输出 $\bar{x}$ 就是该量化器的空心圆点。因此，通常将实线多边形或虚线多边形称为量化区间，将实心圆点和空心圆点称为量化点。

　　提取信息时，依据最近距离原则，即先判断接收到的伪装信号 y 与哪个量化点最近，然后就认为隐藏的信息比特就是该量化点表示的比特。

　　最小距离是指任意两个不同量化点之间距离的最小值，定义为

$$d_{\min} = \min_{(i,\ j):\ i \neq j}\ \min_{(x_i,\ x_j)} \| s(x_i;\ i) - s(x_j;\ j) \| \tag{9.1}$$

量化索引调制系统的性能取决于量化器的参数：量化步长、量化误差和最小距离。

量化步长定义为量化区间的大小，而量化误差是指量化器输出值与输入值之间的差值。量化步长决定量化误差的大小，即最终影响伪装信号的透明性；最小距离决定了正确提取信息所允许的 y 相对于 $\overline{x}$ 的偏移量，即影响算法的鲁棒性。

9.2　量化索引调制算法实现方案的分析与比较

9.2.1　四种 QIM 实现方案及性能比较

量化索引调制算法同样适用于音频信息隐藏，根据量化器参数的不同，目前主要有增量调制量化法、区间划分量化法、奇偶倍数量化法和半嵌入强度量化法等四种实现方案。

离散傅立叶变换在音频信号处理中占有十分重要的地位，并且具有快速傅立叶变换算法，使信号的实时处理和设备简化得以实现。因此，本节研究载体系数为 DFT 幅度谱系数时的四种实现方案，并比较其性能。应该指出，与图像不同的是，音频信号及其 DFT 幅度谱或相位谱都是一维信号，并且幅度谱恒为正数。

1. 增量调制量化法

设用于隐藏 m_i 的原始 DFT 幅度谱系数为 f_i，嵌入强度为 S，隐藏信息后的幅度谱系数为 f_i'，则信息嵌入方法为

首先将 f_i 向下取值为 S 的整数倍，然后通过增加不同的增量来嵌入比特"0"和"1"，即

$$f_i' = \begin{cases} f_i - \mathrm{mod}(f_i,\ S) + T_0, & m_i = 0 \\ f_i - \mathrm{mod}(f_i,\ S) + T_1, & m_i = 1 \end{cases} \tag{9.2}$$

式中，$\mathrm{mod}(f_i,\ S) = f_i - S \cdot \mathrm{floor}\left(\dfrac{f_i}{S}\right)$ 表示 f_i 除以 S 后的余数，通常 $T_0 = \dfrac{S}{4}$，$T_1 = \dfrac{3}{4}S$。

为便于进行性能分析，按照 QIM 算法的基本原理，剖析了增量调制量化法的原理，如图 9.2 所示。

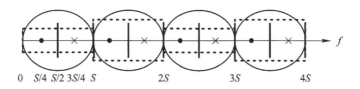

图 9.2　增量调制量化法的原理图

椭圆框（一维）表示量化区间 I，框内的"·"点为该量化区间的量化点，当 $m_i = 0$ 时，如果 f_i 落在某个椭圆框内，则将 f_i 量化为该框内点"·"对应的值；虚线方框（一维）表示量化区间 II，框内的"×"点为量化点，当 $m_i = 1$ 时，如果 f_i 落在某个虚线方框内，则将 f_i 量化为该框内"×"点对应的值。

提取信息时，依据最近距离原则，也就是说只要接收端的幅度谱系数 f_i'' 不超过量化点两侧粗竖线，就能正确提取信息。

2. 区间划分量化法

区间划分量化法首先以 S 为间隔，将幅度谱系数划分成连续、交替的 A 区间和 B 区间。嵌入信息时，若 $m_i=0$，则将 f_i 量化到最近 B 区间的中点；若 $m_i=1$，则将 f_i 量化到最近 A 区间的中点。因此，区间划分量化法的原理可用图 9.3 表示。

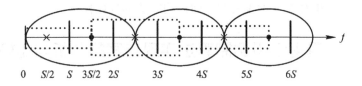

图 9.3　区间划分量化法的原理图

图中符号的意义同图 9.2。

3. 奇偶倍数量化法

奇偶倍数量化法是指量化点为嵌入强度 S 的奇数倍或偶数倍。具体来说，量化器 I 的量化点为 S 的偶数倍，表示比特"0"，而量化器 II 的量化点为 S 的奇数倍，表示比特"1"。因此，该方法的原理如图 9.4 所示。

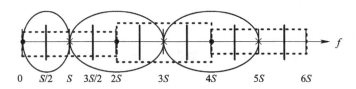

图 9.4　奇偶倍数量化法的原理图

图中符号的意义同图 9.2。

4. 半嵌入强度量化法

嵌入强度 S 的一半等于 $S/2$，简称为半嵌入强度。$m_i=0$ 时，量化点为与 f_i 最近的半嵌入强度的奇数倍；$m_i=1$ 时，量化点为与 f_i 最近的半嵌入强度的偶数倍，即 f_i' 的取值空间为

$$f_i' = \begin{cases} 2k \cdot \dfrac{S}{2}, & m_i=1 \\ (2k+1) \cdot \dfrac{S}{2}, & m_i=0 \end{cases} \tag{9.3}$$

式中，$k=0,1,2,\cdots$。

依据该思想得到的原理图如图 9.5 所示。

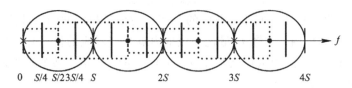

图 9.5　半嵌入强度量化法的原理图

图中符号的意义同图 9.2。

由 QIM 算法的原理和图 9.2～图 9.5 可知，当嵌入强度为 S 时，四种实现方案的性能如表 9.1 所示。

表 9.1　四种实现方案的性能比较

	增量调制量化法	区间划分量化法	奇偶倍数量化法	半嵌入强度量化法
量化步长	S	$2S$、$2.5S^*$、$1.5S^{**}$	$2S$、S^*	S、$0.5S^{**}$
最小距离	$0.5S$	S	S	$0.5S$
量化误差	$\left(-\frac{3}{4}S, \frac{3}{4}S\right]$	$(-S, S]$、$\left(-S, \frac{3}{2}S\right]^*$	$(-S, S]$	$\left(-\frac{1}{2}S, \frac{1}{2}S\right]$
允许偏移量	$\left[-\frac{1}{4}S, \frac{1}{2}S\right)$	$\left[-\frac{1}{2}S, \frac{1}{2}S\right)$	$\left[-\frac{1}{2}S, \frac{1}{2}S\right)$、$\left[0, \frac{1}{2}S\right)^*$	$\left[-\frac{1}{4}S, \frac{1}{4}S\right)$、$\left[0, -\frac{1}{4}S\right)^{**}$

注：表中"*"表示由量化器Ⅰ的第一个量化区间造成的性能；"**"表示由量化器Ⅱ的第一个量化区间造成的性能。

由上表可知，忽略个别特殊的量化步长，当各方案主要的量化步长相同时（如令步长均为 $2S$），最小距离相同（均为 S），允许的偏移量也基本相同（基本为 $[-S/2, S/2)$），因此各算法的鲁棒性也基本相同。但是，此时的量化误差并不相同，增量调制量化法的量化误差最大（为 $(-3S/2, 3S/2]$），奇偶倍数量化法和半嵌入强度量化法的最小（均为 $(-S, S]$）。因此，从透明性和鲁棒性两个主要性能上看，奇偶倍数量化法和半嵌入强度量化法是等价的，而且是四种方案中最优的。

9.2.2　半嵌入强度量化法的性能分析

由上节分析可知，奇偶倍数量化法和半嵌入强度量化法的综合性能最优，下面以半嵌入强度量化法为例，首先给出嵌入和提取公式，然后分析算法的透明性、鲁棒性和隐藏容量等性能。

1. 实现公式

依据图 9.5 的思想，可以提出的一种简便嵌入公式为

$$f_i' = \begin{cases} \text{round}\left(\frac{f_i}{S}\right) \cdot S, & m_i = 1 \\ \text{floor}\left(\frac{f_i}{S}\right) \cdot S + \frac{S}{2}, & m_i = 0 \end{cases} \tag{9.4}$$

式中，round(·)表示向最近的整数取整，floor(·)表示向下取整。

从接收到的幅度谱系数 f_i'' 中提取信息的公式为

$$\hat{m}_i = \begin{cases} 0, & \frac{S}{4} \leqslant \text{mod}(f_i'', S) < \frac{3}{4}S \\ 1, & \text{其他} \end{cases} \tag{9.5}$$

2. 嵌入失真公式

可以用均方误差来衡量嵌入失真的大小：

$$D(f', f) = \frac{1}{N}\sum_{i=1}^{N}(f_i' - f_i)^2 \tag{9.6}$$

式中，$f = \{f_i | i = 1, 2, \cdots, N\}$ 表示原始的幅度谱系数，$f' = \{f_i' | i = 1, 2, \cdots, N\}$ 表示隐藏信息后的幅度谱系数。

当量化步长 Δ 足够小时，f 在每个量化区间内的分布可以看做是均匀分布的。因此，式(9.6)可变为

$$D(f', f) = \frac{1}{\Delta} \int_{-\Delta/2}^{\Delta/2} x^2 \, \mathrm{d}x = \frac{\Delta^2}{12} \tag{9.7}$$

由式(9.7)可知，嵌入失真与量化步长的平方成正比，而且无论 f 的大小，嵌入失真都固定不变。因此，当 f 较小时，信号功率与嵌入失真功率比也就很小，容易引起听觉失真。

3. 误比特率公式

1) 加性高斯白噪声干扰时的误比特率公式

设 $f_n = \{f_{ni} | i = 1, 2, \cdots, N\}$ 是服从 $N(0, \delta^2)$ 分布的加性高斯白噪声，$f'' = \{f_i'' | i = 1, 2, \cdots, N\}$ 表示受干扰后的 f'，即 $f_n = f'' - f'$。

由式(9.5)可知，当 $f_{ni} \notin (k\Delta - \Delta/4, k\Delta + \Delta/4)(k \in Z)$ 时，就会发生提取错误。因此，误比特率为

$$
\begin{aligned}
\mathrm{BER} &= 1 - \sum_{k \in Z} \int_{k\Delta - \Delta/4}^{k\Delta + \Delta/4} \frac{1}{\sqrt{2\pi}\delta} \cdot \mathrm{e}^{\frac{-x^2}{2\delta^2}} \cdot \mathrm{d}x \\
&\approx \int_{|x| > \Delta/4} \frac{1}{\sqrt{2\pi}\delta} \cdot \mathrm{e}^{\frac{-x^2}{2\delta^2}} \cdot \mathrm{d}x \\
&= \frac{2}{\sqrt{2\pi}\delta} \cdot \int_{\Delta/4}^{+\infty} \mathrm{e}^{\frac{-x^2}{2\delta^2}} \cdot \mathrm{d}x
\end{aligned}
\tag{9.8}
$$

噪声干扰会使 f_i'' 偏离原来的量化点 f_i'，通常当偏移量超出 $[-S/4, S/4)$ 时便发生提取错误，但是有些时候 f_i'' 变化较大，落入同一量化器的另一个量化区间(如 $m_i = 0$ 时，受干扰后的 f_i'' 仍然最接近 "·" 点，因此也会判为 "0")，这样就不存在错判。然而，实际中发生这种情况的概率很小，因此，上式中约等号成立。

由式(9.8)可知，当高斯白噪声的功率一定时，鲁棒性主要取决于量化步长 Δ，而与原始幅度谱系数无关。

2) 幅度规整干扰时的误比特率公式

幅度规整是指以一定比例对音频信号幅度进行缩放，播放音频时的音量增减、模拟信道传输中的 DA/AD 转换等都会造成幅度规整现象。

设 $\bar{x} = \{\bar{x}_i | i = 1, 2, \cdots, N\}$ 表示伪装音频信号，β 表示施加到 $\bar{x}$ 上的线性幅度规整因子，$y = \{y_i | i = 1, 2, \cdots, N\}$ 表示受干扰后的伪装音频信号，即 $y_i = \beta \cdot \bar{x}_i$。根据酉变换的性质，有 $f_i'' = \beta \cdot f_i'$。

那么，受幅度规整干扰后第 i 个幅度谱系数 f_i 的变化量为 $\Delta f_i = f_i'' - f_i' = (\beta - 1) \cdot f_i'$，如果 $\Delta f_i > k\Delta + \Delta/4, k = \lfloor (\beta - 1) f_i'/\Delta + 0.25 \rfloor$，就会发生误码，即下式成立时就有误码：

$$(\beta - 1) \cdot f_i' > k\Delta + \frac{\Delta}{4} \tag{9.9}$$

当 $\beta \neq 1$ 时，式(9.9)又等价于下式：

$$
\begin{cases}
f_i' > \dfrac{\Delta}{\beta - 1}(k + 0.25), & \beta > 1 \\
f_i' < \dfrac{\Delta}{\beta - 1}(k + 0.25), & 0 < \beta < 1
\end{cases}
\tag{9.10}
$$

因此,误比特率为

$$\text{BER} = \frac{N_{\text{err}}}{N_{\text{sum}}} \tag{9.11}$$

式中,N_{err} 表示满足式(9.10)的 f_i' 的数目,N_{sum} 表示总的 f_i' 的数目。

令 $F(\Delta, \beta, f_i') = (\beta-1) \cdot f_i' - \lfloor (\beta-1) f_i'/\Delta + 0.25 \rfloor \cdot \Delta - \Delta/4$,由式(9.9)可知,若 $F(\Delta, \beta, f_i') > 0$ 则会发生误码。$F(\Delta, \beta, f_i')$ 与 β 或 f_i' 的关系示意图如图 9.6 所示,与 Δ 的关系示意图如图 9.7 所示。

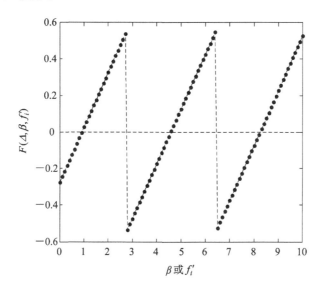

图 9.6　$F(\Delta, \beta, f_i')$ 与 β 或 f_i' 的关系示意图

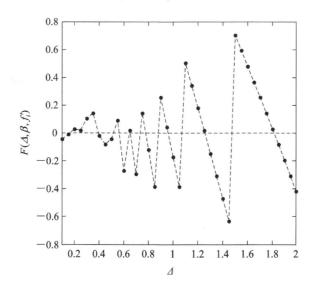

图 9.7　$F(\Delta, \beta, f_i')$ 与 Δ 的关系示意图

可见,算法对幅度规整干扰很敏感,而且鲁棒性能主要取决于量化步长 Δ、幅度规整因子 β 和伪装音频幅度谱系数 f_i'。

4. 仿真实验及公式验证

实验目的：验证式(9.7)计算得到的嵌入失真理论值、式(9.8)计算得到的高斯白噪声干扰时的误比特率理论值、式(9.10)～式(9.11)计算得到的幅度规整干扰时的误比特率理论值是否与仿真实验得到的实验值一致。

实验条件：量化算法为半嵌入强度量化法，量化步长固定；载体音频为长10 s、44100 Hz采样、16 bit量化的单声道音乐信号"我的未来不是梦"；嵌入信息为二值的伪随机序列。

实验方法：按照算法参数，利用式(9.4)嵌入信息，对伪装音乐添加高斯白噪声或进行幅度规整干扰，再利用式(9.5)提取信息，将实验得到的数值记为实验值。

实验结果：嵌入失真与量化步长的关系如图9.8所示，而不同强度加性高斯白噪声干扰下的误比特率如图9.9的上图所示，幅度规整干扰下的误比特率如图9.9的下图所示。

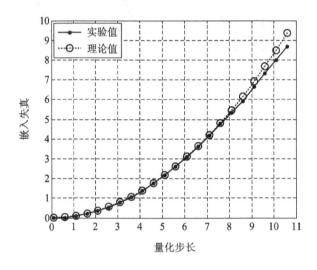

图 9.8　嵌入失真与量化步长的关系

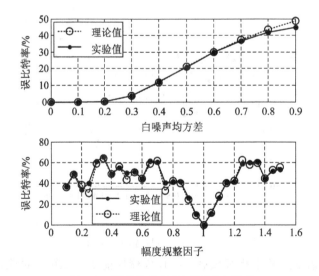

图 9.9　两种信道干扰下的误比特率

　　分析讨论：由图可知，实验值和理论值两条曲线几乎重合，说明式(9.6)～式(9.11)是合理正确的。

　　按照以上推导思路和方法，也可以得出其他三种实现方案的嵌入失真公式和误比特率公式。因此，完全可以通过公式计算来验证 QIM 算法的性能，或据此选择嵌入参数，而无需进行计算机仿真实验。

　　5. 隐藏容量分析

　　设音频信号的帧长为 N，理论上可以在除直流分量外的所有频率分量上隐藏信息，因此，一帧音频信号可以隐藏 $N/2$ 个比特。若音频信号采样率为 f_s，采用连续分帧，则隐藏容量为

$$C_{\max} = \frac{f_s}{N} \cdot \frac{N}{2} = \frac{f_s}{2} \tag{9.12}$$

　　也就是说一秒钟内最多可隐藏 $f_s/2$ 个比特，因此，QIM 算法具有很大的隐藏容量。

9.2.3　算法小结

　　由以上分析可知，量化索引调制算法具有实现简单、隐藏容量大、能够盲提取和抗噪声干扰的鲁棒性强等优点。但是，该算法也具有明显的缺点：一是由于量化步长恒定，当幅度谱系数较小时容易引起听觉失真；二是对幅度规整干扰很敏感，因此无法经历模拟信道中的 DA/AD 转换。

9.3　一种利用听觉掩蔽特性的自适应量化索引调制算法

　　一些文献已对量化步长的自适应选取进行了研究，如量化步长与载体系数值成正比，但由于没有充分利用听觉掩蔽效应，透明性稍差；利用心理声学模型计算最小掩蔽阈值，据此决定量化步长，其缺点是运算量大。能抵抗幅度规整干扰的量化算法主要是有理数扰动调制算法(Rational Dither Modulation，RDM)，但其对伪装音频的编码比较费时。

　　本节将针对量化索引调制算法的缺点，提出一种改进算法：利用临界频带的性质，依据听觉掩蔽特性自适应决定量化步长，同时采用归一化措施使算法能承受幅度规整干扰。

9.3.1　算法原理

　　信息隐藏算法透明性、鲁棒性和隐藏容量之间的关系可表示为

$$\sum_{i=1}^{L_m} d(m_i) \leqslant D(X), \; d(m_i) \leqslant d(i) \tag{9.13}$$

式中，$D(X)$ 表示载体信号 X 所能容忍的最大失真，对于某一段音频而言是一恒定值；m_i 为嵌入的第 i 个信息比特；$d(m_i)$ 表示嵌入 m_i 时引起的局部失真；L_m 为嵌入信息比特数；$d(i)$ 为 X 能容忍的局部最大失真度；$d(m_i) \leqslant d(i)$ 为局部失真约束，其意义是保持伪装信号的局部透明性。

　　由式(9.13)可知，信息隐藏算法要解决的是全局失真约束 $D(X)$ 和局部失真约束 $d(i)$ 的最优化问题。因此，必须利用人耳听觉特性，尽可能增大量化步长，使嵌入失真最大程度地逼近 $D(X)$ 和 $d(i)$，以解决透明性和鲁棒性的矛盾。

由前面的理论介绍和实验应用可知，利用临界频带的掩蔽特性不仅使算法计算效率高，而且透明性好。因此，量化步长的选取可以充分利用临界频带的性质，令量化步长的大小随临界频带内的幅度谱最大值变化。

当时域音频受到规整因子为 β 的幅度规整时，由酉变换的性质可知，幅度谱系数 f 也受到同样规整因子的线性缩放。但是，对于归一化后的幅度谱系数 f^*（$f^* = f/\max(f)$）而言，无论 β 如何变化，f^* 均保持不变。因此，如果利用量化算法在归一化后的幅度谱系数上嵌入信息，就能消除幅度规整的影响。

因此，利用听觉掩蔽特性的自适应量化索引调制算法的主要改进步骤就是量化步长的自适应选取和幅度谱系数的归一化处理，图 9.10 给出了该算法的原理图。

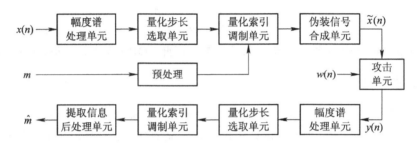

图 9.10　利用听觉掩蔽特性的自适应量化索引调制算法原理图

图中幅度谱处理单元用于幅度谱系数的计算与归一化处理，量化步长选取单元用于依据临界频带的性质自适应选取量化步长，量化索引调制单元利用量化算法嵌入或提取信息，其他单元的作用与上一章的相同。这些单元的具体实施方法将在下一节进行介绍。

9.3.2　信息嵌入与提取方法

1. 信息嵌入方法

信息嵌入主要包括音频信号分帧处理、FFT 运算、划分临界频带、确定隐藏位置、自适应决定量化步长、嵌入信息预处理、量化索引调制和伪装信号合成等八个步骤，如图 9.11 所示。

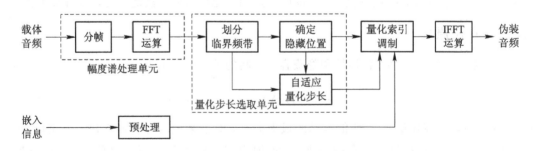

图 9.11　信息嵌入的原理图

其中，音频信号分帧处理、嵌入信息预处理、计算 FFT 幅度谱和伪装信号合成的方法以及符号表示与上一章改进扩频算法的相同，这里不再复述。下面主要讨论幅度谱归一化处理、量化步长的自适应选取和量化索引调制等关键步骤。

1）幅度谱归一化处理

幅度谱归一化处理是幅度谱处理单元的重要组成部分。若第 k 个数据段的幅度谱为 $F_{X,k}(n)$，$n=1, 2, \cdots, N$，则归一化处理就是将 $F_{X,k}(n)$ 中每个频谱分量除以 $F_{X,k}(n)$ 中的最大值 $\max(F_{X,k}(n))$，即

$$F'_{X,k}(n) = \frac{F_{X,k}(n)}{\max(F_{X,k}(n))}, \quad n = 1, 2, \cdots, N \tag{9.14}$$

2）量化步长的自适应选取

首先，按照临界频带划分方法，将 $F'_{X,k}(n)$，$n=1, 2, \cdots, N/2+1$，划分成 26 个临界频带，令第 b 个临界频带内的幅度谱为 $F'_{X,k,b}(n)$，$b=1, 2, \cdots, 26$。

然后，确定嵌入信息的隐藏位置。若着重鲁棒性，则应将信息隐藏到低频分量上；若着重透明性，则应该将信息隐藏到高频分量上。因此，确定隐藏位置就是依据具体的应用要求，选择用于隐藏信息的临界频带。设选择的临界频带为 $F'_{X,k,z}(n)$，$z \in b$，随后，在所选的每个临界频带内随机选择一个或多个频谱分量作为载体系数 f。

选择的临界频带编号和每个临界频带内选择的频谱分量作为密钥 K_1 保存，以供接收端提取信息。

最后，自适应决定量化步长。对于临界频带 $F'_{X,k,z}(n)$，$z \in b$ 内的载体系数，量化步长 $\Delta_{k,z}$ 相同，为

$$\Delta_{k,z} = \Delta_0 + c_1 \cdot \log_{10}(c_2 + \max(F'_{X,k,z}(n))), \quad z \in b \tag{9.15}$$

式中，Δ_0 表示初始量化步长，$c_1 \in \mathbf{R}^+$，用于调整临界频带内最大频谱分量值 $\max(F'_{X,k,z}(n))$ 对步长的影响程度，$c_2 \geqslant 1$，用于保证 $\log_{10}(\cdot) \geqslant 0$。

依据临界频带的性质，$\max(F'_{X,k,z}(n))$ 越大，对临界频带内其他频谱分量的掩蔽作用越强，而由式（9.15）可知，量化步长随 $\max(F'_{X,k,z}(n))$ 值自适应变化，$\max(F'_{X,k,z}(n))$ 越大，嵌入强度就越大。

Δ_0、c_1 和 c_2 作为密钥 K_2 保存，以供接收端提取信息。

3）量化索引调制

设待隐藏的第 i 个嵌入信息比特为 $m_p(i)$，对应的频谱分量为 $f(i)$，式（9.15）得到的量化步长为 $\Delta(i)$，则嵌入公式为

$$f'(i) = \begin{cases} \mathrm{round}\left(\dfrac{f(i)}{\Delta(i)}\right) \cdot \Delta(i), & m_p(i) = 1 \\ \mathrm{floor}\left(\dfrac{f(i)}{\Delta(i)}\right) \cdot \Delta(i) + \dfrac{\Delta(i)}{2}, & m_p(i) = 0 \end{cases} \tag{9.16}$$

式中，$f'(i)$ 为隐藏 $m_p(i)$ 后的频谱分量。

用 $f'(i)$ 代替原 $f(i)$，再乘以 $\max(F_{X,k}(n))$ 进行反归一化，即得到伪装音频第 k 个数据段的幅度谱 $F_{\bar{X},k}(n)$。

最后，进行伪装信号合成，即得到伪装音频 $\bar{X}$。

2. 信息提取方法

由于利用了量化索引调制算法，提取信息时无需原始载体音频，属于盲提取算法。但是，要正确提取嵌入信息，接收端需要的参数包括密钥 K_1 和 K_2。

信息提取过程主要包括音频信号分帧处理、FFT 运算、划分临界频带、确定隐藏位

置、自适应决定量化步长、量化索引调制和提取信息后处理等 7 个步骤，如图 9.12 所示。

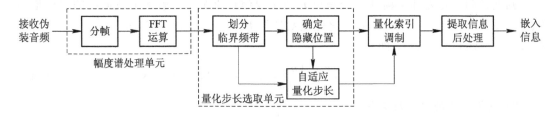

图 9.12　信息提取的原理图

其中，音频信号分帧处理、计算 FFT 幅度谱和提取信息后处理的方法以及符号表示与改进扩频算法的相同，这里不再复述。下面主要讨论幅度谱归一化处理、量化步长的自适应选取和量化索引调制等关键步骤。

1) 幅度谱归一化处理

设接收伪装音频信号 Y 的第 k 个数据段幅度谱为 $F_{Y,k}(n)$，$n=1, 2, \cdots, N$，对其进行归一化处理时，由于接收端并不知道原来的归一化参数 $\max(F_{X,k}(n))$，因此就用 $F_{Y,k}(n)$ 中的最大值 $\max(F_{Y,k}(n))$ 代替，即：

$$F'_{Y,k}(n) = \frac{F_{Y,k}(n)}{\max(F_{Y,k}(n))}, \quad n = 1, 2, \cdots, N \tag{9.17}$$

2) 量化步长的自适应选取

首先，将 $F'_{Y,k}(n)$，$n=1, 2, \cdots, \frac{N}{2}+1$，划分成 26 个临界频带，令第 b 个临界频带内的幅度谱为 $F'_{Y,k,b}(n)$，$b=1, 2, \cdots, 26$。

然后，利用密钥 K_1，得知嵌入信息的隐藏位置，即确定选用的临界频带为 $F'_{Y,k,z}(n)$，$z \in b$ 和每个临界频带内选用的频谱分量。将隐藏有信息的频谱分量记为 f''。

最后，利用密钥 K_2，可知 $F'_{Y,k,z}(n)$，$z \in b$ 内的量化步长 $\Delta'_{k,z}$ 为

$$\Delta'_{k,z} = \Delta_0 + c_1 \cdot \log_{10}(c_2 + \max(F'_{Y,k,z}(n))), \quad z \in b \tag{9.18}$$

式中符号的意义同式(9.15)。

3) 量化索引调制

设接收端的隐藏第 i 个嵌入信息比特的频谱分量为 $f''(i)$，量化步长为 $\Delta'(i)$，则提取公式为

$$\hat{m}_p(i) = \begin{cases} 0, & \frac{\Delta'(i)}{4} \leqslant \mod(f''(i), \Delta'(i)) < \frac{3}{4}\Delta'(i) \\ 1, & \text{其他} \end{cases} \tag{9.19}$$

最后，对 $\hat{m}_p(i)$ 进行伪随机逆排序，即完成信息提取。

9.3.3　性能仿真及结果分析

性能仿真实验条件如下：

(1) 载体音频为节选自流行音乐"我的未来不是梦"的长约 10 s 的音乐信号，采样率为 44100 Hz，量化精度为 16 bit，单声道。

(2) 由于算法隐藏容量大，同时为了直观显示提取效果，嵌入信息采用 64×64 的二值

图像,内容为"信息隐藏"字样。

置乱技术是加密技术的一个应用分支。在隐藏信息前先对嵌入信息进行置乱,能更好地保护信息内容,提高信息的安全性。数字图像的置乱技术是一种可逆的变换,通过改变数字图像的位置或灰度级来打乱原来的图像,使之看起来杂乱无章,这样即使第三方能提取出嵌入信息,但如果不知道所采用的置乱变换,或者不知道置乱次数,依然无法最终恢复出原始的嵌入信息。因此,在嵌入图像信息前对其进行置乱加密,可以视为信息加密的一种方式。另外,置乱后嵌入信息变得随机分布,减少了图像的纹理特征,可以提高嵌入信息的透明性和鲁棒性。

评价置乱算法的标准有以下几点:置乱和反置乱所需要的时间;破解置乱的难度;置乱后的图像的混乱度。图像置乱主要有三种方式:像素位置的置乱,打乱图像各个像素原本的排列顺序;灰度值置乱,通过某种映射关系改变像素的灰度值;同时置乱灰度值和像素位置的混合置乱。已经提出的图像置乱算法有很多,比较常用的有 Arnold 变换、仿射变换、行列式、骑士巡游变换、约瑟夫遍历方法、正交拉丁方变换和混沌序列等。

仿真实验中,图像在嵌入之前先进行 Arnold 变换,置乱后再进行隐藏,Arnold 变换置乱前后的嵌入图像如图 9.13 所示。

(a) 原始图像　　　　(b) 置乱后图像

图 9.13　Arnold 变换置乱前后的嵌入图像

可见,置乱后的嵌入图像具有无色彩、无纹理、无形状的特点。此外,由于 Arnold 变换具有周期性(设周期为 T),即当迭代到某一步时,会再一次得到原始图像。因此,在嵌入前对图像进行 K 次置乱,而在提取时再运用 Arnold 变换进行 $T-K$ 次置乱即可恢复出原始图像。

(3) 选择每一帧的第 3～12 个临界频带的第 2 个频谱分量作为隐藏位置。

(4) 嵌入参数为 $N=1024$、$\Delta_0=0.08$、$c_1=0.3$ 和 $c_2=1$。

1. 透明性测试

按照信息嵌入方法,在载体信号中嵌入图像后,计算得伪装音乐信号的信噪比为 30.6 dB。进行 ABX 测试发现,对载体音乐信号和伪装音乐信号的判断正确率为 49.5%,接近于 50%,说明人耳很难分辨出两者的差别。

可见,算法基于临界频带的性质,充分利用了听觉掩蔽特性,透明性好。

2. 鲁棒性测试

为测试本文算法的鲁棒性,对伪装音乐信号施加常见的信道干扰,并利用归一化相关系数衡量算法鲁棒性。同时,与固定量化步长算法进行比较。为使算法比较在公平的基础上进行,令固定量化步长算法的载体音频、隐藏位置和伪装音频的信噪比均与本文算法的相同。

1）添加噪声

两种算法在噪声干扰下的鲁棒性情况如表 9.2 所示。

表 9.2　两种算法在噪声干扰下的鲁棒性情况

具体干扰	参数情况	本文算法	固定量化步长算法
添加正弦信号	Freq=100 Amp=100	信息隐藏 NC=1	信息隐藏 NC=1
	Freq=100 Amp=1000	信息隐藏 NC=1	信息隐藏 NC=0.9933
添加正弦信号	Freq=1000 Amp=100	信息隐藏 NC=0.9483	信息隐藏 NC=0.9506
	Freq=1000 Amp=1000	信息隐藏 NC=0.8709	信息隐藏 NC=0.7992
添加动态白噪声	Ratio=5	信息隐藏 NC=0.9962	信息隐藏 NC=1
	Ratio=20	信息隐藏 NC=0.9635	信息隐藏 NC=0.9321
添加白噪声	NAmp=1100	信息隐藏 NC=0.9924	信息隐藏 NC=0.9960
	NAmp=1600	信息隐藏 NC=0.9741	信息隐藏 NC=0.9599

分析上表可以发现：

（1）本文算法抗强噪声干扰的性能强于固定量化步长算法，但对弱噪声的鲁棒性稍差于后者。原因在于本文算法利用人耳听觉特性，尽可能增大了量化步长，提高了算法鲁棒性，但是由于对幅度谱的归一化处理，受到噪声干扰后，接收伪装音频的幅度谱最大值 $\max(F_{Y,k}(n))$ 不等于归一化参数 $\max(F_{X,k}(n))$，因此对量化步长造成影响，从而造成提取误码。

（2）鲁棒性与隐藏位置有关。实验中只利用第 3～12 个临界频带（频率范围为 200～1720 Hz）

隐藏信息,因此,即使正弦信号的幅度同样为1000,但是频率为1000 Hz的正弦噪声引起的误码率比频率为100 Hz的大。

2)动态范围变化

实验结果如表9.3所示。

表9.3 两种算法在动态范围变化干扰下的鲁棒性情况

具体干扰	参数情况	本文算法	固定量化步长算法
幅度规整	$\beta=102$	信息 隐藏 NC=1	信息 隐藏 NC=0.9781
	$\beta=98$	信息 隐藏 NC=1	信息 隐藏 NC=0.9773
	$\beta=80$	信息 隐藏 NC=1	NC=0.7031
归一化	/	信息 隐藏 NC=1	NC=0.5123
幅度反转	/	信息 隐藏 NC=1	信息 隐藏 NC=1
交换相邻样点	/	信息 隐藏 NC=1	信息 隐藏 NC=0.9973
样点最低位置零	/	信息 隐藏 NC=1	信息 隐藏 NC=1
门限	Thre=200	信息 隐藏 NC=1	信息 隐藏 NC=1
	Thre=700	信息 隐藏 NC=1	信息 隐藏 NC=0.9987
	Thre=1200	信息 隐藏 NC=0.9622	信息 隐藏 NC=0.9181

从表 9.3 可以看出：

（1）由于对幅度谱系数的归一化处理，使得本算法能抵抗幅度规整、幅度归一化等信道干扰（NC 均为 1），而固定量化步长算法在这些干扰击之后发生很大误码。

（2）量化索引调制算法对幅度反转、交换相邻样点和样点最低位置零等干扰具有很强的鲁棒性。无论是本文算法还是固定量化步长算法，这些干扰下的 NC 均大于 0.9973。

3）滤波

两种算法在低通滤波和高通滤波干扰下的鲁棒性如表 9.4 所示。

表 9.4　两种算法在滤波干扰下的鲁棒性情况

具体干扰	参数情况	本文算法	固定量化步长算法
低通滤波	$F_{lp}=8000$	信息隐藏 NC=1	信息隐藏 NC=0.9995
	$F_{lp}=4000$	信息隐藏 NC=0.9803	信息隐藏 NC=0.9609
高通滤波	$F_{hp}=100$	信息隐藏 NC=0.9722	信息隐藏 NC=0.9635
	$F_{hp}=300$	信息隐藏 NC=0.9468	信息隐藏 NC=0.8220

分析表 9.4 可知，本文算法抗低通滤波和高通滤波干扰的鲁棒性均强于固定量化步长算法。

4）格式变化

对伪装音频进行重新量化和重采样干扰击，算法的鲁棒性如表 9.5 所示。

表 9.5　两种算法在格式变化干扰下的鲁棒性情况

具体干扰	参数情况	本文算法	固定量化步长算法
重新量化	$R_{quan}=8$	信息隐藏 NC=1	信息隐藏 NC=0.9989
	$F_{re}=22050$	信息隐藏 NC=1	信息隐藏 NC=0.9903
重采样	$F_{re}=11025$	信息隐藏 NC=0.9436	信息隐藏 NC=0.8769
	$F_{re}=8000$	信息隐藏 NC=0.8729	信息隐藏 NC=0.8112

分析表 9.5 可以发现，本文算法抗重新量化和重采样的鲁棒性强于固定量化步长算法，但是重采样会影响音频的频谱，因此会造成一些误码。

5）失同步干扰

分别对伪装音频实施删除数值为零的样点、在数值为零的样点后增加一个零值样点和样点整体平移等干扰，提取信息的结果如表 9.6 所示。

表 9.6 两种算法在失同步干扰下的鲁棒性情况

具体干扰	参数情况	本文算法	固定量化步长算法
删除零值样点	/	NC＝0.6826	NC＝0.6500
增加零值样点	ZN0＝1	NC＝0.6744	NC＝0.6502
样点平移	MN0＝5	NC＝0.9699	NC＝0.9015
样点平移	MN0＝10	NC＝0.8693	NC＝0.7431

从表 9.6 可以看出，量化索引调制算法对样点增减、样点平移等失同步干扰很敏感，如将伪装音乐平移 10 个样点，就会导致严重的误码（NC 小于 0.8693）。

6）MP3 压缩

两种算法在受到不同压缩比的 MP3 压缩干扰时的鲁棒性情况如表 9.7 所示。

表 9.7 两种算法在 MP3 压缩干扰下的鲁棒性情况

参数情况	本文算法	固定量化步长算法
$R_{cmp}＝2.2$	NC＝1	NC＝1
$R_{cmp}＝4.4$	NC＝0.9181	NC＝0.8923
$R_{cmp}＝5.5$	NC＝0.8689	NC＝0.8537
$R_{cmp}＝11$	NC＝0.7114	NC＝0.7076

分析表 9.7 可知，由于 MP3 压缩后频谱发生较大变化，造成隐藏在幅度谱系数上的信息丢失。因此，两种算法抗 MP3 压缩干扰的鲁棒性较差，但是本文算法抵抗 MP3 压缩的性能还是稍强于固定量化步长算法。

7）添加回声

初始音量固定为 $V=40\%$，延迟时间 T 和衰减因子 η 对误比特率的影响如表 9.8 所示。

表 9.8　两种算法在回声干扰下的鲁棒性情况

参数情况	本文算法	固定量化步长算法
$T=50，\eta=20$	信息隐藏 NC=0.9451	信息隐藏 NC=0.9116
$T=50，\eta=50$	信息隐藏 NC=0.8005	信息隐藏 NC=0.7363
$T=100，\eta=20$	信息隐藏 NC=0.9470	信息隐藏 NC=0.9155
$T=100，\eta=50$	信息隐藏 NC=0.7988	信息隐藏 NC=0.7438

分析表 9.8 可知，在各种强度的回声干扰下，本文算法的 NC 均大于固定量化步长算法。

8）联合干扰

联合干扰 Ⅰ：先后实施以下信道干扰——规整因子为 0.8 的幅度规整，F_{lp} 为 11025 Hz 的低通滤波，F_{hp} 为 100 Hz 的高通滤波，信噪比为 30 dB 的高斯白噪声，$T=50$ ms、$\eta=20\%$ 时的回声，MN0 为 10 的样点平移；联合干扰 Ⅱ 省去了联合干扰 Ⅰ 中的回声和样点平移干扰。实验结果见表 9.9。

表 9.9　两种算法在联合干扰下的鲁棒性情况

参数情况	本文算法	固定量化步长算法
联合干扰 Ⅰ	信息隐藏 NC=0.8553	信息隐藏 NC=0.6866
联合干扰 Ⅱ	信息隐藏 NC=0.9557	信息隐藏 NC=0.7684

分析表 9.9 可知，本文算法抵抗以上两种联合干扰的鲁棒性均强于固定量化步长算法。同时，由于本文算法易受回声和样点平移干扰，因此在联合干扰 I 时的 NC 较小，而在联合干扰 II 时的 NC 较大，误码较少。

综合以上结果可以发现：

（1）本文算法通过幅度谱归一化处理，改进了 QIM 算法不能抵抗幅度规整、幅度归一化等干扰的缺点。

（2）本文算法抗强噪声、滤波、重新量化、重采样和回声等干扰的鲁棒性远强于固定量化步长算法。

（3）量化索引调制算法抵抗样点增减、样点平移等失同步干扰和 MP3 压缩干扰的鲁棒性差。

本文还利用语音作为载体音频进行实验，得到的实验结论与以上的一致。同时发现由于不同音频类型的频率成分、样点间相关性和静音长度等不同，鲁棒性存在一些差异。

3. 隐藏容量测试

实验中，音频采样率为 44100 Hz，每帧长 1024 个样点，帧移 64 个样点，每帧选择 10 个幅度谱系数嵌入信息，因此，隐藏容量为 450 b/s。

另外，还进行了不同隐藏容量的实验，每帧分别隐藏 20、50 和 100 个比特，通过调整量化步长，均可达到很好的透明性，但随着隐藏容量的增加，鲁棒性减弱。

可见，本算法的运算复杂度低，隐藏容量大，而且可以根据实际应用要求调整嵌入强度和隐藏容量，在透明性、鲁棒性和隐藏容量三者之间达到较优折中。

9.4　算法应用实验

9.4.1　实验平台设计

无人机数据通信系统中，在地面有线网络传输音频/语音数据时，通常为模拟环境。模拟环境是音频信号另一种重要的传输环境，是指将数字音频转换为模拟信号，然后在模拟线路上传输。实验发现，该信道的干扰主要包括失同步、幅度规整、重采样、量化误差、信道噪声、相位差异和直流偏移等。由上节实验结果可知，本章提出的利用听觉掩蔽特性的自适应量化索引调制算法能很好地抵抗幅度规整、高斯白噪声和带通滤波等组成的联合干扰，因此，可考虑将该算法应用于模拟环境中。

基于模拟环境的音频信息隐藏系统实验平台如图 9.14 所示。

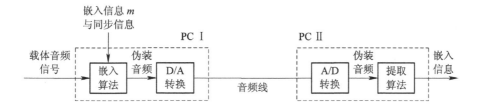

图 9.14　基于模拟环境的音频信息隐藏实验系统

系统工作原理与改进扩频算法实验平台的相同，只是传输环境变为模拟信道传输，即伪装音频通过音频信号线传输到接收端，而且信息隐藏算法为改进的自适应量化索引调制算法。

实验中，载体音频为节选自"我为什么当教师"的长约10 s的语音信号；由于算法隐藏容量大，同时为了直观显示提取效果，嵌入信息采用"信息隐藏"字样64×64大小的二值图像；选择每一帧的第3～12个临界频带的第2个频谱分量作为隐藏位置；嵌入参数为帧长$N=1024$、初始量化步长$\Delta_0=0.07$、参数$c_1=0.4$和$c_2=1$。

9.4.2　实验结果及分析讨论

经测试，隐藏信息后语音信号的MOS得分为4.1分，隐蔽性好，不易引起第三方听觉上的觉察。

原始图像与接收端提取的图像信息如图9.15所示。

(a) 原始图像　　　　　(b) 提取图像

图9.15　原始图像与提取图像比较

由上图可以看出，提取出的图像与原始图像具有很高的相似度。进一步计算可知，提取图像的误比特率BER=1.0742%，归一化相关系数NC=0.9930。

分析发现，影响可靠性的主要因素是幅度规整和信道噪声等联合干扰。因此，结合纠错编码技术，可提高算法的鲁棒性。

9.4.3　算法应用示例

1. 隐蔽通信应用

本文改进量化算法的透明性好、隐藏容量大、能抵抗幅度规整和白噪声等干扰，结合纠错编码、同步等技术，可进一步提高算法的鲁棒性。因此，该算法可实现无人机音频数据通信中大容量的隐蔽通信。

例如，在无人机数据通信系统中传输无人机拍摄的重要图片时，主要使用加密技术，即将重要图片加密后在网络中传输。但是加密信息容易引起窃听者的怀疑，并有可能被破译。利用信息隐藏技术可以将无人机重要图片隐藏到PSTN网的普通语音对话，如一段家庭主妇之间家长里短的电话闲聊中。这样，由于具有隐蔽性和欺骗性，重要信息的安全性得到了提高。利用改进量化算法在某段语音公开通话中嵌入一张无人机航拍的彩色照片（如图9.16所示），再从接收端提取该照片。如图9.17所示，提取图像含有噪声，边缘有些锯齿，个别区域信息丢失，但地面主要目标信息完整、清晰可辨。

图 9.16　无人机航拍照片

图 9.17　公开通话中提取的无人机航拍照片

2. 数字水印应用

改进量化算法属于大容量、鲁棒性较好的信息隐藏算法，可以用于无人机音频数据版权确认、来源追踪和信息标注等场合。例如，在某个无人机语音文件中嵌入"发言人杨陶然20180213"字样的二值图像(64×64)作为标注信息，在音频文件进行数字传输和信道干扰后，提取的图片信息如图 9.18 所示，NC＝0.9987，标注信息完整、清晰。

发言人

杨陶然

20180213

图 9.18　无人机音频文件中提取的标注信息

第 10 章
无人机语音数据通信中的量化信息隐藏技术

　　线谱对系数是语音信号的重要特征参数之一，反映了幅度谱中的共振峰特性。本章在实验研究线谱对系数性质的基础上，提出一种基于量化线谱对系数的语音信息隐藏算法，实验验证改进算法在无人机语音数据通信中的应用。

10.1　线谱对系数基本理论

10.1.1　线谱对系数的定义

　　线性预测分析(Linear Predictive Analysis，LPA)是最有效的语音分析技术之一，在语音编码、语音合成和语音识别等语音处理领域中得到了广泛的应用。其基本思想是：将语音信号的抽样值用一组过去时刻的语音采样值的线性组合来逼近，根据最小均方误差的原则，来确定唯一的一组线性预测系数$\{\alpha_i \mid i=1, \cdots, p\}$。

　　线谱对系数(Line-Spectrum Pair，LSP)也称为线谱频率(Line-Spectrum Frequency，LSF)，是在数学上与$\{\alpha_i \mid i=1, \cdots, p\}$等价的另一种表示方式。其定义为式(10.1)和式(10.2)多项式的根：

$$P(z) = A_p(z) - z^{-(p+1)} A_p(z^{-1}) \tag{10.1}$$

$$Q(z) = A_p(z) + z^{-(p+1)} A_p(z^{-1}) \tag{10.2}$$

式中，$A_p(z)$为最佳逆滤波器，反映了语音信号源滤波器模型中声门激励、声道和辐射的组合谱效应的传输函数$V(z)$，p是线性预测阶数，为偶数。

　　$P(z)$和$Q(z)$的根都在单位圆上，并且各个根的频率在单位圆上相互交错排列。也就是说，在$0\sim\pi$的范围上，对于$P(z)$的根$z=\exp(\mathrm{j}w_k)$，$k=1, 3, \cdots, p-1$，和$Q(z)$的根$z=\exp(\mathrm{j}w_k)$，$k=2, 4, \cdots, p$，有：

$$w_1 < w_2 < w_3 < \cdots < w_{p-1} < w_p \tag{10.3}$$

　　w_i，$i=1, 2, \cdots, p$称为线谱对系数，它们构成一组描述语音信号的特征矢量。

10.1.2　线谱对系数的性质

　　线谱对系数的主要性质如下：

　　(1) 在求取、处理 LSP 系数的过程中，只要保持系数的有序有界性质，即$w_1 < w_2 <$

$w_3 < \cdots < w_{p-1} < w_p$，就可以保证全极点滤波器 $V(z)$ 是稳定的。因此，任意 LSP 系数反向求线性预测系数时，所得的声道传输函数必然是稳定的。

（2）LSP 系数具有误差相对独立性，即某个频率点上 LSP 的偏差只对该频率附近的语音频率产生影响，而对其他 LSP 频率上的语音频谱影响不大。这一特性有利于 LSP 参数的量化和内插。

（3）LSP 系数能够反映声道幅度谱的特点，在幅度大的地方分布较密，反之较疏。这样就相当于反映了幅度谱中的共振峰特性。

10.2　线谱对系数实验研究

由上一章分析可知，量化算法正确提取嵌入信息依赖于隐藏信息的载体系数没有发生变化，或者变化量小于允许的偏移量。因此，要想利用量化算法在 LSP 系数上隐藏信息，就要求 LSP 系数对各种常见信道干扰具有很强的鲁棒性。此外，由于算法必须有良好的透明性，还要求修改 LSP 系数不会造成明显的听觉失真。因此，本节将实验证明线谱对的性质适用于信息隐藏。

10.2.1　鲁棒性实验研究

实验目的：检验 LSP 系数对各种常见信道干扰的鲁棒性。

实验条件：成年男声单元音 /o/ 的采样率为 8000 Hz，量化精度为 16 bit，从中截取 160 个样点作为实验语音信号，对其进行预测阶数 $p=10$ 的线性预测分析，得到线性预测系数，再转换为 LSP 系数（用频率表示，即 $f_i = \omega_i / 2\pi$）。

实验方法：分别对实验语音实施添加加性高斯白噪声、幅度规整、重新量化和 MP3 压缩等常见信道干扰，然后察看 LSP 系数的变化情况，并用均方误差 MSE 衡量其鲁棒性。

实验结果：LSP 系数在各种信道干扰下的变化情况分别如图 10.1～图 10.4 所示。

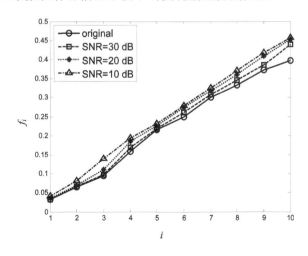

图 10.1　白噪声干扰对 LSP 系数的影响

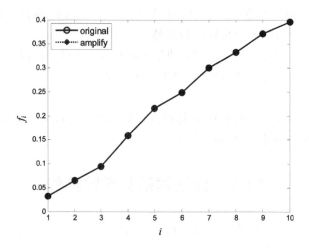

图 10.2 幅度规整干扰对 LSP 系数的影响

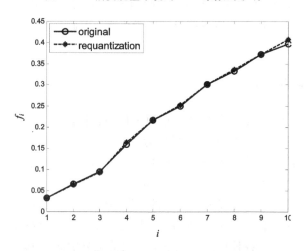

图 10.3 重新量化干扰对 LSP 系数的影响

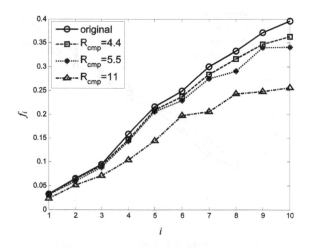

图 10.4 MP3 压缩干扰对 LSP 系数的影响

白噪声干扰时，SNR $= 30$ dB、20 dB 和 10 dB 时的 MSE 分别为 2.4764×10^{-4}、7.2242×10^{-4} 和 0.0013；幅度规整干扰时，MSE 为 0；将语音信号的量化精度由 16 b/s 变为 8 b/s，MSE 为 1.6656×10^{-5}；压缩比 $R_{cmp} = 4.4$、5.5 和 11 时的 MSE 分别为 2.6019×10^{-4}、7.2702×10^{-4} 和 0.0064。

分析讨论：从上述实验结果可以看出，就单元音/o/而言，LSP 系数，尤其是低频系数，在加性高斯白噪声、幅度规整、重新量化以及低压缩比时的 MP3 压缩等干扰下的 MSE 基本上小于 10^{-3}，从图形上也可以看出系数值的变化较小。因此，LSP 系数对这些干扰具有很强的鲁棒性。

对其他语音信号，如其他元音、清音的实验结论与本实验的一致。

10.2.2　听觉失真实验研究

实验目的：修改 LSP 系数后，语音信号的幅度谱发生变化，必然引起一定的听觉失真，本实验将研究修改 LSP 系数造成的听觉失真情况。

实验条件：同鲁棒性实验条件。

实验方法：利用平均频谱灵敏度来衡量不同 LSP 系数对幅度谱的影响程度。设 ν_i 表示第 i 个 LSP 系数 f_i 的平均频谱灵敏度，则有：

$$\nu_i^2 = \frac{1}{\pi} \int_0^\pi \left| \frac{\partial S(\omega)}{\partial f_i} \right|^2 d\omega, \quad i = 1, 2, \cdots, p \tag{10.4}$$

式中，$S(\omega)$ 为语音信号的功率谱。

实验结果：实验求得的各个 LSP 系数的平均频谱灵敏度如表 10.1 所示。

表 10.1　LSP 系数的平均频谱灵敏度

LSP 系数	ν_i^2(dB/Hz)
f_1	4.02×10^{-4}
f_2	3.21×10^{-4}
f_3	1.69×10^{-4}
f_4	1.68×10^{-4}
f_5	1.90×10^{-4}
f_6	1.50×10^{-4}
f_7	1.45×10^{-4}
f_8	1.42×10^{-4}
f_9	1.22×10^{-4}
f_{10}	1.22×10^{-4}

分析讨论：实验发现：

（1）不同 LSP 系数对语音频谱的影响程度不同。第一个 LSP 系数的影响最大，其次是第二个，影响最小的是最后两个系数。这是由于第一、二个 LSP 系数通常对应于语音频谱的第一个共振峰，故它们所起的作用相对大一些。

（2）当 LSP 系数的修改幅度较小时（频谱失真约小于 0.06 dB），由于听觉系统局限性，人耳几乎无法觉察信号失真。

综合以上两个实验的结果，可以发现 LSP 系数对常见信道干扰具有较强的鲁棒性，而且轻微修改 LSP 系数不会引起听觉失真。因此，可以通过修改 LSP 系数来隐藏信息。此外，预测阶数 $p=10$ 时，综合鲁棒性和透明性的要求，第 3～6 个 LSP 系数最适合用于隐藏信息。

10.3　一种基于量化线谱对系数的语音信息隐藏算法

利用上一节的实验结论，本节将提出并研究基于量化线谱对系数的语音信息隐藏算法。

10.3.1　算法原理

基于量化线谱对系数的语音信息隐藏算法原理如图 10.5 所示。

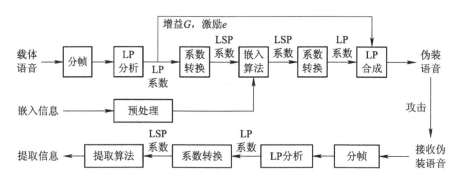

图 10.5　量化线谱对系数的语音信息隐藏算法原理图

输入的一帧语音信号经线性预测分析后得到线性预测系数、增益系数 G 和激励信号 e，随后将 LP 系数转换为 LSP 系数。嵌入信息时，依据待嵌入的信息比特修改 LSP 系数，并将修改后的 LSP 系数转换为 LP 系数。最后，结合增益系数 G 和激励信号 e 得到伪装语音信号。由于 LSP 系数对各种常见信道干扰具有较强的鲁棒性，因此接收伪装语音信号的 LSP 系数与嵌入信息后的 LSP 系数不会发生大的变化，利用提取算法便可恢复嵌入信息。

下一节将详细介绍量化嵌入算法和提取算法。

10.3.2　信息嵌入与提取方法

1. 信息嵌入方法

如果量化其中一个系数，那么算法的鲁棒性仅取决于该系数的变化情况，同时修改系数时容易破坏 LSP 系数的有序有界性。但是，如果能根据某个系数两侧的系数值进行量化，不仅能提高鲁棒性，而且能保持 LSP 系数的有序有界性。

设用于隐藏信息的 LSP 系数为 $l_2=f_i$，$i=3，4，5，6$，两侧的系数为 $l_1=f_{i-1}$，$i=3$，$4，5，6$、$l_3=f_{i+1}$，$i=3，4，5，6$，且 $A=l_3-l_2$，$B=l_2-l_1$。l_1，l_2，l_3 的关系示意图如图 10.6 所示。

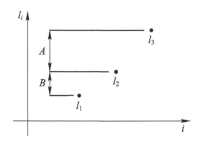

图 10.6　系数 l_1，l_2，l_3 的关系示意图

嵌入信息 m_i 时，对 l_2 的量化规则如下：

$$\begin{cases} A - B \geqslant S, & m_i = 1 \\ B - A \geqslant S, & m_i = 0 \end{cases} \tag{10.5}$$

式中，S 表示嵌入强度，为了保持 l_1，l_2，l_3 的有序有界性，S 应满足：

$$S < l_3 - l_1 \tag{10.6}$$

当嵌入信息 $m_i = 1$ 时，如果 l_2 满足公式(10.5)，则无须修改 l_2，直接嵌入比特"1"；如不满足，则需要量化 l_2，量化策略如下：

$$l_2' = l_2(1 - \eta) \tag{10.7}$$

式中，l_2' 表示量化后的系数，$\eta \geqslant \dfrac{S + 2l_2 - l_1 - l_3}{2l_2}$。

当嵌入信息 $m_i = 0$ 时，如果 l_2 满足公式(10.5)，则无须修改 l_2，直接嵌入比特"0"；如不满足，则需要量化 l_2，量化策略如下：

$$l_2' = l_2(1 + \gamma) \tag{10.8}$$

式中，l_2' 表示量化后的系数，$\gamma \geqslant \dfrac{S - 2l_2 + l_1 + l_3}{2l_2}$。

2. 信息提取方法

设待提取隐藏信息的 LSP 系数为 $l_2'' = w_i$，$i = 3$，4，5，6，两侧的系数为 $l_1'' = w_{i-1}$，$l_3'' = w_{i+1}$，$i = 3$，4，5，6，且 $A'' = l_3'' - l_2''$，$B'' = l_2'' - l_1''$，那么提取规则为

$$\hat{m}_i = \begin{cases} 1, & A'' \geqslant B'' \\ 0, & A'' < B'' \end{cases} \tag{10.9}$$

10.3.3　性能仿真及分析讨论

为验证本算法的性能，我们利用 MATLAB 7.1 软件进行了仿真实验。实验中，载体语音节选自"我为什么当教师"，长度约为 10 s，量化精度为 16 bit，单声道，但采样率为 8000 Hz；嵌入信息为长 176 bit 的伪随机序列，进行 3 次重复编码；每帧长 160 个样点，选择第 3 个 LSP 系数隐藏信息，嵌入强度 $S = 0.02$。

1. 透明性测试

图 10.7 所示为 LSP 系数在隐藏信息前后及变化情况，图 10.8 为原始载体语音、伪装语音和两者误差波形图。

可见，由于隐藏信息前后 LSP 系数的变化较小，语音信号的波形变化也较小。经测试，MOS 得分为 3.9 分，伪装语音没有明显的降质现象。

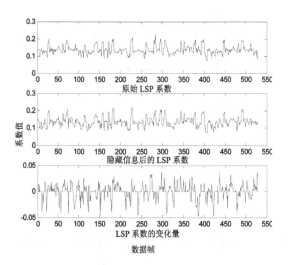

图 10.7　LSP 系数在隐藏信息前后及变化情况

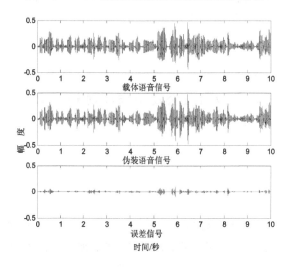

图 10.8　载体语音、伪装语音和误差波形图

2. 鲁棒性测试

（1）不施加干扰。此时，提取信息的误比特率为 0.57％。

（2）添加噪声。算法在加性高斯白噪声干扰下的误比特率如表 10.2 所示。分析表 10.2 可知，当信噪比大于 30 dB 时，白噪声干扰不会导致误码，而信噪比小于 20 dB 时，误码较多。

表 10.2　加性高斯白噪声干扰时的误比特率

信噪比 SNR/dB	误比特率/％
30	0.57
25	2.27
20	5.68
15	8.52

（3）动态范围变化。幅度规整、归一化、幅度反转和样点最低位置零等干扰时的误比特率如表 10.3 所示。由于 Stirmark for Audio 软件要求输入音频的采样率为 44100 Hz，因此改用 MATLAB 软件实施以上干扰。

分析表 10.3 可知，以上四种信道干扰不会对信息提取造成影响。

表 10.3　动态范围变化时的误比特率

干扰类型	误比特率/%
幅度规整	0.57
归一化	0.57
幅度反转	0.57
样点最低位置零	0.57

（4）格式变化。将伪装语音的量化精度从 16 bit 变为 8 bit，误比特率为 0.57%。

（5）失同步干扰。样点平移对误比特率的影响如表 10.4 所示。分析表 10.4 可知，算法能承受轻微的失同步干扰。

表 10.4　失同步干扰时的误比特率

平移样点数 MN_0	误比特率/%
10	0.57
30	1.14
50	2.27
100	3.98

（6）MP3 压缩。MP3 压缩时算法的鲁棒性如表 10.5 所示。

表 10.5　MP3 压缩干扰时的误比特率

压缩比 R_{cmp}	误比特率/%
4.4	0.57
5.5	0.57
11	0.57
22.1	1.70

分析表 10.5 可知，共振峰是反映声道生理差异的特征参数，是决定元音音色的主要因素，还关系到语义的辨别。而线谱对系数反映了幅度谱的共振峰特性，因此，只要语音音色和语义没有发生较大变化，共振峰也不会发生大的变化，这样线谱对系数就基本保持不变。MP3 压缩编码后，虽然语音波形已遭严重破坏，但是可懂度很好，音色也没有太大变化，因此线谱对系数的变化不大，对嵌入信息的影响也较小。

（7）添加回声。初始音量固定为 $V=40\%$，延迟时间 T 和衰减因子 η 对误比特率的影响如表 10.6 所示。

表 10.6 回声干扰时的误比特率情况

干扰强度	误比特率/%
$T=50$, $\eta=20$	4.55
$T=50$, $\eta=50$	5.11
$T=100$, $\eta=20$	6.25
$T=100$, $\eta=50$	6.82

分析表 10.6 可知，算法抵抗回声干扰的鲁棒性较差。

(8) 联合干扰。分别实施以下三种联合干扰，误比特率情况见表 10.7。

表 10.7 联合干扰时的误比特率情况

干扰类型	误比特率/%
联合干扰 I	6.82
联合干扰 II	3.98
联合干扰 III	1.14

联合干扰 I：规整因子为 0.8 的幅度规整，F_{hp} 为 100 Hz 的高通滤波，信噪比为 30 dB 的高斯白噪声，$T=50$ ms、$\eta=20\%$ 时的回声，MN_0 为 10 的样点平移；联合干扰 II：规整因子为 0.8 的幅度规整，F_{hp} 为 100 Hz 的高通滤波，信噪比为 30 dB 的高斯白噪声；联合干扰 III：规整因子为 0.8 的幅度规整，信噪比为 30 dB 的高斯白噪声，R_{cmp} 为 10.5 的 MP3 压缩。

分析表 10.7 可知，算法对回声干扰较敏感，因此不适用于含回声干扰的场合，如嘈杂环境等。滤波干扰影响了语音信号的幅度谱包络，改变了 LSP 系数值，因此，在受到包含高通滤波的联合干扰 II 时，也有较大误码。但是，对于包含压缩编码和高斯白噪声等干扰的联合干扰 III，误比特率较小。

可见，本文利用 LSP 系数良好的抗干扰能力，设计的算法能够抵抗 MP3 压缩、加性高斯白噪声、重新量化和幅度规整等信道干扰，而对回声、滤波的鲁棒性较差。进一步分析发现，隐藏在静音、清音过渡段的大部分信息均发生错误。因此，结合话音激活检测(Voice Activity Detection，VAD)技术，只在有声段隐藏信息将降低误比特率。

3. 隐藏容量分析

由于采用了重复编码，隐藏容量较小，只有 17 b/s，适用于数据量较小的场合。理论上，可以通过减小帧长、增加每帧隐藏的比特数来增加隐藏容量，但是也会造成透明性和鲁棒性变差。

10.4 算法应用实验

10.4.1 实验平台设计

无人机数据通信系统地面用户之间的联络链路通常采用移动通信网络传输语音信息，

中继通信系统传输语音信号时，也需对语音信号进行压缩编码。变速率语音编码不仅具有较高的语音质量，而且节约了通信系统的带宽，因此在移动通信、互联网和 IP 电话等场合得到了广泛应用。其中，增强型可变速率声码器（EnhancedVariableRateCodec，EVRC）是当前在实际中应用较多的一种变速率语音压缩编码算法，CDMA 系统的语音编解码标准即为 EVRC。下面先简要介绍一下 EVRC 的工作原理。

对输入语音进行低速率压缩编码时，EVRC 编码器通过线性预测分析得到线谱对系数，随后利用加权分裂矢量量化器（WeightedSplitVectorQuantifier，WSVQ）对其进行量化。WSVQ 的特点是对静音段、清音段和浊音段的 LSP 系数采用不同的分裂方式和量化码本，例如浊音段的 LSP 系数分裂成 4 个部分进行独立的矢量量化，共有 28 个编码比特。此外，由于系数密集的地方所得的权重大，分布稀疏的地方权重小，因此，LSP 系数在幅度谱峰值处的量化较其他地方更为精确。

EVRC 解码器利用接收到的编码比特从量化码本中找到对应的码字，随后依据 LSP 系数构成共振峰合成滤波器。最后，将由基音延时等参数得到的短时预测残差信号输入滤波器，即可产生重建语音。

由以上分析可知，线谱对系数是 EVRC 声码器处理的重要参数之一，而且幅度谱共振峰附近的 LSP 系数的量化误差很小，尤其是当输入语音为浊音帧时，误差更小。因此，在这些系数上隐藏的信息在经历 EVRC 声码器后不易丢失。下面将在实验平台上研究量化语音线谱对算法对 EVRC 压缩编码的鲁棒性能。

由 EVRC 声码器的工作原理和量化语音线谱对算法的鲁棒性测试结果可知，应尽量在浊音段隐藏信息以提高算法的鲁棒性，因此应该结合清浊音判决技术（Unvoiced/Voiced Decision，UVD），自适应选取隐藏位置。这里，利用语音信号自相关函数的幅度值特性设计了一种 UVD 算法，算法处理流程图如图 10.9 所示。

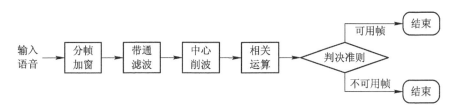

图 10.9　UVD 算法流程图

对于随机信号或周期信号，自相关函数定义为

$$R(k) = \lim_{N \to \infty} \frac{1}{2N+1} \sum_{m=-N}^{N} x(m)x(m+k) \tag{10.10}$$

式中，k 为信号的延迟样点数，N 为信号长度。

由于浊音信号的自相关函数具有周期性，因此 $R(k)$ 每隔一定周期就会出现峰值，而清音或静音信号的自相关函数没有周期，$R(k)$ 会随 k 的增大而迅速衰减。因此，如果在延迟样点门限 T_1 之后，归一化自相关函数值大于幅值门限 T_2，则将输入语音判定为浊音，也就是可用帧，否则为不可用帧。通常，对于采样率为 f_s 的语音，T_1、T_2 的取值范围为

$$T_1 \in \left[\left\lfloor \frac{f_s}{800} \right\rfloor, \left\lfloor \frac{f_s}{200} \right\rfloor\right], \ T_2 \in [0.3, 0.5]$$

结合以上 UVD 算法，设计的基于 EVRC 声码器的语音信息隐藏系统实验平台如图 10.10 所示。

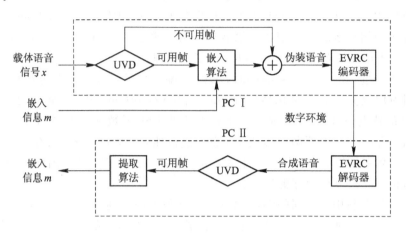

图 10.10　基于 EVRC 声码器的语音信息隐藏实验系统

在发送端 PC 机上，首先利用 UVD 算法判断当前帧是否为可用帧，若是，则利用量化语音线谱对算法在该帧嵌入信息，否则不进行任何处理。隐藏完所有信息后，合并不可用帧和隐藏信息后的可用帧，得到伪装语音。随后，将其送入 EVRC 编码器进行压缩编码。输出数据包的传输环境为数字环境，即数据以数字形式传输，不存在任何干扰。接收端接收到数据包后，利用 EVRC 解码产生合成语音。最后，提取算法从 UVD 算法判定为可用帧的语音信号中提取嵌入信息。

实验中，载体语音为节选自"我为什么当教师"的长 10 s，8000 Hz 采样、16 bit 量化的线性 PCM 信号；嵌入信息为长 118 bit 的伪随机序列，进行 3 次重复编码；每帧长 160 个样点，选择第 3 个 LSP 系数隐藏信息，嵌入强度 $S=0.02$。

10.4.2　实验结果及分析讨论

经测试，伪装语音的 MOS 得分为 3.9 分，有些轻微的失真。

提取信息时只有一个比特发生错误，即误比特率为 0.847 ％。进一步分析可知，嵌入信息后必将使隐藏信息的 LSP 系数 f_i 更加靠近 f_{i-1} 或 f_{i+1}，也就是说 f_i 附近的系数很密集。另外，利用了 UVD 算法选择浊音帧隐藏信息，因此，进行加权分裂矢量量化时，产生的量化误差很小，对嵌入信息的影响也就很小。

由于只在浊音帧隐藏信息，因此隐藏容量较小，而且与载体语音有关。实验中，隐藏容量只有 12 b/s，适用于传输无人机方位坐标和无人机飞行时的天气状况等数据量较小的场合。

10.4.3　算法应用示例

量化线谱对系数的信息隐藏算法具有较好的透明性和鲁棒性，但隐藏容量有待提高。该算法也可以用于无人机音频数据通信中少量信息的隐蔽通信。此外，版权信息、用户信息和附加信息的数据量一般较少，因此，可将该算法用于无人机语音数据的版权确认、来源追踪和信息标注等场合。

1. 隐蔽通信应用

无人机数据通信系统地面用户采用 CDMA 系统传输语音信号时，可在公开语音信号中嵌入少量重要信息进行隐蔽通信。由以上实验可知，结合重复编码和隐藏位置选取技术的量化语音线谱对算法能抵抗 EVRC 压缩编码造成的干扰。因此，可以基于该算法进一步研究 CDMA 系统中的信息隐藏技术，方案原理如图 10.11 所示。

图 10.11　基于 CDMA 语音业务的隐蔽通信方案原理图

该方案可以在不改变现有硬件设备和传输协议的基础上，将无人机用户的重要信息嵌入到正常通话时的语音信号中，得到伪装语音后将其送入移动台等终端设备，进行语音编码、信道编码和扩频调制等处理，然后利用 CDMA 网络进行传输。接收端的终端设备对接收信号进行扩频解码、信道解码等处理后，利用 EVRC 解码器得到合成语音，最后利用提取算法得到重要信息，从而实现隐蔽通信。

实际应用中，还必须考虑 CDMA 传输网络中的误码。该网络是无线信道，而不是理想的数字环境，因此 EVRC 编码器输出数据包有可能会发生误码。

2. 数字水印应用

在某个无人机语音作品中嵌入"Copyright 无人机"字样的二值图像（128×64）作为版权信息，在音频文件进行数字传输和信道干扰后，提取的图片信息如图 10.12 所示，NC＝0.9960，版权信息明确无歧义，可实现对语音作品的版权标识。

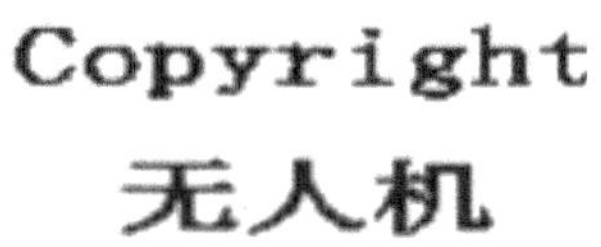

Copyright
无人机

图 10.12　无人机音频文件中提取的版权信息

第 11 章

无人机图像数据通信中的 DWT 域信息隐藏技术

　　小波变换的多分辨率特性与人眼视觉系统具有一致性，为图像信息隐藏提供了新的手段。本章在分析离散小波变换理论与性质的基础上，提出一种基于自适应量化中高频小波系数的图像信息隐藏算法，实验验证改进算法在无人机图像数据通信中的应用。

11.1　数字图像与离散小波变换理论

11.1.1　数字图像基本理论

1. 数字图像表示方法

　　随着数字技术的不断发展和应用，许多信息都可以用数字形式进行处理和存储，数字图像（Digital Image）就是以数字形式进行存储和处理的图像。数字图像可看做是平面区域上的二元函数 $Z=f(x,y)$，$(x,y)\in \mathbf{R}$。对 $\mathbf{R}$ 中任意的点 (x,y)，$f(x,y)$ 代表图像的信息（如灰度值，RGB 分量值等）。在图像被数字化之后，$Z=f(x,y)$ 相应于一个二维矩阵，其元素所在的行与列对应于自变量取值，元素本身代表图像信息。

　　不同数字图像的表示方法各不相同，一般情况下，在计算机中进行处理时可以将数字图像分为索引图像、彩色图像、灰度图像和二值图像等四类。

　　1）索引图像

　　索引图像包括图像矩阵和颜色图数组，其中，颜色图是按图像中颜色值进行排序后的数组。对于每个像素，图像矩阵包含一个值，这个值就是颜色图数组中的索引。颜色图为 $m\times 3$ 的双精度值矩阵，各行分别指定红、绿、蓝（R，G，B）单色值，且 R、G、B 均为值域 [0,255] 上的实数值。

　　2）彩色图像

　　与索引图像相似，彩色图像也是分别用红、绿、蓝三个色度值为一组，代表每个像素的颜色。与索引图像不同的是，这些色度值直接存在图像数组中，而不是存放在颜色图中。图像数组为 $m\times n\times 3$，m，n 表示图像像素的行、列数。

　　3）灰度图像

　　灰度图像保存在一个矩阵中，矩阵中的每一个元素代表了一个像素点。矩阵为 uint8 类型，其数据范围为 [0,255]。矩阵中的每一个元素代表不同的亮度和灰度级，其中，灰度级为 0，表示黑色，灰度级为 255，表示白色。

4）二值图像

在二值图像中，每个点为两个离散值中的一个，这两个值代表开或关。二进制图像被保存在一个二维的由 0（关）和 1（开）组成的矩阵中。二值图像可以看成一个仅包含黑与白的特殊灰度图像，也可看作仅有两种颜色的索引图像。

2. 彩色空间表示方法

彩色空间也称彩色模型，用于在某些标准下用通常可接受的方式对图像/视频等物体的彩色进行说明。常用的彩色空间有 RGB、HSV、HSI、YUV 等。

1）RGB 彩色空间

RGB 彩色空间以红（Red）、绿（Green）、蓝（Blue）三种基本色为基础，进行不同程度的叠加，产生丰富而广泛的颜色，因此也称为三基色模式。RGB 彩色空间是图像处理中最基本、最常用、面向硬件的彩色空间，常用于视频、多媒体与网页设计。计算机中的彩色图像通常被分成 R、G、B 的成分加以保存。

在大自然中有无穷多种不同的颜色，而人眼只能分辨有限种不同的颜色。RGB 模式可表示一千六百多万种不同的颜色，在人眼看来它非常接近大自然的颜色，故又称为自然色彩模式。红绿蓝代表可见光谱中的三种基本颜色或称为三原色，每一种颜色按其亮度的不同分为 256 个等级。当色光三原色重叠时，不同的混色比例能产生各种中间色，例如，三原色相加可产生白色。

2）HSV 彩色空间

HSV 彩色空间是根据颜色的直观特性由 A. R. Smith 在 1978 年创建的一种彩色模型，也称为六角锥体模型（Hexcone Model）。模型中颜色的参数分别是：色调 H（Hue）、饱和度 S（Saturation）、明度 V（Value）。

色调 H 是指光的颜色，用角度度量，取值范围为 0°～360°，从红色开始按逆时针方向计算，红色为 0°，绿色为 120°，蓝色为 240°。对应的补色是：黄色为 60°，青色为 180°，品红为 300°。

饱和度 S 表示颜色接近光谱色的程度。一种颜色可以看成是某种光谱色与白色混合的结果。其中光谱色所占的比例愈大，颜色接近光谱色的程度就愈高，颜色的饱和度也就愈高。饱和度高，颜色则深而艳。光谱色的白光成分为 0，饱和度达到最高。饱和度通常取值范围为 0%～100%，值越大，颜色越饱和。

明度 V 表示颜色明亮的程度，对于光源色，明度值与发光体的光亮度有关；对于物体色，明度值与物体的透射比或反射比有关。通常取值范围为 0%（黑）～100%（白）。

3）HSI 彩色空间

HSI 彩色空间由美国色彩学家 H. A. Munsell 于 1915 年提出，反映了人类视觉系统感知彩色的方式，以色调 H（Hue）、饱和度 S（Saturation）和亮度 I（Intensity）三种基本特征量来感知颜色。

HSI 模型基于两个重要的事实：一是 I 分量与图像的彩色信息无关，因为亮度是指彩色光所引起的人眼对明暗程度的感觉，它与照射光的强度有关；二是 H 和 S 分量与人感受颜色的方式紧密相连。这些特点使得 HSI 模型非常适合彩色特性检测与分析。

4）YUV 彩色空间

YUV 在对照片或视频编码时，考虑到人类的感知能力，允许降低色度的带宽。Y 表示明亮度(Luminance、Luma)，也就是灰阶值；U 和 V 则是色度、浓度(Chrominance、Chroma)，作用是描述影像色彩及饱和度，用于指定像素的颜色。YUV 彩色空间常用于各个视频处理组件中。

YUV 的原理是把亮度与色度分离，研究证明，人眼对亮度的敏感超过色度。利用这个原理，把色度信息减少一点，人眼也无法察觉到。

11.1.2 小波分析理论

1. 小波分析的特点

从 20 世纪 50 年代末起，傅立叶变换就一直是变换域图像处理的基础。傅立叶级数和变换是频谱分析最重要的工具，用傅立叶级数或变换表示的函数特征可以完全通过傅立叶逆变换重建，不会丢失任何信息。傅立叶变换具有很多对信息隐藏特别有用的性质，但是它的运算是复数域的运算，在实时处理中很不方便。另外，傅立叶变换是纯频域分析，是整个时间域内的积分，完全不具备时域局部信息。这样在信号分析中就面临一对最基本的矛盾：时域和频域的局部化矛盾。而在非平稳信号分析和处理中，最关心的问题是信号在局部范围内的特征。

小波分析(Wavelet Analysis)是在傅立叶变换基础上发展起来的，相对傅立叶变换，小波变换具有良好的时频特性，小波窗口在高频处高而窄，可精确描述突变信号位置信息，在低频处矮而宽，适合分析缓变信号。这种不仅在频率上而且在位置上是变化的、有限宽度的波称为小波，基于它们的变换称为小波变换。

小波分析是 20 世纪 80 年代中期发展起来的一门数学理论和方法，具有非常丰富的数学内容和巨大的应用潜力。1987 年，小波首次作为分析基础出现在多分辨率理论中。实际生活中，当观察一幅图像时，通常看到的是纹理特征相当和灰度级相似的区域，它们相结合形成物体。如果物体的尺寸很小或对比度不高，通常采用较高的分辨率观察；如果物体尺寸很大或对比度很高，通常采用较低的分辨率观察；如果物体的尺寸有大有小、对比度有高有低，则以若干不同的分辨率进行观察研究。这就是多分辨率处理的优势所在。多分辨率理论与多种分辨率下的图像表示和分析有关，它的优势是在某种分辨率下无法发现的特性，在另一种分辨率下将很容易被发现。

小波分析是一个范围可变的窗口方法，可以用长的时间间隔来获得更精确的低频信息，用短的时间间隔来获得高频信息，这样就有效地克服了傅立叶变换在处理非平稳的复杂图像信号时存在的局限性。而且小波变换具有多分辨率分析能力，更适应人眼的视觉特性，因此在图像信息隐藏研究领域，小波变换扮演着十分重要的角色。

2. 连续小波变换

连续小波变换也称为积分小波变换，是由 Grossman 和 Morlet 引入的。所有小波基函数都是通过对基本小波的单个原型函数 $\psi(t)$ 的伸缩和平移来产生的。基本小波是一具有特殊性质的实值函数，它是振荡衰减的，当 $|x| \rightarrow \infty$ 时迅速消失，且它的频谱满足允许条件：

$$C_\psi = \int_{-\infty}^{\infty} \frac{|\psi(s)|^2}{|s|} \mathrm{d}s < \infty \tag{11.1}$$

由于 s 在分母上，所以必须有

$$\psi(0) = 0 \Rightarrow \int_{-\infty}^{\infty} \psi(t)\mathrm{d}t = 0 \tag{11.2}$$

一组小波基函数 $\{\psi_{a,b}(t)\}$ 能够通过平移和伸缩基本小波 $\psi(t)$ 来生成，即

$$\psi_{a,b}(t) = \frac{1}{\sqrt{a}}\psi\left(\frac{t-b}{a}\right) \tag{11.3}$$

式中，尺度参数 $a>0$ 且与平移参数 b 同为实数，变量 a 反映一个特定基函数的尺度（宽度），而 b 则指明它沿 t 轴的平移位置，尺度因子 $1/\sqrt{a}$ 保证小波基函数的范数全部相等，这是因为

$$\left\| f\left(\frac{t-b}{a}\right) \right\| = \sqrt{\int_{-\infty}^{\infty}\left| f\left(\frac{t-b}{a}\right) \right|^2 \mathrm{d}t} = \sqrt{a}\,\| f(t) \| \tag{11.4}$$

通常情况下，基本小波 $\psi(t)$ 以原点为中心，因此，$\psi_{a,b}(t)$ 就以 $t=b$ 为中心。

函数 $f(t)$ 以 $\psi(t)$ 为基本小波的连续小波变换为

$$
\begin{aligned}
W_f(a, b) = \langle f, \psi_{a,b}\rangle &= \int_{-\infty}^{\infty} f(t)\psi_{a,b}(t)\mathrm{d}t \\
&= \frac{1}{\sqrt{|a|}}\int_{-\infty}^{\infty} f(t)\psi^*\left(\frac{t-b}{a}\right)\mathrm{d}t
\end{aligned} \tag{11.5}
$$

连续小波逆变换为

$$f(t) = \frac{1}{C_\psi}\int_0^{\infty}\int_{-\infty}^{\infty} W_f(a, b)\psi_{a,b}(t)\mathrm{d}b\,\frac{\mathrm{d}a}{a^2} \tag{11.6}$$

二维连续小波变换为

$$W_f(a, b_x, b_y) = \int_{-\infty}^{\infty}\int_{-\infty}^{\infty} f(x, y)\psi_{a,b_x,b_y}(x, y)\mathrm{d}x\mathrm{d}y \tag{11.7}$$

式中，b_x 和 b_y 表示在两个维度上的平移。

二维连续小波逆变换为

$$f(x, y) = \frac{1}{C_\psi}\int_0^{\infty}\int_{-\infty}^{\infty}\int_{-\infty}^{\infty} W_f(a, b_x, b_y)\psi_{a,b_x,b_y}(x, y)\mathrm{d}b_x\mathrm{d}b_y\,\frac{\mathrm{d}a}{a^3} \tag{11.8}$$

$$\psi_{a,b_x,b_y}(x, y) = \frac{1}{|a|}\psi\left(\frac{x-b_x}{a}, \frac{y-b_y}{a}\right) \tag{11.9}$$

式中，$\psi(x, y)$ 是一个二维基本波。

可见，尺度参数 a 将基本小波作伸缩，a 值越大，时间轴上的观察范围越大，在频率域上相当于用较低频率作大概的观察；a 值越小，时间轴上的观察范围越小，在频率域上相当于用较高频率作分辨率较高的分析。可以看出，小波变换是一种变分辨率的时频联合分析方法。

3. 离散小波变换

连续小波只是理论上的推导、证明和性质讨论，在实际应用中没有意义。因此必须将小波离散化。通用的离散方法是将尺度参数 a 和平移参数 b 离散化。令 $a=a_0^m$，m 为整数，a_0 是大于 1 的固定伸缩步长；$b=nb_0a_0^m$，$b_0>0$ 且与小波 $\psi(t)$ 具体形式有关，n 为整数。

这种离散化的基本思想体现了小波变换"数学显微镜"的主要功能，选择适当的放大倍

数$1/\alpha_0^m$，在一个特定的位置研究一个函数或者信号过程，然后再平移到另一个位置继续研究，如果放大倍数过大，也就是尺寸太小，就可按小步长移动一个距离，反之亦然。而该放大倍数的离散化则由平移参数b的离散化方法来实现。

离散小波基函数为

$$\psi_{m,\,n}(t) = \frac{1}{\sqrt{a_0^m}}\psi\left(\frac{t}{a_0^m} - nb_0\right) \tag{11.10}$$

相应的离散小波变换（Discrete Wavelet Transform，DWT）为

$$W_f(m,\,n) = \frac{1}{\sqrt{a_0^m}}\int_{-\infty}^{\infty} f(t)\psi_{m,\,n}(t)\,\mathrm{d}t$$

$$= \frac{1}{\sqrt{a_0^m}}\int_{-\infty}^{\infty} f(t)\psi\left(\frac{1}{a_0^m}t - nb_0\right)\mathrm{d}t \tag{11.11}$$

通常，采用$\alpha_0=2$、$b_0=1$，就构成了离散二进小波。小波函数族为

$$\psi_{m,\,n}(t) = \frac{1}{\sqrt{2^m}}\psi\left(\frac{1}{2^m}t - n\right) \tag{11.12}$$

一维离散小波变换很容易推广到二维，这里只考虑尺度函数是可分离的情况，即

$$\phi(x,\,y) = \phi(x)\phi(y) \tag{11.13}$$

式中，$\phi(x)$是一个一维尺度函数。

若$\psi(x)$是相应的小波，则下列 3 个二维基本小波就建立了二维小波变换的基础：

$$\psi^1(x,\,y) = \phi(x)\psi(y),\ \psi^2(x,\,y) = \psi(x)\phi(y),\ \psi^3(x,\,y) = \psi(x)\psi(y) \tag{11.14}$$

式中，上标表示索引，而不是指数。

下面的函数集构成了二维平方可积函数空间$L^2(R^2)$的正交归一基：

$$\{\psi_{j,\,m,\,n}^l(x,\,y)\} = \{2^j\psi^l(x - 2^jm,\,y - 2^jn)\} \tag{11.15}$$

式中，$j \geqslant 0$，$l = 1, 2, 3$，j, l, m, n为整数。

4. 图像的二维离散小波变换

1）正变换

对任一二维图像信号$f_1(x,\,y)$，大小为$N \times N$，其中下标指示尺度并且N是 2 的幂。对于$j=0$，原图像的尺度为$2^j = 2^0 = 1$。j值的每一次增大都使尺度加倍，分辨率减半。j表示分辨率参数，而不是尺度。

在变换的每一层次，图像都被分解为四个 1/4 大小的图像，且每一个都是由原图与一个小波基图像内积后，再经过在行和列方向进行 2 倍的间隔取样而生成的。对于第一层次$j=1$，可写成：

$$\begin{cases} f_2^0(m,\,n) = \langle f_1(x,\,y),\,\phi(x-2m,\,y-2n)\rangle \\ f_2^1(m,\,n) = \langle f_1(x,\,y),\,\psi^1(x-2m,\,y-2n)\rangle \\ f_2^2(m,\,n) = \langle f_1(x,\,y),\,\psi^2(x-2m,\,y-2n)\rangle \\ f_2^3(m,\,n) = \langle f_1(x,\,y),\,\psi^3(x-2m,\,y-2n)\rangle \end{cases} \tag{11.16}$$

通过上式，在分辨率2^j上将图像$f_1(x,\,y)$分解成$f_2^0(m,\,n)$、$f_2^1(m,\,n)$、$f_2^2(m,\,n)$、$f_2^3(m,\,n)$四个子部分，$f_2^0(m,\,n)$表示低频分量，图像的近似部分（低频部分，一般用 LL 表

示），其余三个子部分表示这种近似的误差（图像的高频分量，或细节部分），$f_2^1(m, n)$ 对应垂直方向的高频分量（即水平的边缘细节部分，一般用 LH 表示）、$f_2^2(m, n)$ 对应水平方向的高频分量（即垂直的边缘细节部分，一般用 HL 表示）、$f_2^3(m, n)$ 对应对角方向的高频分量（一般用 HH 表示）。

对于后继的层次（$j > 1$），$f_{2^j}^0(x, y)$ 都以完全相同的方式分解而构成四个在尺度 2^{j+1} 上的更小图像。

若将内积改写为卷积形式，则有

$$\begin{cases} f_{2^{j+1}}^0(m, n) = \{[f_{2^j}^0(x, y) * \phi(-x, -y)](2m, 2n)\} \\ f_{2^{j+1}}^1(m, n) = \{[f_{2^j}^0(x, y) * \psi^1(-x, -y)](2m, 2n)\} \\ f_{2^{j+1}}^2(m, n) = \{[f_{2^j}^0(x, y) * \psi^2(-x, -y)](2m, 2n)\} \\ f_{2^{j+1}}^3(m, n) = \{[f_{2^j}^0(x, y) * \psi^3(-x, -y)](2m, 2n)\} \end{cases} \tag{11.17}$$

并且在每一层次进行四个相同的间隔抽样滤波操作。

因为尺度函数和小波函数都是可分离的，所以每个卷积都可分解成在 $f_{2^j}^0(x, y)$ 的行和列上的一维卷积。例如，在第一层，首先用 $h_0(-x)$ 和 $h_1(-x)$ 分别与图像 $f_1(x, y)$ 的每行作卷积并丢弃奇数列（记最左列为第 0 列）。接着这个 $\frac{N}{2} \times N$ 阵列的每列再和 $h_0(-x)$ 及 $h_1(-x)$ 相卷积，丢弃奇数行（记最上行为第 0 行）。其结果是该层变换所要求的四个 $\frac{N}{2} \times \frac{N}{2}$ 的数组。

图像经过小波变换后生成的小波图像的数据总量与原图像的数据相等，生成的小波图像具有与原图像不同的特征，包括以下几点：

（1）低通子带 LL 是原始图像的近似，聚集了图像绝大部分的能量，其直方图与原始图像的直方图非常相似，并且相邻系数具有相关性。由此可见，低通子带包含了原始图像的主要成分和空域视觉特性。

（2）高频子带代表了原始图像在各个方向的突变成分和相应的空域视觉特性，如线、边缘等。这是小波变换特有的空-频定位特性。

（3）各个高频子带系数近似服从以零为中心的 Laplacian 分布。水平子带的水平相邻系数相关性较大而垂直相邻系数相关性较小；垂直子带则刚好相反；对角子带的水平和垂直相邻系数相关性都较小。

（4）小波分解后各层同方向子带具有一定的相似性。

2）逆变换

逆变换是小波分解的反变换，即图像的小波重构。与小波分解过程相似，在每一层，通过在每一列的左边插入一列零来增频取样前一层的四个阵列；接着用 $h_0(-x)$ 和 $h_1(-x)$ 来卷积各行，再成对地把这几个 $\frac{N}{2} \times N$ 的阵列加起来；然后通过在每行上面插入一行零来将刚才所得两个阵列的大小增频取样为 $N \times N$；再用 $h_0(-x)$ 和 $h_1(-x)$ 与这两个阵列的每列卷积。这两个阵列的和就是这一层重建的结果。

11.2 一种基于量化小波系数的图像信息隐藏算法

11.2.1 算法原理

1. 算法基本步骤

小波变换具有特殊的局部特性及多分辨特性，为图像信号分析和处理研究提供了新的研究工具。同时，它在图像数据压缩方面也占据着非常重要的地位，与图像压缩国际标准JPEG2000兼容。小波变换的多分辨率特性与人眼视觉系统具有一致性，因此，基于小波域的信息隐藏算法具有透明性和鲁棒性高的特点，而且方便与图像压缩标准兼容，已成为主流算法之一。

基于小波变换的图像信息隐藏算法的一般步骤如下：

（1）对载体图像作多级小波分解，得到不同分辨率下的低频子带和高频细节子带。

（2）结合人眼视觉特性选择合适的子带系数作为嵌入系数，利用一定的嵌入规则（如8.1.1 小节的三种信息叠加方式、9.2.1 小节的 4 种量化方案等）嵌入信息。

（3）对嵌入信息后的小波系数作相应的逆变换重构图像，完成信息隐藏。

（4）信息提取时，对伪装图像做相同层级小波分解，根据嵌入算法的逆运算提取嵌入信息。有些情况下，需要原始载体图像参与信息提取。

2. 嵌入系数选择

由于低频系数包含图像大部分能量，即感觉上最重要的系数，在伪装图像文件有一定失真的情况下，仍能够保持其主要成分。因此，若选择小波变换的低频系数嵌入信息，有利于提高信息隐藏的鲁棒性。但是，低频系数的改变将对图像质量影响很大，透明性难以保证。

若将信息嵌入到高频系数中，由于高频系数的改变对视觉感知的影响较小，可满足透明性的要求。然而，高频系数容易在一些常见的图像处理中发生改变或者丢失，很难满足鲁棒性的要求。为了在透明性和鲁棒性之间取得折中，一般选择中频系数嵌入信息。

另外，为了提高算法安全性，一般不在连续的子带系数嵌入信息，而是挑选部分系数进行信息隐藏，如结合随机序列或者通过模拟小波系数分布模型的特点来选择系数。

3. 嵌入强度选择

嵌入容量和透明性是信息隐藏算法中的一对矛盾，通常增加隐藏容量会导致图像质量的下降，而提高图像质量则会使隐藏容量减少。利用人类视觉特性进行嵌入是解决透明性和隐藏容量矛盾的一种有效方法。人眼能察觉到的图像最小修改量，称为感知门限。只要图像的改变不超过感知门限，就不会被人眼所察觉。因此，可根据载体图像不同部分的感知门限来自适应地调整嵌入强度，使得算法在保证良好透明性的同时，让隐藏容量达到最大化。

三次小波变换后得到的各个子带中，LL_3 子带为图像的低频部分，其系数相对较大，包含图像的大部分能量，LL_3 子带系数的改变通常会引起较大的图像失真。相对于 LL_3 子带，其他子带（中高频子带）的系数相对较小，包含图像的少部分能量，其改变对图像的影响也较小。根据这种特性，LL$_3$子带的系数不会因整体图像或中高频子带系数的改变而发生较大的变化。即使发生变化，所产生的变化值也很小，特别是系数的高位数值（百位数和千位数）。

因此，对于量化算法，可令嵌入强度正比于LL$_3$子带系数的高位数值，既可利用LL$_3$子带系数的大小调节嵌入强度，达到良好的视觉效果，又可保证伪装图像受到干扰或攻击时，提取端量化步长与嵌入端一致。

综上所述，本算法选取三次小波分解后的中高频系数嵌入信息，以保证透明性要求；嵌入规则为变步长量化方法，嵌入强度取决于低频系数的高位数值，以保证算法的鲁棒性。

11.2.2　信息嵌入与提取方法

1. 信息嵌入方法

信息嵌入主要包括载体彩色图像分块处理、DWT 运算、选取嵌入系数、自适应决定量化步长、嵌入信息预处理、量化索引调制和伪装彩色图像合成等七个步骤，如图 11.1 所示。

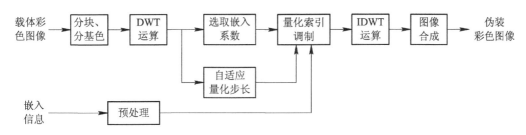

图 11.1　信息嵌入的原理图

（1）图像分块与分基色。

图像分块的大小一般可为 4×4、8×8、8×16 等，考虑到 8×8 大小的子块既可表现图像的局部特征，又不会因分块太大导致明显的分块效应，并且计算复杂度适中，因此选择对图像做 8×8 分块。

将载体彩色图像分成 L 个 8×8 的互不相交的子块，然后将每个子块分解为三个基色分量C_R、C_G、C_B。

（2）DWT 运算。

对每个子块的每个基色分量作三层二维小波分解，得到每一层变换的三个细节子带 HL$_{i,j}$、LH$_{i,j}$、HH$_{i,j}$（$i=1,2,3$ 分别对应红色、绿色、蓝色分量，$j=1,2,3$ 分别对应第 j 层变换）和第三层变换的低频子带 LL$_{i,3}$。

（3）选取嵌入系数。

对于第 l 个子块的第 i 个基色分量，选取其中 n 个中高频子带系数作为嵌入系数。选择的系数记为$d_{i,l}(k)$，$k=1,2,\cdots,n$，作为密钥K_1保存，以供接收端提取信息。

（4）自适应决定量化步长。

对于$d_{i,l}(k)$，量化步长 $\Delta_{i,l}$ 相同，为

$$\Delta_{i,l}=\Delta_0+c_i\cdot\log_{10}(\text{floor}(\text{LL}_{i,l,3}/100)) \tag{11.18}$$

式中，Δ_0 表示初始量化步长；$c_i \in \mathbf{R}^+$，由于人眼对三种颜色分量的敏感程度不同（对绿色最为敏感，红色其次，蓝色最不敏感），因此 $c_2 < c_1 < c_3$；$\text{floor}(LL_{i,l,3}/100)$ 表示 $LL_{i,l,3}$ 除以 100 以后的商，即为 $LL_{i,l,3}$ 系数的百位数和千位数的数值。

Δ_0、c_i 作为密钥 K_2 保存，以供接收端提取信息。

（5）嵌入信息预处理。

嵌入信息预处理与前面几章相同，主要进行置乱、降维（嵌入图像时）处理，得到长度为 G 的信息比特流 $m_p(g)$，$g=1, 2, G$。

（6）量化索引调制。

设待嵌入的第 g 个信息比特为 $m_p(g)$，同时在三种颜色分量对应的 3 个嵌入系数 $d_{i,l}(k)$，$i=1, 2, 3$ 上进行 3 次嵌入，量化步长为 $\Delta_{i,l}$，量化方法为半嵌入强度量化法，即为 9.2.2 小节的公式(9.4)。

（7）伪装彩色图像合成。

结合修改后的系数 $d'_{i,l}(k)$ 重构小波系数，进行三次小波逆变换，再将得到的各小块图像合成整幅图像，即可得到含有嵌入信息的伪装彩色图像。

2. 信息提取方法

提取嵌入信息时，接收端需要的参数包括密钥 K_1 和 K_2。

信息提取过程主要包括图像分块与分基色、DWT 运算、确定嵌入系数、确定量化步长、量化索引调制和提取信息后处理等六个步骤，如图 11.2 所示。

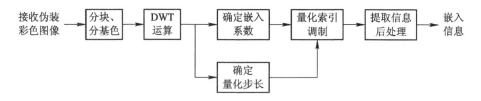

图 11.2　信息提取的原理图

提取运算是嵌入运算的逆过程，其中，图像分块与分基色、DWT 运算的操作方法与信息嵌入时的相同。下面主要讨论确定嵌入系数、确定量化步长、量化索引调制和提取信息后处理等关键步骤。

（1）确定嵌入系数。

利用密钥 K_1，确定接收伪装彩色图像第 l 个子块的第 i 个基色分量中隐藏有信息的中高频子带系数为 $d''_{i,l}(k)$，$k=1, 2, \cdots, n$。

（2）确定量化步长。

计算接收伪装彩色图像的低频子带 $LL''_{i,l,3}$，利用密钥 K_2，确定 $d''_{i,l}(k)$ 对应的量化步长：

$$\Delta''_{i,l} = \Delta_0 + c_i \cdot \log_{10}(\text{floor}(LL''_{i,l,3}/100)) \tag{11.19}$$

由于低频系数的高位数值变化很小，因此，相对于嵌入时的量化步长，提取时的量化步长变化也很小。

（3）量化索引调制。

利用 9.2.2 小节的量化提取公式(9.5)，同时在三种颜色分量对应的 3 个系数 $d''_{i,l}(k)$，

$i=1$，2，3 上进行 3 次提取，然后根据多数判决规则得到提取信息比特流 $\hat{m}_p(g)$。

（4）提取信息后处理。

对 $\hat{m}_p(g)$ 进行升维（图像）、反置乱操作即可恢复嵌入信息的原始形式。

11.2.3　性能仿真及分析讨论

为验证本算法的性能，利用 MATLAB 7.1 软件进行了仿真实验。实验中，选取标准测试 Lena.jpg（256×256 彩色图像）作为载体图像，如图 11.3 所示；嵌入信息采用 64×64 的二值图像，内容为"信息隐藏"字样，进行 Arnold 变换置乱后再进行隐藏，同图 9.13；小波基选择 db1；$n=4$，即对每个子块的每个基色分量，选取其中 4 个中高频子带系数作为嵌入系数。

图 11.3　Lena 载体彩色图像

1. 透明性测试

按照信息嵌入方法，在载体彩色图像中嵌入二值图像后，计算得伪装彩色图像（如图 11.4 所示）的峰值信噪比为 44.62 dB，经测试 MOS 得分为 5 分。可见，该算法在中高频系数嵌入信息，而且自适应量化步长随图像能量大小变化，充分利用了人眼视觉系统的特性，透明性好。

图 11.4　Lena 伪装图像

2. 鲁棒性测试

（1）不施加干扰。此时，提取图像信息的误比特率为 0.00 ％，NC＝1。

（2）添加噪声。对伪装图像分别进行椒盐噪声和高斯噪声攻击，并从中提取嵌入图像，计算 NC 值，结果见表 11.1 和表 11.2。

表 11.1　椒盐噪声攻击下的鲁棒性情况

噪声强度	NC 值
0.01	1
0.02	0.9973
0.03	0.9635
0.04	0.9155
0.05	0.8005

表 11.2　高斯噪声攻击下的鲁棒性情况

噪声强度	NC 值
0.01	1
0.02	0.9989
0.03	0.9803
0.05	0.9181
0.06	0.8220

可见，算法可以有效抵抗椒盐噪声和高斯噪声的干扰，当噪声强度较小时，NC 值较大，提取出的嵌入图像质量较高。

（3）JPEG 有损压缩。对伪装图像以不同的质量因子 Q 进行 JPEG 压缩攻击，提取出的嵌入图像 NC 值如表 11.3 所示。

表 11.3　JPEG 压缩攻击下的鲁棒性情况

质量因子 Q	NC 值
90	1
80	1
70	1
60	0.9924
50	0.9781
40	0.9483
30	0.9116
20	0.8729
10	0.8553

由表可知，随着压缩程度的加大，NC 值逐渐减小，但算法总体上对 JPEG 压缩具有很强的抵抗性，即使在压缩质量因子 $Q=10$，相当于压缩比为 32：1 的情况下，提取出的图像仍可辨认。实验结果证实基于小波变换的数字图像信息隐藏算法对 JPEG 有损压缩攻击具有很强的鲁棒性。

（4）滤波。对伪装图像分别进行中值滤波、均值滤波和高斯低通滤波，实验结果见表 11.4。

① 由于均值滤波破坏了图像的细节部分，而载体图像细节丰富，且算法嵌入系数为中高频系数，对应图像细节，因此，算法对均值滤波攻击的鲁棒性较差。

② 算法对中值滤波和高斯低通滤波的鲁棒性较好。

表 11.4　滤波攻击下的鲁棒性情况

滤波类型	滤波参数	NC 值
中值滤波	3×3	0.9987
均值滤波	3×3	0.7031
高斯低通滤波 （3×3）	0.4	1
	0.5	1
	0.6	0.9622
	0.7	0.9015
	0.8	0.8112

（5）几何攻击。对伪装图像分别进行旋转、缩放和剪切等三种几何攻击，对应 NC 值如表 11.5 所示。

表 11.5　几何攻击下的鲁棒性情况

滤波类型	滤波参数	NC 值
旋转	90°	1
	180°	0.9962
缩放	2.0	0.9933
	0.5	0.9506
剪切	1/10	0.9773
	1/4	0.8709
	1/2	0.7438

① 旋转攻击时，采用双线性插值法将伪装图像先顺时针旋转一定角度，为了提取出嵌入图像，再将其逆时针旋转相应角度；缩放攻击时，先将伪装图像放大一定倍数，再缩小相应倍数。由上表可知，算法对旋转和缩放攻击具有较强的鲁棒性，提取图像清晰可辨。

② 剪切攻击时，将伪装图像任一部分（面积为整幅图像的 $1/M$）进行剪切，再对剪切后的图像进行信息提取。随着伪装图像被剪切区间的增大，嵌入图像丢失的信息量也逐渐增大，但无论剪切的区间如何变化，嵌入图像受到的影响主要集中在被剪切的部分，而其他

部分的信息基本没受到影响。其原因在于算法进行信息嵌入时是基于分块（8×8）操作的，嵌入图像信息分散于载体图像的各个角落，所以部分嵌入图像信息的损失并不影响整体的重构效果。

综合以上结果可以发现，算法对椒盐噪声、高斯噪声、JPEG 压缩、中值滤波、高斯低通滤波、旋转、缩放和剪切等常见图像攻击的鲁棒性较强，而抵抗均值滤波的鲁棒性较差。

本文还利用 Baboon、Barbara 等彩色图像作为载体图像进行实验，得到的实验结论与以上的一致。同时发现由于不同载体图像的彩色特性和能量特征不同，鲁棒性存在一些差异。

3. 隐藏容量测试

实验中，载体图像大小为 256×256，每个基色分量的色彩比特数为 8，嵌入图像大小为 64×64，因此，数据嵌入率为 $64×64/(256×256×3×8)×100\%=0.26\%$。

另外，还进行不同隐藏容量的实验，每个子块分别隐藏 8、16 和 32 个比特（对应数据嵌入率分别为 0.52%、1.04% 和 2.08%），通过调整量化步长，均可达到很好的透明性，但随着隐藏容量的增加，鲁棒性减弱。

11.3　算法应用实验

11.3.1　实验平台设计

无人机数据通信系统中，通常利用局域网（Local Area Network，LAN）在地面用户之间传输数字图像数据。

局域网由网络硬件（包括网络服务器、网络工作站、网络打印机、网卡、网络互联设备等）和网络传输介质以及网络软件所组成，具有数据传输速率高、通信可靠性高和支持多种传输介质等优点。局域网的类型很多，若按网络使用的传输介质分类，可分为有线网和无线网；若按网络拓扑结构分类，可分为总线型、星型、环型、树型、混合型等；若按传输介质所使用的访问控制方法分类，又可分为以太网、令牌环网、FDDI 网和无线局域网等。其中，以太网是当前应用最普遍的局域网技术。

基于以太网的图像信息隐藏系统实验平台如图 11.5 所示。

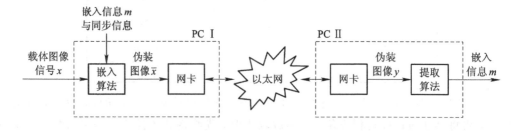

图 11.5　基于以太网的图像信息隐藏实验系统

在发送端 PC 机上，利用本章算法将嵌入信息 m 嵌入到载体图像信号 x 中，得到伪装图像 $\bar{x}$，然后通过网卡传送到以太网中。经过以太网数字传输后，接收端通过网卡接收伪装图像 y，最后在接收端 PC 机上利用提取算法提取出嵌入信息 $\hat{m}$。实验参数同 11.2.3 小节。

11.3.2　实验结果及分析讨论

接收端提取的图像如图 11.6 所示，误比特率 BER＝0.00 ％，归一化相关系数 NC＝1。

信息
隐藏

图 11.6　接收端提取图像

可见，接收端提取出的图像与原始嵌入图像完全一致，算法对以太网传输信道具有很强的鲁棒性。

11.3.3　算法应用示例

1. 隐蔽通信应用

因特网（Internet）是计算机交互网络的简称，是指利用通信设备和线路将全世界上不同地理位置和功能相对独立的数以万计的计算机系统互连起来，以功能完善的网络通信协议、网络操作系统实现网络资源共享和信息交换的数据通信网。因特网可提供万维网（World Wide Web，WWW）、电子邮件（E-mail）、文本传输（FTP）、远程登录（Telnet）、电子公告牌（Bulletin Board Service，BBS）等众多服务，同时，也存在可靠性低、容错性差、安全性不高等突出问题。

因特网中海量的图片为信息隐藏提供了便利，例如，2001 年的"9·11"恐怖袭击事件中，基地组织采用信息隐藏技术将行动信息隐藏在一些互联网图片中，恐怖分子把图片下载下来后，采用专门的提取工具即可恢复出隐藏的信息。

当图像信息为公开不涉及秘密时，无人机数据通信系统也可利用因特网在地面用户之间传输该图像数据。因此，可以利用这些公开图像作为载体，利用信息隐藏技术嵌入重要信息，实现隐蔽通信。例如，以图 6.2 所示的无人机航拍图片为载体图像，嵌入一幅军事地图后的伪装图像如图 11.7 所示，并无明显失真，在因特网传输时不会引起第三方注意。

图 11.7　嵌入军事地图后的无人机航拍图像

2. 数字水印应用

基于量化小波系数的图像信息隐藏算法鲁棒性强，可以用于无人机图像数据版权确认、来源追踪和信息标注等场合。例如，在图 6.2 所示的无人机航拍图片中嵌入"摄于 20190421，110.110611E，25.120903N"文本内容，以此作为标注信息。伪装图像在因特网进行 E-mail、FTP 等方式传输后，提取的标注信息正确无误，如图 11.8 所示。

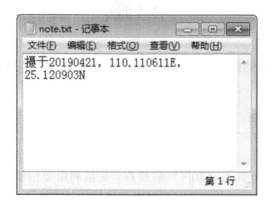

图 11.8　无人机航拍图像中提取的标注信息

附　录

伪装音频信号干扰类型及参数说明

干扰类型	具 体 干 扰	参 数 情 况	实 现 工 具
添加噪声	高斯白噪声 AWGN	信噪比 SNR	Matlab
	正弦信号 AddBrumm	噪声的频率 Freq 和幅度 Amp	Stirmark for Audio
	动态白噪声 AddDynNoise	噪声幅度比例 Ratio	Stirmark for Audio
	白噪声 AddNoise	噪声幅度 NAmp	Stirmark for Audio
动态范围变化	幅度规整 Amplify	幅度规整因子 β	Stirmark for Audio
	归一化 Normalize	/	Stirmark for Audio
	幅度反转 Invert	/	Stirmark for Audio
	交换相邻样点 Exchange	/	Stirmark for Audio
	样点最低位置零 LSBZero	/	Stirmark for Audio
	门限 ZeroCross	门限阈值 Thre	Stirmark for Audio
滤波	低通滤波 RC-LowPass	低通截止频率 F_{lp}	Stirmark for Audio
	高通滤波 RC-HighPass	高通截止频率 F_{hp}	Stirmark for Audio
失同步	样点平移	平移样点数 MN	Matlab
	删除零值样点 ZeroRemove	/	Stirmark for Audio
	增加零值样点 ZeroLength	增加个数 ZN	Stirmark for Audio
格式变化	重采样	采样率 F_{re}	GoldWave
	重新量化	量化精度 R_{quan}	GoldWave
有损压缩	MP3 压缩	压缩比 R_{cmp}	GoldWave
改变音效	添加回声	延迟时间 T、衰减因子 η、初始音量 V	Cool Edit

参 考 文 献

[1] Fahlstrom P. G., Gleason T. J. 无人机系统导论[M]. 武汉平，等译. 北京：电子工业出版社，2003.

[2] 魏瑞轩，李学仁. 无人机系统及作战使用[M]. 北京：国防工业出版社，2009.

[3] 马静囡. 无人机系统导论[M]. 西安：西安电子科技大学出版社，2018.

[4] 黄晓青. 无人机侦察学[M]. 北京：解放军出版社，2016.

[5] 杨森斌. 音频信息隐藏技术与应用研究[D]. 西安通信学院，2008.

[6] 李小民，江涛，胡永江. 无人机系统原理[M]. 石家庄：军械工程学院，2004.

[7] 李桂花. 外军无人机数据链的发展现状与趋势[J]. 电讯技术，2014，54(6)：851 - 856.

[8] 杨尚东，罗卫兵. 微小型无人机平台中继在应急通信中的应用[J]. 飞航导弹，2015，5：68 - 71.

[9] 孙义明，杨丽萍. 信息化战争中的战术数据链[M]. 北京：北京邮电大学出版社，2005.

[10] 丁征. 数据链技术与系统[M]. 西安：西安电子科技大学出版社，2014.

[11] 石明军，李佳佳，邓名桂. 无人机信息安全问题研究[J]. 空军装备研究，2013，7(4)：26 - 28.

[12] 苑仁亮，管军霞，史鹏亮. 无人机系统信息安全防护研究[J]. 空军装备研究，2014，8(2)：60 - 63.

[13] 腾讯安全平台部. 3·15晚会报道的无人机是怎么被劫持的？[EB/OL]. (2016 - 03 - 25)[2019 - 01 - 16]. https://www.freebuf.com/articles/wireless/99962.html.

[14] 李琳琳. 数据链技术及应用[M]. 西安：西北工业大学出版社，2015.

[15] 王也隽. 信息隐藏技术及其军事应用[M]. 北京：国防工业出版社，2011.

[16] 张青凤. 信息存储安全理论与应用[M]. 北京：国防工业出版社，2012.

[17] 陆哲明，聂廷远，吉爱国. 信息隐藏概论[M]. 北京：电子工业出版社，2014.

[18] 张婷婷. 基于网络协议的隐蔽信道研究[D]. 西安电子科技大学，2015.

[19] 黄永峰，李松斌. 网络隐蔽通信及其检测技术. 北京：清华大学出版社，2017.

[20] 李白萍. 数字通信原理[M]. 西安：西安电子科技大学出版社，2012.

[21] 陈慧杰. 彩色数字图像信息隐藏算法的研究[D]. 新疆大学，2010.

[22] 田云凯. 基于小波域的图像信息隐藏的研究[D]. 大连海事大学，2007.

[23] 白晶晶. 数字图像信息隐藏技术研究[D]. 贵州大学，2008.

[24] Namuduri K, Chaumette S, Kim J H, et al. UAV Networks and Communications [M]. London：Cambridge University Press，2018.

[25] Barnhart R K 等. 无人机系统导论[M]. 沈林成，等译. 北京：国防工业出版社，2014.

[26] 车敏. 无人机操作基础与实战[M]. 西安：西安电子科技大学出版社，2018.

[27] 鲍长春. 数字语音编码原理[M]. 西安：西安电子科技大学出版社，2007.